U0904001

全国机械行业职业教育精品教材
中等职业教育机电类专业改革创新示范教材

机电设备系统安装与调试

上海石化工业学校　组编

主　编　周　红　黄汉军
副主编　胡翠娜
参　编　李　越　孙　松　傅建新　王　凡
　　　　吴玲玲　汤东妹　周伟倩
主　审　何亚飞

机械工业出版社

本书以机电一体化综合实训装置为载体，以现场工作任务为导向，按照理实一体的教学模式，以现场工作任务内容、实施方法和实施过程为主线，介绍了机电一体化设备的安装与调试过程，围绕完成工作任务实施必备的机电一体化设备机械传动基础知识、连接固定技术、传感检测技术、系统基本控制方法、安装调试与维护技能组织内容，旨在培养学生机电一体化设备安装、调试、运行岗位的职业综合能力。

全书共分8个课题，内容包括机电一体化综合实训装置的认知、输送线的安装与调试、送料站的安装与调试、加工站的安装与调试、检测站的安装与调试、分拣站的安装与调试、电气系统的联机安装与调试、系统的维护和保养，涉及机、电、液压、气动、控制、检测、传感等相关知识技能。

本书适合中等职业技术学校和成人教育院校机电技术应用专业使用，也可供机电类相关专业选用，亦可供现场工程技术人员使用或参考。

图书在版编目（CIP）数据

机电设备系统安装与调试/周红，黄汉军主编. —北京：机械工业出版社，2014.8（2022.1重印）
中等职业教育机电类专业改革创新示范教材
ISBN 978-7-111-47584-2

Ⅰ.①机… Ⅱ.①周… ②黄… Ⅲ.①机电设备—设备安装—中等专业学校—教材②机电设备—调试方法—中等专业学校—教材 Ⅳ.①TH17

中国版本图书馆CIP数据核字（2014）第180003号

机械工业出版社（北京市百万庄大街22号 邮政编码100037）
策划编辑：汪光灿 责任编辑：王莉娜
版式设计：霍永明 责任校对：刘怡丹
封面设计：张 静 责任印制：单爱军
北京虎彩文化传播有限公司印刷
2022年1月第1版第4次印刷
184mm×260mm·14.75印张·356千字
2801—3300册
标准书号：ISBN 978-7-111-47584-2
定价：45.00元

电话服务	网络服务
客服电话：010-88361066	机 工 官 网：www.cmpbook.com
010-88379833	机 工 官 博：weibo.com/cmp1952
010-68326294	金 书 网：www.golden-book.com
封底无防伪标均为盗版	机工教育服务网：www.cmpedu.com

前言

为贯彻《国务院关于大力发展职业教育的决定》，贯彻落实《中等职业教育改革创新行动计划》（2010—2012年）和《国家中长期教育改革和发展规划纲要（2010—2020年）》精神，进行国家中等职业教育改革发展示范学校机电技术应用专业重点建设，全面提高教育教学质量，制定了机电技术应用人才培养教学方案。本书是按照“方案”要求，针对职业教育特色和教学模式的需要，以及职业教育学生的心理特点和认知规律而编写的，以“简明实用”为编写宗旨，适合工作过程系统化的教学模式和理实一体化教学方法。

在理实一体化教学模式下，依据职业岗位标准或生产实际，校企共同开发了基于工作过程的机电设备系统安装与调试课程，重组、整合了教学内容，选取当前机电一体化设备通用技术，按照机电一体化设备安装、调试、运行岗位工作过程要求，以综合岗位行动任务为导向，以现场工作任务的内容、实施方法和实施过程为主线，介绍机电一体化设备中机械传动技术、连接固定技术、传感检测技术、系统基本控制方法、安装调试与维护方法、过程，实现教学过程中的“思维”和“行动”的统一。通过现场工作任务或工作案例的实施，为学生提供理论和实践一体化的链接，通过安装、调试与维护实践，认识知识与工作过程的联系，获得综合职业能力，遵循知识、行动、目标及目标成果反馈的认知过程，培养机电一体化设备安装、调试、运行岗位领域应用型技术人才。

本书中项目载体——机电一体化综合实训装置，具有企业生产的功能，能真实地展现机械加工自动化流水线生产的完整运行过程，包括毛坯落料、切削加工、质量检测和产品分检。本书的编写由该装置的设计人员主持，学校教学第一线教师参与，并得到了教学专家、企业专家的指导，使教材融入了实用的生产技术经验。

本书有如下特点：

1）任务引领，工作过程导向——编写理念先进，贴合职业教育目标。

2）体例新颖，图文并茂——适应学生认知特点，适应内容需要。

3）课题项目由简单至综合，内容由浅入深——知识技能层次递进。

4）载体真实，内容实用——体现职业教育应用特色。

5）校企合作，生产、教学相融合。

6）引入巩固拓展，可实施分层教学。

建议本书按照理实一体化的教学模式组织教学，为了更好地方便教学，建议总学时在250～290学时，学时分配建议见下表。

序　　号	课题名称	学时数	备　　注
课题一	机电一体化综合实训装置的认知	12	建议理论与实践学时比例为1:2。
课题二	输送线的安装与调试	70	
课题三	送料站的安装与调试	44	
课题四	加工站的安装与调试	36	
课题五	检测站的安装与调试	14	
课题六	分拣站的安装与调试	46	
课题七	电气系统的联机安装与调试	14	
课题八	系统的维护和保养	16	
总计		252	

本书由上海石化工业学校周红、黄汉军任主编，周红负责全书的统稿和修改。上海石化工业学校胡翠娜任副主编，上海第二工业大学何亚飞教授任主审。全书共分8个课题，课题一由周红编写，课题二由傅建新编写，课题三由胡翠娜编写，课题四由黄汉军、汤东妹编写，课题五由王凡编写，课题六由孙松、吴玲玲编写，课题七由李越编写，课题八由周红、周伟倩编写。此外，上海大学王志明教授、上海高桥捷派克石化工程建设有限公司的顾卫东高级工程师对本书提出了许多宝贵意见和建议。

由于编者水平有限，书中错误和缺点在所难免，恳请广大读者批评指正。

编　者

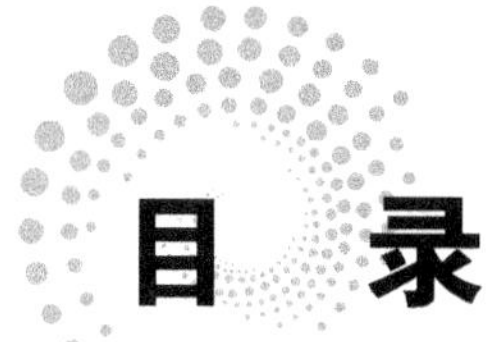

目 录

课题一　机电一体化综合实训装置的认知

1

机电一体化设备是现代工业的生命线，机械制造、电子信息、石油化工、轻工纺织、食品制药、汽车生产以及军工业等现代化工业的发展都离不开机电一体化设备的主导和支撑作用，其对整个工业及其他领域也有着重要的地位和作用。

通过对机电一体化综合实训装置的认知，建立安全操作规范的意识，并了解该装置的运行过程和组成结构。

任务一　安全教育及现场管理

知识目标

1. 能说出机械系统拆装操作规程。
2. 能说出电气系统安装操作规程。
3. 能说出液压气动系统安装操作规程。
4. 能说出5S管理的内容、内涵。

任务实施

1. 查阅机械系统拆装操作安全规程。
2. 查阅电气系统安装操作规程。
3. 查阅液压气动系统安装操作规程。
4. 查阅5S管理的内容、内涵。

相关知识

一、机械系统拆装操作规程

拆装工作是设备使用与维护中重要的一个环节。若在拆装过程中存在考虑不周全、方法不恰当、工具不合理等问题，则可能对人身造成伤害，造成零部件的损坏，甚至使整台设备的精度降低，工作性能受到严重影响。

为使拆装工作能够顺利进行，必须做好拆装前的一系列准备工作。首先，应熟悉和掌握安全操作常识，仔细研究设备的技术资料，认真分析设备的结构特点、传动系统及零部件的结构特点、配合性质和相互位置关系；其次，要明确它们的用途，确定拆装方法，选用合理的工具。

机械拆装规程和注意事项如下：

1）进入拆装场地必须统一穿工作服，女同学戴好工作帽，不允许穿拖鞋或凉鞋，不允许戴戒指、手镯。

2）不允许在拆装场地说笑打闹，大声喧哗。

3）工作前必须检查手用工具是否正常，并按手用工具安全规程操作。

4）在拆装任何设备前，首先要切断电源，断开相关部分（如操作杆、总线上的开关和管道等），防止误开机器发生事故。

5）递接工具材料、零件时禁止投掷。

6）拆卸机器时应注意有弹性的零件突然弹出伤人。

7）协同作业时必须互相联系协调，禁止互不通气、盲目行事。

8）使用手钻要穿戴绝缘护具。钻孔时应戴上防护镜。

9）拆装机器时，手、脚不得接触机器的转动部分。

10）拆卸笨重机件时必须用起重设备，不要以人力强制搬动。

11）拆装零件、部件与搬运工件时，要稳妥可靠，以免零部件跌落受损或伤人。

12）使用电源时，必须由专业电工将电线接妥后方可使用。

13）使用三角吊架时，必须将其三只脚用绳子绑住，以免滑倒。

14）修理受压设备时，应按照受压容器规定进行。

15）使用电动或手摇吊车时，必须按照吊车的安全操作规程进行。

16）把轴类零件插入机器时，禁止用手引导、用手探测或把手插入孔内。

17）工作完毕要做到“三清”，即场地清、设备清、工具清。

二、电气系统安装操作规程

1）电气作业人员要熟知电工安全用具的性能和使用方法，在带电作业或检修时，佩戴绝缘手套，穿绝缘鞋，使用有绝缘柄的工具；在高处作业时，要使用安全带。

2）在全部停电或部分停电的电气设备上工作时，电气作业人员要采取以下安全措施。

① 停电：将被检修的设备可靠脱离电源；断开电源，拉开至少有一个明显断开点的开关；停电操作时，必须先停负荷，后拉开关，最后拉开隔离开关。

② 验电：分相逐相进行，对断开位置的开关验电时，应对两侧分别检验；对停电的线路进行验电时，若线路上未连接可构成放电回路的三相负荷，要予以充分放电；验高压电时必须戴绝缘手套。

③ 装设接地线：对于可能送电至停电设备的，各方面都要装设接地线，接地线应装设在工作地点可以看见的地方；接设接地线必须先接地端，后接导体端；接地线必须使用专用线夹固定在导体上，禁止使用缠绕方法进行接地或短路；接地线应用多股软裸铜线，其最小截面积不应小于25mm^2。

④ 悬挂标志牌。悬挂标志牌可提醒有关人员及时纠正将要进行的错误操作，工作时均应悬挂“禁止合闸，有人工作！”的标志牌。

3）工作人员工作时应由两人及以上协调进行，其中一人做监护人，工作人要听从监护人的指挥。

4）绑扎各种绝缘导线时不得使用裸导线。

5）现场局部照明及标志电压不得超过 36V。

6）现场高大设施必须按规定装设避雷装置。

7）现场工作不得架设裸导线。

三、液压、气动系统安装操作规程

1）凡操作、维护和检修各种液压、气动设备的人员，必须进行专业训练，熟悉并掌握本系统设备的结构、性能、操作方法，以及使用这些设备时应遵守的安全技术规程。

2）液压、气动设备的起动和停止，必须得到生产调度的指令方可操作。

3）起动液压、气动设备前应检查以下内容。

① 油温和气压是否达到要求。

② 进、出口阀门是否打开。

4）液压、气动设备起动后应检查以下内容。

① 油温和气压的变化。

② 油箱油位的变化。

③ 设备的运转情况。如发现异常情况应采取紧急措施进行处理。机器长时间不使用时，应检查润滑油并清除杂质，确保空气压缩机的安全性。

四、机电一体化设备安全操作规程

1）进行强电操作实训时，由教师控制供电，学生不得趁教师不注意时擅自送电。

2）严禁带电操作，严禁双手同时接触任意两接线柱，各分路保险装置的熔丝规格不得大于 5A，严禁用其他金属丝应急代替熔丝。

3）进行机电一体化装接时一定要规范使用工具，严禁用不符合要求的工具进行操作，防止破坏设备设施或产生安全事故。如遇触电事故，应首先切断电源（注意绝缘操作）；如遇其他意外事故，应保持冷静，听从教师指挥处理，并逐级上报。

4）启动系统时应由最后一个工作站依次向前启动，若长时间关闭气源，在第一次开启气源时应用手托住气动执行机构，以免气缸无背压而产生大力冲击损坏元件。系统中的总线不得带电插拔，若要插拔总线，必须先关闭电源。

5）任何人不得随意拔取 MMC 卡，以免卡内系统及程序丢失。有特殊原因要拔取此卡时，应由指导教师指导操作。

6）对机电一体化实训室内的计算机，不能擅自装卸软件，不得设定密码，不得用不安全的移动硬盘和软件进行操作。

7）演示或操作时，不得碰触传感器或传送带等器件，以免造成系统混乱。

五、5S 管理内容

5S 管理就是整理（SEIRI）、整顿（SEITON）、清扫（SEISO）、清洁（SETKETSU）、素养（SHITSUKE）五个项目，因日语的罗马拼音均以"S" 开头而简称 5S 管理。其具体内容如下：

1）整理：将工作场所中的任何物品区分为必要的与不必要的，必要的留下来，不必要的物品彻底清除。

2）整顿：必要的东西分门别类依规定的位置放置，摆放整齐，明确数量，加以标示。

3）清扫：清除工作场所内的脏污，并防止脏污的发生，保持工作场所干净亮丽。

4）清洁：将上面的3S制度化、规范化，并贯彻执行及维持提升。

5）素养：人人养成好习惯，依规定行事，培养积极进取的精神。

任务二　系统的认知

技能目标

能抄记装置中典型元器件、零部件的名称、型号和技术参数。

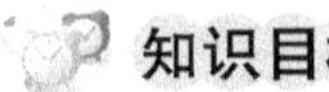

知识目标

1. 能列举机电一体化综合实训装置的组成及功能。
2. 能说出装置中应用的关键技术。
3. 能说出装置中典型元器件、零部件的名称。

任务实施

一、工作准备

各小组领取一份装置说明书和任务单，小组成员分工合作。

二、工作步骤

1）观察装置运行，分析装置组成部分及各部分功能。

2）分析装置的关键技术，识记典型元器件、零部件，填写表1-1。

表1-1　典型元器件识记

序　号	技　术	典型元器件	规格（品牌）	参　数

相关要点

一、机电一体化综合实训装置的组成

上海石化工业学校与上海大学合作研制生产的机电一体化综合实训装置是典型的模块化自动化生产线，其组成结构如图1-1所示。该装置由一个循环的输送线主站和送料站、加工站、检测站以及分拣站四个工作从站组成。每一工作站运行执行功能、各个工作站之间的运行配合关系，以及整个自动化生产线的运行流程和运行模式，都可以模拟实际生产现场状况灵活地配置。

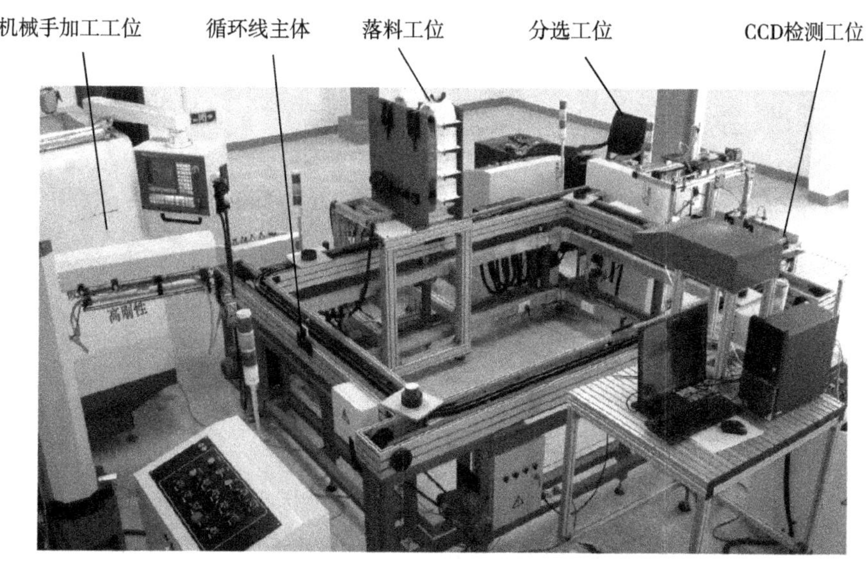

图 1-1　机电一体化综合实训装置

1. 送料站

送料站主要由落料机构、报警装置、电气控制板、操作面板和 I/O 转接端口模块组成。落料机构由底座、支撑板、齿轮机构、棘轮机构和链轮机构组成。送料机构主要由送料气缸、落料气缸和步进电动机三大执行元件以及传感器组成，如图 1-2 所示。

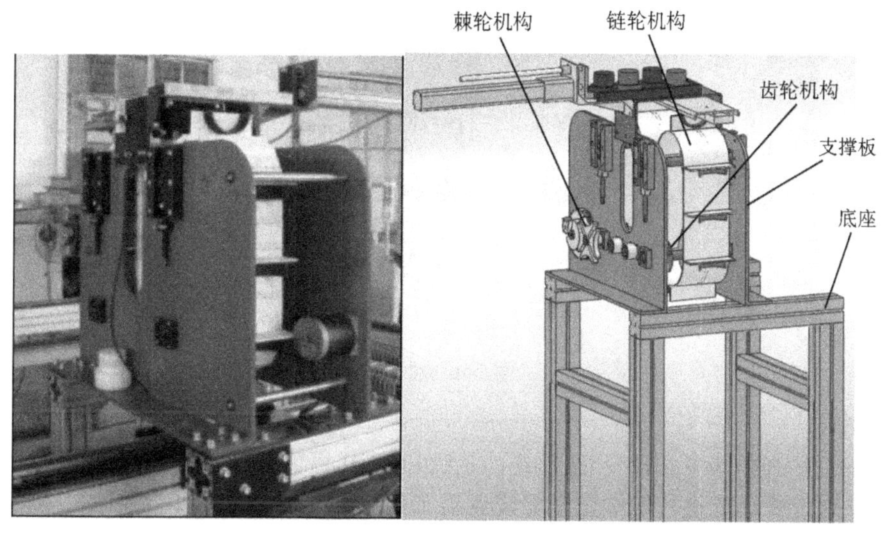

图 1-2　送料站

送料站的作用是把需要加工的零件输送到输送线上，为下一步加工做准备。

2. 输送线

循环输送线有支架组件、传动组件、定位和顶升气缸、三相异步电动机、输送带以及各传感器等组成，如图 1-3 所示。

循环输送线的主要作用就是把零件依次运送到各个站点，在各个站点完成动作后再运送

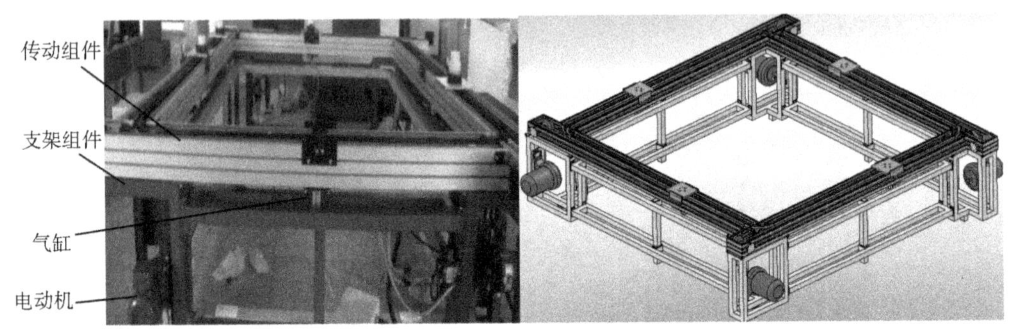

图 1-3　输送线

到下个站。

3. 加工站

加工站主要包括机械手和数控机床两大部分。数控机床用来加工零件，移载机械手的主要作用就是把待加工的零件放置到数控机床中，并把加工完成的零件放回流水线上。

机械手的主要执行元件有旋转气缸、前伸气缸、抓手气缸和 Z 向伺服电动机。数控机床的主要执行元件有数控门关闭、打开气缸、液压夹具以及清除杂质吹气管，如图 1-4 所示。

图 1-4　加工站

4. 检测站

检测站主要由 CCD 检测台、显示器、主机和 CCD 摄像头组成，如图 1-5 所示。

检测站的主要功能是在工件加工完成后对工件的加工质量进行检测。

5. 分拣站

分拣站有底架、分拣组件和移载组件三部分，主要包括步进电动机、变频器、交流电动机、上下绳索伸缩气缸、抓手气缸、分选气缸及各执行元件，以及前后两个限位接近开关、三个光电传感器和四个电磁阀。从其控制模式上讲，一种是采用触摸屏控制，另一种是采用面板旋钮代替触摸屏控制，如图 1-6 所示。

分拣站的主要作用就是根据检测站传输过来的信息，把合格的零件和不合格的零件分拣开来。

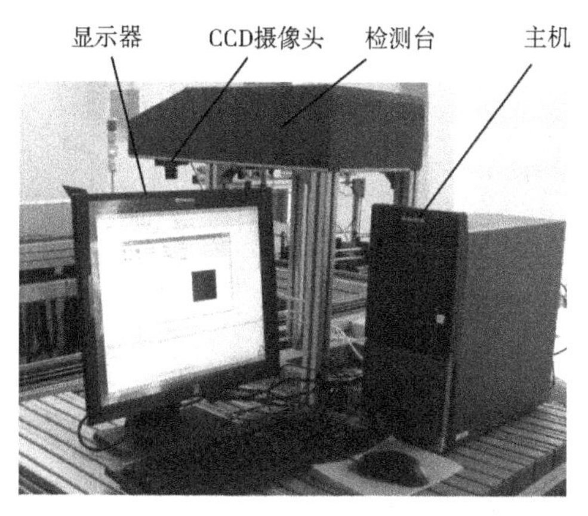

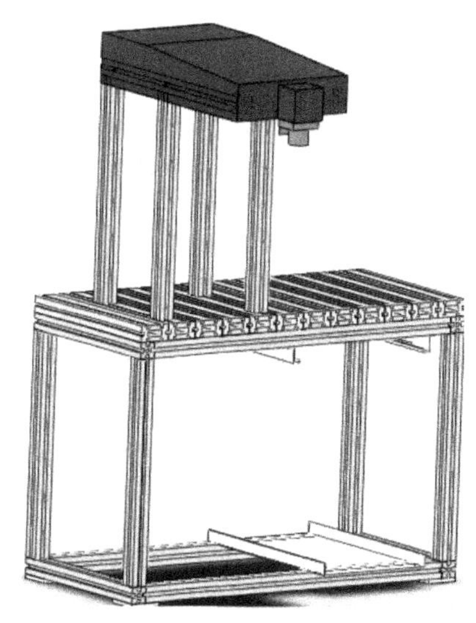

图 1-5　检测站

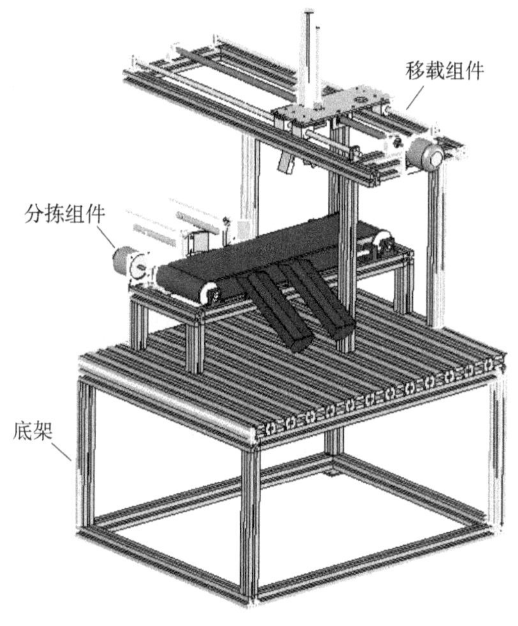

图 1-6　分拣站

二、机电一体化综合实训装置的关键技术

机电一体化综合实训装置的运行主要是以工件的传送、定位为中心，实现下料→输送→加工→检测→搬运→分拣。实现这些功能的关键技术有机械传动技术，液压、气动控制技术，传感检测技术，电动机驱动技术，可编程控制技术和工业通信网络技术。

1. 机械传动技术

送料站主体是落料机构（图 1-7），起传动作用的有齿轮机构、棘轮机构（图 1-8）和链轮机构。

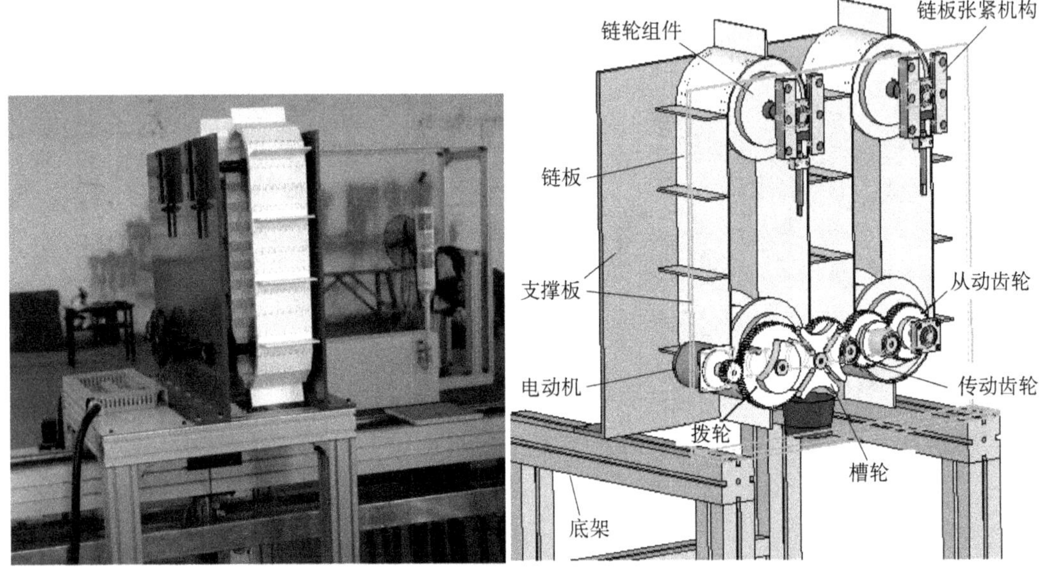

图 1-7 落料机构

图 1-8 齿轮机构和棘轮机构

输送线的输送带是直接运送工件的，它由电动机驱动，通过链传动传输，如图 1-9 所示。

图 1-9 输送带、链传动

分拣站的移动台机械手由丝杠传动，如图 1-10 所示。

图 1-10　丝杠传动

2. 液压、气动控制技术

输送线上，工件的定位停顿是由定位顶升气缸顶起托盘离开输送带完成的，工件落料由送料气缸、落料气缸、节流阀、气动三联件、手动电磁阀等控制元件完成，如图 1-11、图 1-12和图 1-13 所示。

图 1-11　节流阀

图 1-12　气动三联件

图 1-13　双电控电磁阀

3. 电动机驱动技术

机电一体化综合实训装置运转的原动力由电动机提供。落料气缸采用步进电动机驱动，电气控制主要由两相混合式步进电动机细分驱动器 SH-20806、三菱 PLC 和定位控制模块来控制落料机构的转动和停止，如图 1-14 所示。

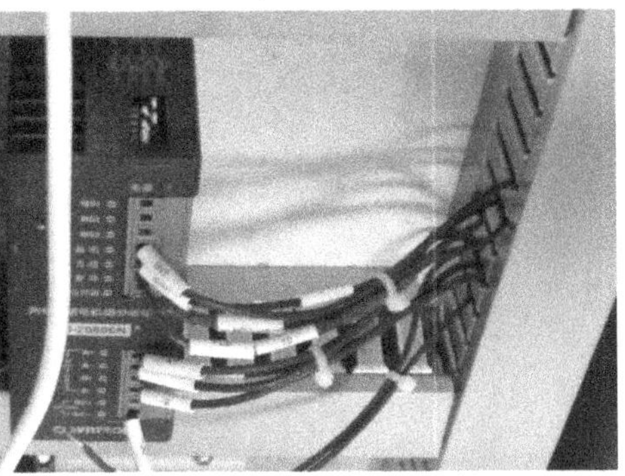

图 1-14　步进电动机及其驱动器

输送线输送带采用变频电动机驱动；加工站机械手采用伺服电动机驱动，如图 1-15 和图 1-16 所示。

图 1-15　变频电动机

图 1-16　伺服电动机

4. 传感检测技术

机电一体化综合实训装置使用了多种传感器，如输送线上感知工件到位的光电传感器（图 1-17），加工站机械手臂上感知手臂运动位置的电感传感器（图 1-18）；检测站检测工件使用的 CCD 摄像头和检测软件（图 1-19）。

5. 可编程控制技术

系统采用先进的 PLC 组网控制技术，有触摸屏（图 1-20）＋PLC 控制，变频器和可编程序控制器（图 1-21）。

图 1-17　输送线上的光电传感器

图 1-18　电感传感器

图 1-19　检测站 CCD 摄像头、检测软件

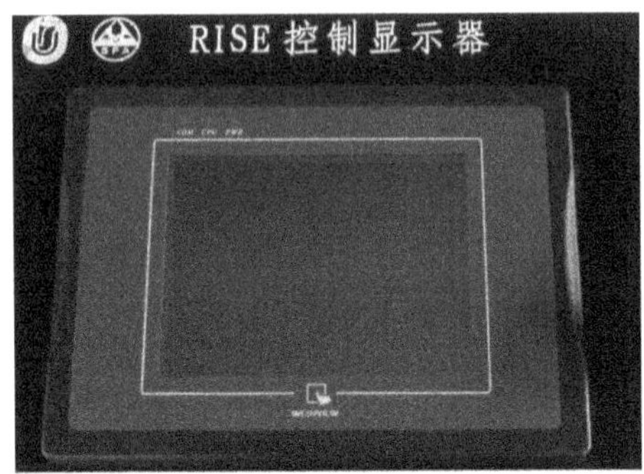

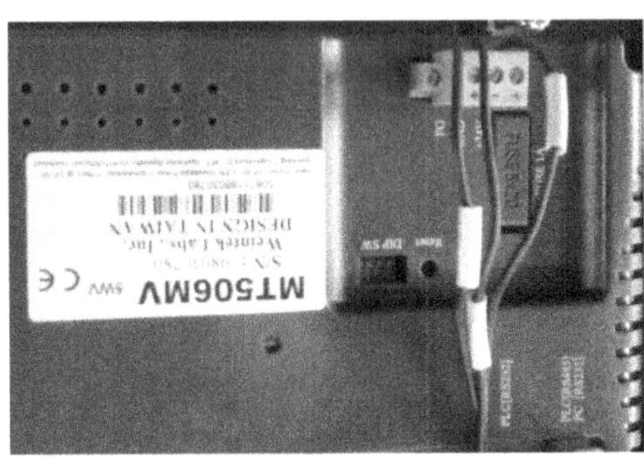

图 1-20　威伦通触摸屏

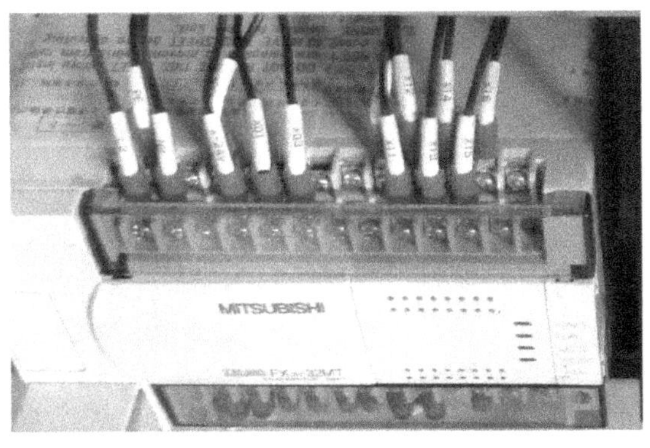

图 1-21　变频器和可编程序控制器

学习检测

进行学习检测，填写表 1-2。

表 1-2　学习检测表

检测项目	检测要求	配分	评分参考	评分记录
观察并描述机电一体化综合实训装置运行过程	行为规范 描述正确齐全	30 分	每错误一处扣 5 分	
分析机电一体化综合实训装置各部分的功能	描述正确齐全	20 分	每错误一处扣 5 分	
分析机电一体化综合实训装置的关键技术	描述正确齐全	20 分	每错误一处扣 5 分	
认知各关键技术的典型元器件、零部件	行为规范 描述正确齐全	30 分	每错误一处扣 5 分	

拓展巩固

一、送料工位中的传感器以及元件参数（表1-3）

表1-3　送料站元件参数

器件名	型　号	品　牌	数　量	作　用
可编程序控制器（PLC）	FX2n-32MR	三菱	1	
脉冲模块	FX2n-1PG	三菱	1	
开关电源	S-100-24		1	
断路器	C65N2P D15A	梅兰	1	总送电
接触器	LC1-D0910（220VAC）	TE	3	总送电
继电器	MY2NJ DC24V	OMRON	2	
光电开关	E3Z-R61	OMRON	1	有无工件检测
按钮	ZB2-BA3C/ZB2-BZ101	TE	1	绿色送电
按钮	ZB2-BA4C/ZB2-BZ105	TE	1	红色断电
二位开关	ZB2-BD2C/ZB2-BZ101	TE	2	自动手动，启动等
三位开关	ZB2-BD3C/ZB2-BZ103	TE	1	步进电动机正、反转手动
急停开关	ZB2-BS55C/ZB2-BZ105/ZB2-BZ101	TE	1	黄色旋转
绿色指示灯	XB2-BVB3C		2	送电及运行
控制箱	600X500X200		1	
风扇	220VAC/25W		1	
插座	220VAC 9A		1	

二、加工工位中的传感器以及元件参数（表1-4）

表1-4　加工站元件参数

器件名	型　号	品　牌	数　量	作　用
可编程序控制器（PLC）	FX2n-128MR	三菱	1	
脉冲模块	FX2n-1PG	三菱	2	
开关电源	S-150-24		2	
断路器	C65N3P D15A	梅兰	1	总送电
接触器	LC1-D2510（220VAC）	TE	1	总送电
接触器	LC1-D0910（220VAC）	TE	4	伺服送电/旋转电动机正、反转
继电器	MY2NJ DC24V	OMRON	22	急停及中断
磁性接近开关	E2E-X5ME1（NPN型）	OMRON	10	极限位检测
光电开关	E3Z-R61	OMRON	1	送工件至数控机床到位检测
行程开关		OMRON	2	机床门关否

（续）

器 件 名	型 号	品 牌	数 量	作 用
按钮	ZB2-BA3C/ZB2-BZ101	TE	2	绿色送电/故障解除
按钮	ZB2-BA4C/ZB2-BZ105	TE	1	红色断电
按钮	ZB2-BD2C/ZB2-BZ101	TE	6	自动手动，启动等
二位开关	ZB2-BD2C/ZB2-BZ101	TE	1	气缸手动操作等
急停开关	ZB2-BS55C/ZB2-BZ105/ZB2-BZ101	TE	1	黄色旋转
绿色指示灯	XB2-BVB3C		2	送电及运行
控制箱	850X700X200		1	
风扇	220VAC/25W		1	
插座	220VAC 9A		3	

思考与练习

1. 在操作过程中，能有效防止触电的措施有哪些？
2. 根据现场管理的要求，在实训场所中应注意什么？
3. 机电一体化综合实训装置由哪些模块组成？应用了哪些传动与控制技术？
4. 试列举机电一体化综合实训装置中运用的各技术的典型元器件的名称、型号和参数。

课题二　输送线的安装与调试

2

项目一　机械系统的安装与调试

场景描述

输送线是将物料运送到落料站、加工站、检测站和分拣站并且把这四部分连接在一起的传送机构。输送线具体的操作分为手动和自动两部分。手动部分的功能是能够分别单独控制输送线上的各个执行元件，主要是电动机和气缸，并且不和各个工位有任何的连接。自动部分的功能是输送线主体能够和各个工位联动，并且根据各种传感器的信号进行实时的判断和选择，完成一个流畅的过程，如图 2-1 所示。

本次工作任务主要是完成输送线机械系统的安装与调试，包括完成输送线支架和传动两部分的安装与调试工作。

图 2-1　输送线

任务一　输送线装配图的识读

技能目标

1. 能根据装配图编制输送线装配工作计划。
2. 能正确识别和使用常用工、量具。

知识目标

1. 能识读输送线装配图，了解零件装配关系及装配尺寸。
2. 能概述机械装配工作计划的编写步骤。
3. 能描述内六角扳手等常见工、量具的使用方法及注意事项。
4. 能说明常见工、量具的日常维护方法。

任务实施

一、工作准备

领取输送线装配图。

二、工作步骤

1）识别零部件。

2）记录输送线装配体零件的名称和数量。

3）分析装配体的工作原理和各零件之间的装配关系。

4）分析主要零件尺寸。

5）分析装配体的拆卸及装配顺序，制订机械装配工作计划。

6）根据装配计划准备工、量具。

三、注意事项

1）应根据图样核对、识别所有零部件。

2）编制工艺时注意小组人员的合作协调。

3）安装与调试的步骤要符合实际操作的要求。

相关要点

一、认识螺纹紧固件

螺纹紧固件是一大类通过内、外螺纹相互配合实现零部件联接装配作用的标准件，常见的有螺栓、螺柱、螺钉和螺母，广泛应用于工业和日常生活中。

1. 螺栓

螺栓是由头部和螺杆（带有外螺纹的圆柱体）两部分组成的一类紧固件，需与螺母配合，用于紧固联接两个带有通孔的零件。最为常见的螺栓是如图 2-2a 所示的六角头螺栓，其常用的安装工具为呆扳手和活扳手。

2. 螺柱

螺柱是没有头部的、两端均外带螺纹的一类紧固件。联接时，它的一端必须旋入带有内螺纹孔的零件中，另一端穿过带有通孔的零件中，然后旋上螺母，使这两个零件紧固联接成一件整体。最为常见螺柱的是如图 2-2b 所示的双头螺柱。

3. 螺钉

螺钉也是由头部和螺杆两部分构成的一类紧固件，与螺栓的不同之处在于螺钉通常不与螺母配合使用，而是与连接件上的内螺纹直接配合联接。图 2-2c 所示为内六角圆柱头螺钉。内六角圆柱头螺钉中较为常见的是一字螺钉和十字螺钉（飞利浦螺钉），能够提供更大的紧固力，因此更多地用于机械装配。其常用的安装工具为内六角扳手。

4. 螺母

螺母带有内螺纹孔，形状一般呈扁六角柱形，配合螺栓、螺柱使用，用于紧固联接两个零件，使之成为一件整体。最为常见螺母的是如图 2-2d 所示的六角螺母，其常用的安装工具为呆扳手和活扳手。

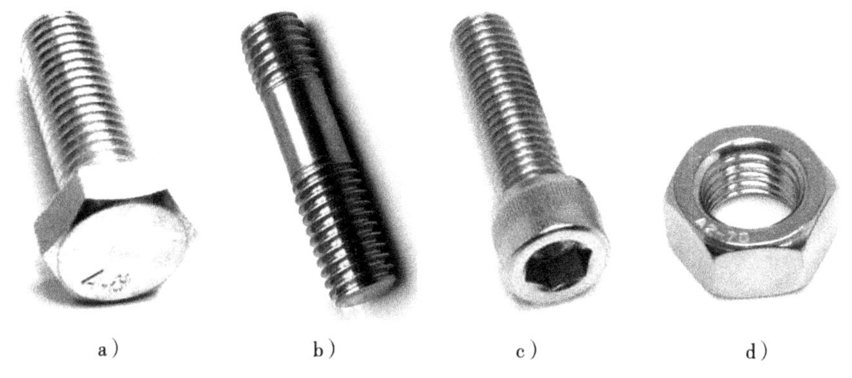

a)　　b)　　c)　　d)

图 2-2　常见的螺纹紧固件

a）六角头螺栓　b）双头螺柱　c）内六角圆柱头螺钉　d）六角螺母

在机电一体化综合实训装置中，内六角圆柱头螺钉作为主要联接件有着大量的应用，如图 2-3 所示电动机在支架上的安装固定。

图 2-3　固定电动机的内六角圆柱头螺钉

二、认识扳手

扳手是利用杠杆原理拧转螺栓、螺钉和螺母等螺纹紧固件的手工工具，最为常见的有适用于六角头螺栓和六角螺母的呆扳手和活扳手，如图 2-4 所示，以及适用于内六角圆柱头螺钉的内六角扳手。

1. 呆扳手

呆扳手的一端或两端制有固定尺寸的开口，用以拧转一定尺寸的螺栓或螺母。为拧转不同尺寸的螺栓或螺母，需要配备多把不同规格的呆扳手。

2. 活扳手

活扳手的开口宽度可在一定尺寸范围内进行调

节，能拧转不同规格的螺栓或螺母。

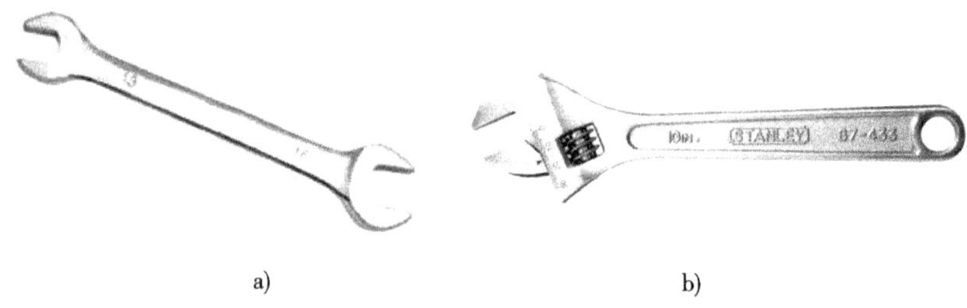

a)　　　　b)

图 2-4　呆扳手与活扳手

a）呆扳手　b）活扳手

3. 内六角扳手

内六角扳手通常是呈 L 形的六角棒状扳手，专用于拧转内六角圆柱头螺钉。其也是固定尺寸扳手，为拧转不同尺寸的内六角圆柱头螺钉，需要配备多把不同规格的内六角扳手。如图 2-5 所示为球头内六角扳手。

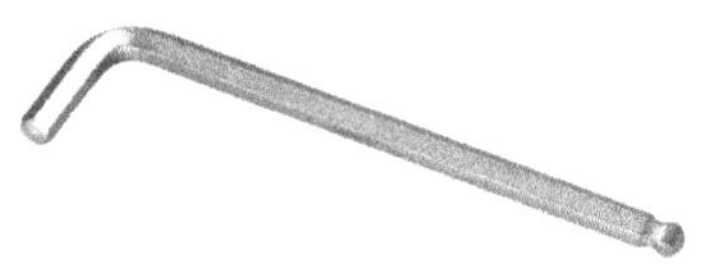

图 2-5　球头内六角扳手

任务二　支架部分的安装

技能目标

1. 会使用直角尺。
2. 会使用框式水平仪。
3. 会检测支架水平。

知识目标

1. 能说出螺栓联接的方法。
2. 能讲述应用升程脚块调节支架的水平与稳定的方法。

任务实施

一、工作准备

填写支架部分安装的领料单，见表 2-1。

表 2-1　领料单

领　料　单					
活动名称			日　期		
物料、工具	规　格	数　量	备　注	归还时间	归还情况

姓名

组号

二、工作步骤

1. 安装升程脚块至各支架上

升程脚块是用于调节支架高低的可调节支脚，安装在各支架下部，如图 2-6 中圆圈所标注的地方。其使用内六角圆柱头螺钉与支架联接，安装时需使用弹簧垫圈和平垫圈。

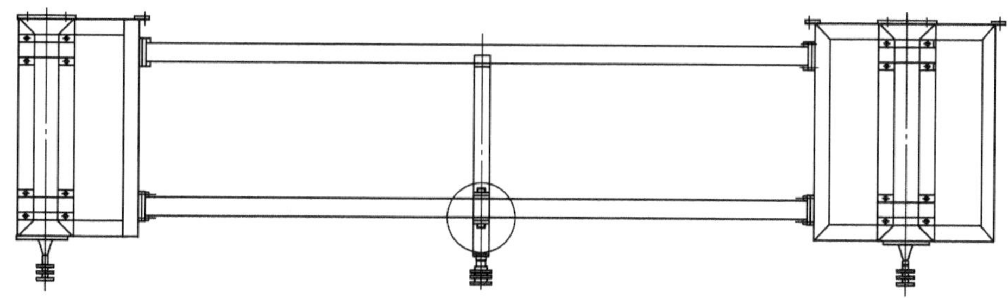

图 2-6　升程脚块在支架中的位置

2. 装配输送线的支架

调节各支架升程脚块，使支架上平面基本处于同一高度后，即可将八部分支架装配起来，使之形成一个整体。各支架之间使用内六角圆柱头螺钉与支架联接，并需使用弹簧垫圈和平垫圈，如图 2-7 所示。

图 2-7　支架装配示意图

3. 安装电动机安装板

电动机负责驱动输送线传动带进行传动，其安装在支架上。在安装电动机之前，需要先将电动机安装板安装在支架上。

电动机通过链轮将动能传递到输送线的传动带上，因此需要电动机能够移动以调节链轮的张紧程度。电动机安装板由底板（固定板）和活动板两部分组成，通过调节螺栓，可以调节活动板的位置，从而改变电动机的位置，实现调节链轮的张紧程度。

首先，使用内六角圆柱头螺钉，并辅以弹簧垫圈与平垫圈将底板安装到支架上。其次，将滑动板安装到底板上，使用同样的内六角圆柱头螺钉及垫圈，如图 2-8a 所示。之后，将螺母座安装到底板上，其上的调节螺钉可以调节底板和活动板的位置，同时将两个挡块安装到底板上，保证滑动板的正常工作。其装配示意图如图 2-8b 所示。

a）

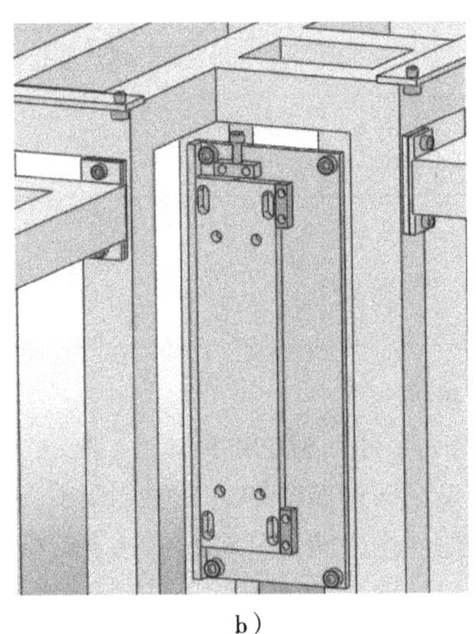
b）

图 2-8　电动机安装板装配示意图

4. 安装电动机

完成电动机安装板的安装后，就可以将电动机安装在支架上了。电动机使用内六角圆柱头螺钉固定在安装板的活动板上，如图 2-9 所示。支架部分一共包含四台电动机，以相同方式完成安装。

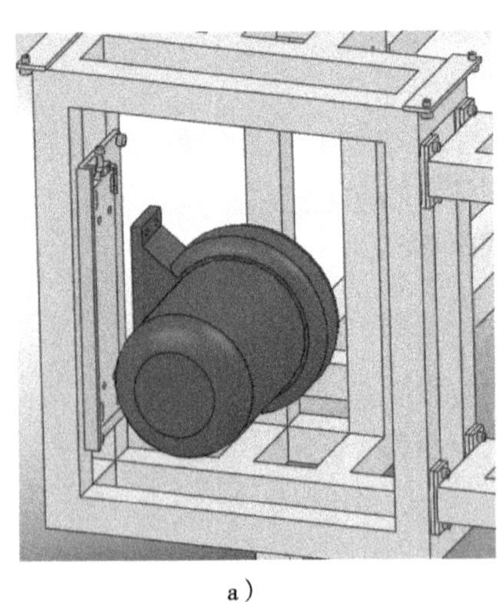
a）

b）

图 2-9　电动机的安装

a）安装示意图　b）安装完成

5. 检查安装情况

在完成安装工作后，需要对输送线支架部分的安装进行系统的检查和检测。

（1）检查各部件安装位置的正确性　复查各部件是否安装在了正确的位置，以避免安装错误导致后续工作无法进行。在这个过程中，最常见的问题是相邻部件没有完全贴合，导致上平面高低不一致，使传动部件难以安装在支架上。此时，可以使用直角尺来测量各部件是否相互垂直，以排除安装错位问题的发生。

（2）检测支架上平面的水平度　支架上平面是传动部分的安装面，传动部分长度较大，支架上平面任何不平整都有可能造成传动部分的安装困难和不稳定。因此，需要使用框式水平仪对支架上平面进行检测。

（3）调节支架上平面的水平度　在检测支架上平面水平度的同时，需要对其进行调节。调节过程主要依靠支架上的八个升程脚块来进行。在调节的过程当中，需要有足够的耐心，并针对可能不够平整的地面进行适当的调节。

三、注意事项

使用框式水平仪时，要保证框式水平仪工作面和工件表面的清洁，以防止脏物影响测量的准确性。测量水平面时，在同一个测量位置上，应将框式水平仪调过相反的方向再进行测量。当移动框式水平仪时，不允许框式水平仪工作面与工件表面发生摩擦，应该提起来放置。

相关要点

一、输送线支架的结构

输送线支架主体由八部分组成，分别由面向四个工作站的四条边和连接四条边的支架转角结构组成，如图 2-10 所示。这些结构均主要由 50mm × 50mm × 3mm 的方管焊接而成，其材料为普通碳素结构钢 Q235A。

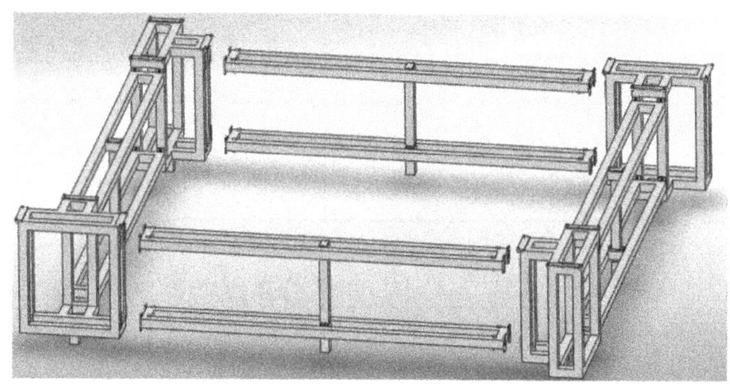

图 2-10　输送线支架部分的结构组成

二、检测工具的使用

直角尺（图 2-11）是一种专业量具，也称 90°角尺，在有些场合还被称为靠尺，适用于机床、机械设备及零部件的垂直度检验、安装加工定位和划线等，是机械行业中的重要测量工具，其特点是精度高，稳定性好，便于维修。

框式水平仪（图 2-12）主要用于检验各种机床及其他设备的平面度及安装的水平位置和垂直位置的正确性，并可检验微小倾角。其内部的玻璃管内壁是一个含有一定曲率半径的曲面水准泡，当框式水平仪发生倾斜时，水准泡就向框式水平仪升高的一端移动。水准泡内壁曲率半径越大，分辨率越高；曲率半径越小，分辨率越低。因此，水准泡的曲率半径决定了框式水平仪的精度。

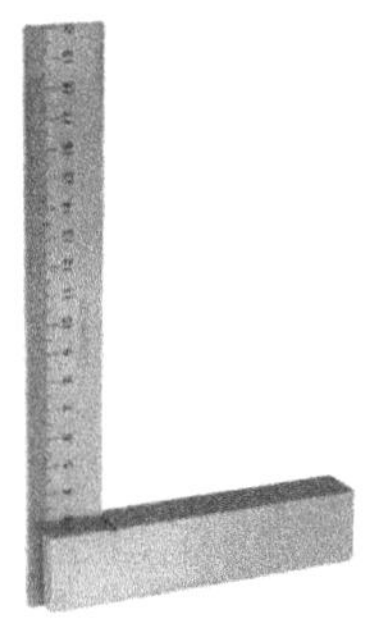

图 2-11　直角尺

图 2-12　框式水平仪

学习检测

进行学习检测，填写表 2-2。

表 2-2　学习检测表

检测项目	检测要求	配　分	评分参考	评分记录
升程脚块的安装	安装正确，稳定	20 分	每错误一处扣 5 分	
输送线支架八部分的装配	安装正确，稳定，上平面足够平整	30 分	每错误一处扣 5 分	
电动机的安装	安装正确，稳定，活动板工作正常	20 分	每错误一处扣 5 分	
安装情况的检查与检测	检查得当，支架上平面水平	30 分	每错误一处扣 5 分	

任务三　传动部分的安装

技能目标

1. 能够安装输送线传动带。
2. 能够安装轴承和检测安装精度。
3. 能够进行平带传动的预紧和调整。
4. 能够用框式水平仪进行水平检测。

知识目标

1. 能说出平带传动的特点及应用场合。
2. 能归纳平带传动的安装及检测方法。
3. 能阐述轴承的安装及检测方法。
4. 能说出链传动的特点及应用场合。
5. 能阐述链传动的安装及检测方法。

任务实施

一、工作准备

填写支架部分的领料单，见表2-3。

表 2-3　领料单

领　料　单					
活动名称			日　期		
物料、工具	规　格	数　量	备　注	归还时间	归还情况

姓名

组号

二、工作步骤

1. 在缺口纵梁上安装从动轮、过渡轮和托条

每个传动组件由两根纵梁和两块直角挡板围城一个矩形，其中一根纵梁上有一个缺口，是导向轨的出口，此纵梁称为缺口纵梁，是装配的重点，如图2-13所示。

缺口纵梁上使用内六角圆柱头螺栓安装从动轮、过渡轮和托条等，如图2-14所示。其中，从动轮和过渡轮用于导向和张紧传动带，托条用于托住传动带。

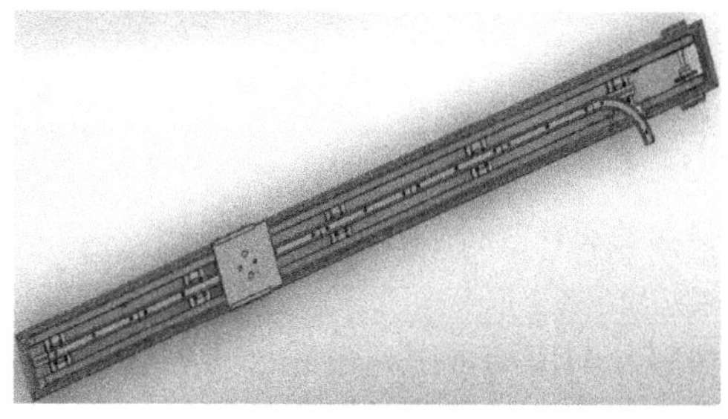

图2-13　缺口纵梁

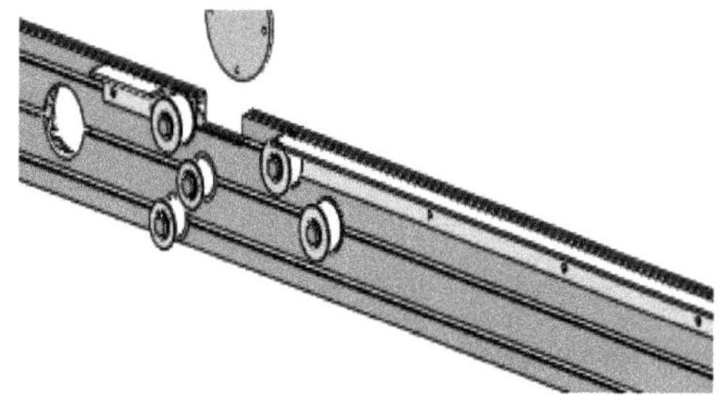

图2-14　缺口纵梁上的零部件安装

2. 安装纵梁零部件

纵梁（无缺口）上的结构与缺口纵梁类似，安装方法也完全相同，如图 2-15 所示。

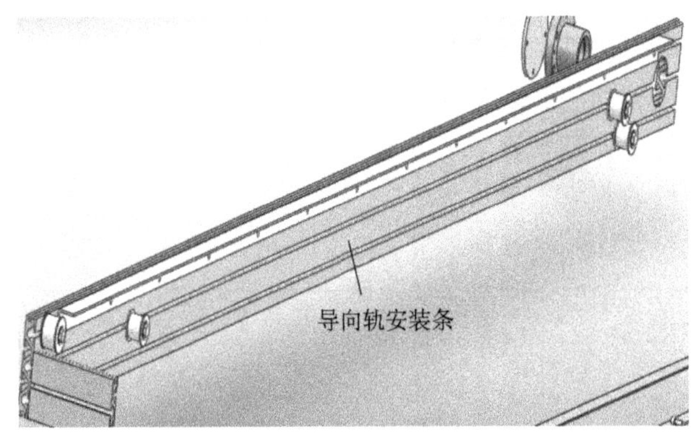

图 2-15 纵梁上零部件的安装

3. 安装垫脚和中连板

缺口纵梁上还安装有垫脚、中连板和导向轨安装条，其对整个输送线传动部分起支撑作用，防止其在安装和运行过程中发生变形，如图 2-16 所示。

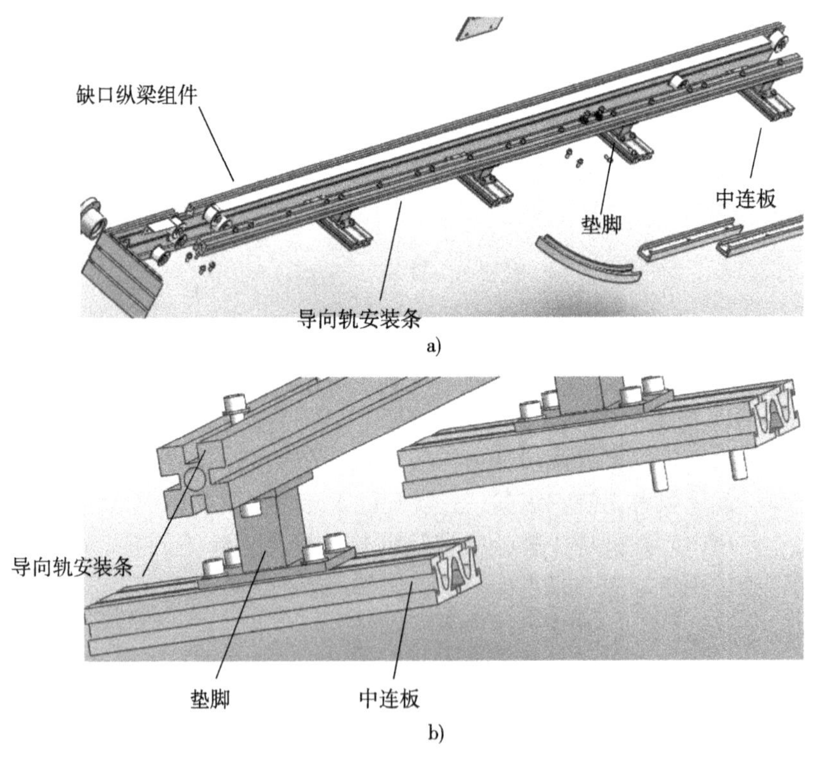

图 2-16 垫脚和中连板的安装

4. 装配链轮—带轮轴组件

电动机输出的动能通过链轮传递到输送线传动部分的传动带上，链轮—带轮轴组件就是其传递动力的核心。链轮与轴之间通过键联接，链轮的轴向位置通过紧固螺钉固定；带轮与轴通过键联接，带轮的轴向位置通过螺钉与轴承压板联接后固定，如图 2-17 所示。

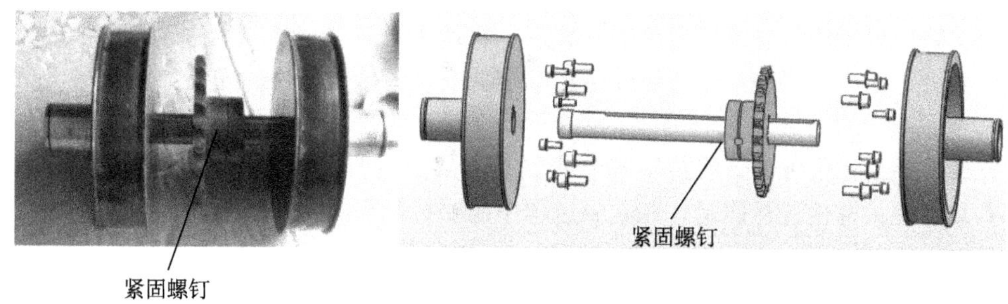

图 2-17　链轮—带轮轴组件的装配

5. 装配链轮—带轮轴组件和缺口纵梁

在完成链轮—带轮轴组件的装配后，就可以将其装配在缺口纵梁上，具体安装过程如图 2-18 所示。其中，在安装时需要注意保护两个深沟球轴承的配合表面，不可以使用锤子直接敲击，而要使用铜棒适度敲击。

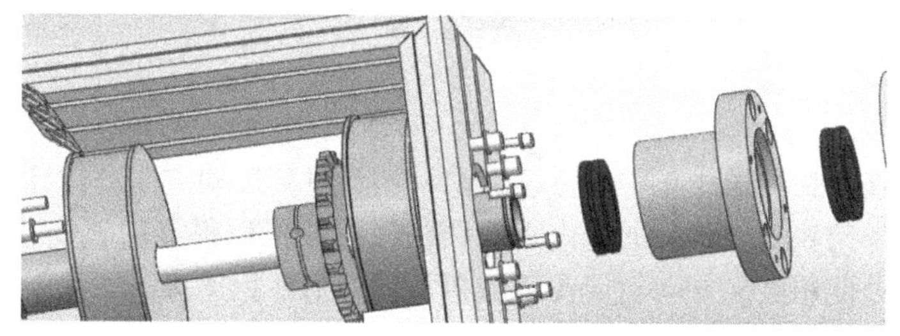

图 2-18　链轮—带轮轴组件与缺口纵梁组件的装配

6. 安装与张紧传动带

完成链轮—带轮轴组件与缺口纵梁组件的装配后，将传动带安装在带轮上，主动轮侧的安装如图 2-19a 所示，从动轮侧的安装如图 2-19b 所示。

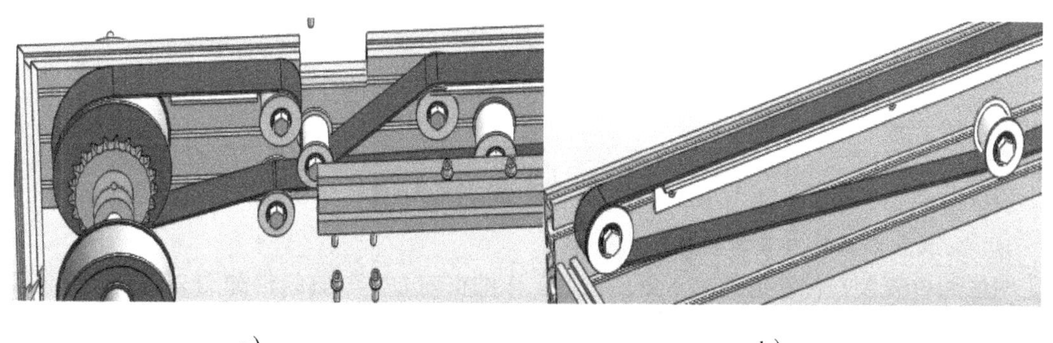

a）　　　　b）

图 2-19　传动带的安装示意图

a）主动轮侧传动带的安装　b）从动轮侧传动带的安装

7. 装配缺口纵梁组件与纵梁组件

完成缺口纵梁组件和纵梁组件的安装后，将两者合二为一，成为基本完整的传动组件。在组装两者之前，需要注意纵梁组件侧传动带的安装。传动组件的安装如图 2-20 所示。

8. 安装传动部分与支架部分

完成上述工作任务后，将传动部分安置在支架上进行安装固定，如图 2-21 所示。其使用内六角圆柱头螺栓进行固定，在安装过程中需要特别耐心。

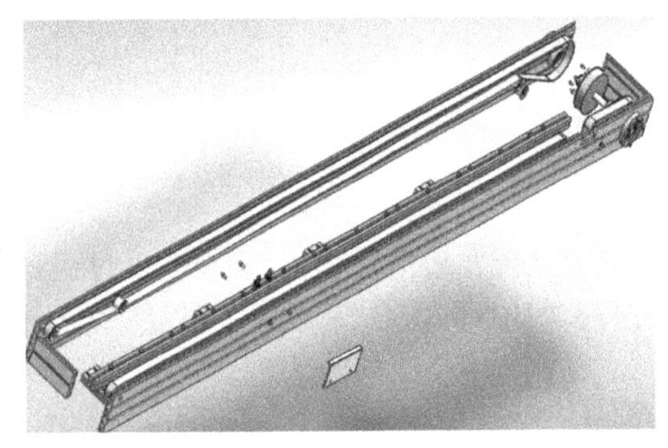

图 2-20　传动组件的安装

图 2-21　传动部分与支架部分的安装

9. 安装导向轨

为了使物料托盘在输送线正中间持续运动，需要对其运动方向进行导向。在传动组件的中轴线上安装有导向轨安装条，通过内六角圆柱头螺栓可以将导向轨安装在其上面。其中，缺口纵梁上缺口处使用圆弧导向轨，便于与相邻传动组件相连接，如图 2-22 所示。

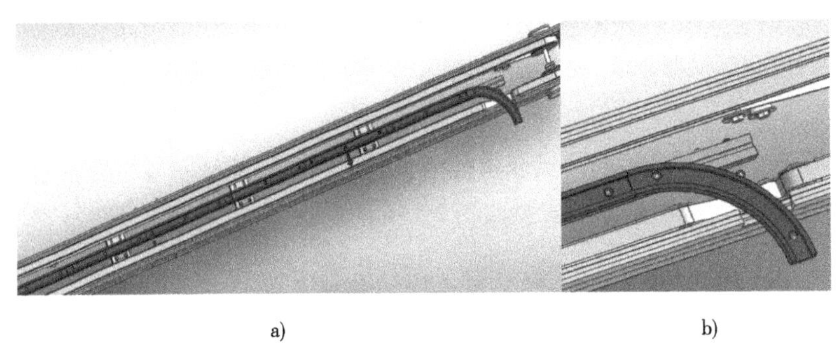

a)　　　　b)

图 2-22　导向轨的安装

a）导向轨的安装　b）圆弧导向轨

10. 安装气缸组件和直角挡板

气缸组件安装在传动组件的下方，在各工作站正前方。气缸组件如图 2-23a 所示，其安装如图 2-23b 所示。

11. 安装后的检查与检测

在完成上述所有工作后，就需要对输送线传动部分的安装进行系统的检查和检测。

1）检查各部件安装位置的正确性。

2）检测传动组件的水平度。

3）调节导向轨位置，保证物料托盘顺利通过。

a)

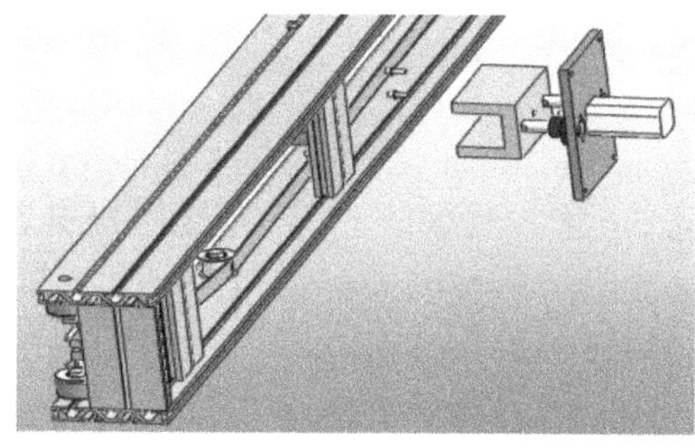

b)

图 2-23　气缸组件的安装

相关要点

输送线传动结构

输送线传动部分由四条结构近似的传动组件组合而成，其间由导向轨相互连接，形成一个整体，使物料托盘能够连贯运行，如图 2-24 所示。

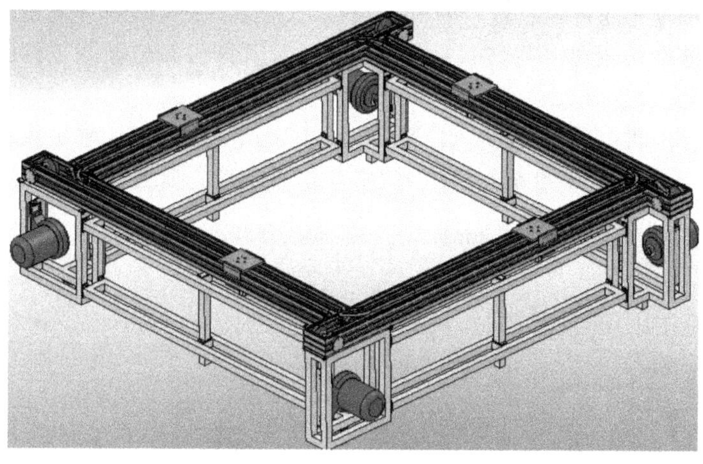

图 2-24　输送线的结构组成

学习检测

进行学习检测，并填写表 2-4。

表 2-4　学习检测表

检测项目	检测要求	配分	评分参考	评分记录
传动组件的安装	安装正确，稳定	50 分	每错误一处扣 5 分	
传动组件与支架的安装固定	安装正确，稳定，上平面足够平整	10 分	每错误一处扣 5 分	
导向轨的安装	安装正确，稳定，活动板工作正常	20 分	每错误一处扣 5 分	
安装检查与检测	检查得当，支架上平面水平	20 分	每错误一处扣 5 分	

拓展巩固

内六角圆柱头螺钉的尺寸规格

内六角圆柱头螺钉是机电一体化综合实训装置的主要联接件。那么，作为一个标准件，我们应用到了其哪些规格呢?

此处使用的都是内六角圆柱头螺钉，其执行的标准为 GB/T 70.1—2008，常见的有银白色的不锈钢材质和发黑处理的碳钢材质。由于其主要用于机械零部件的联接，固均为普通粗牙螺纹，最为常用的为公称直径 1.5 ~ 16mm、长度 8 ~ 60mm，能够满足不同安装要求。

框式水平仪

常用的框式水平仪主要由框架和弧形玻璃管主水准器和调整水准组成，如图 2-25 所示。利用水平仪上水准泡的移动来测量被测部位角度的变化。框架的测量面有平面和 V 形槽，V 形槽便于在圆柱面上进行测量。弧形玻璃管的表面上有刻线，内装乙醚（或酒精），并留有一个水准泡，水准泡总是停留在玻璃管内的最高处。若水平仪倾斜一个角度，气泡就向左或向右移动，根据移动的距离（格数），直接或通过计算即可知道被测工件的直线度、平面度或垂直度误差。

水平仪的工作原理如图 2-26 所示，精度为 0.02mm/1000mm 的水平仪玻璃管，曲率半径 $R=103132$mm，当平面在 1000mm 长度中倾斜 0.02mm 时，倾斜角为 θ，则

$$\tan\theta = \frac{0.02}{1000} = 0.00002$$

$$\theta = 4''$$

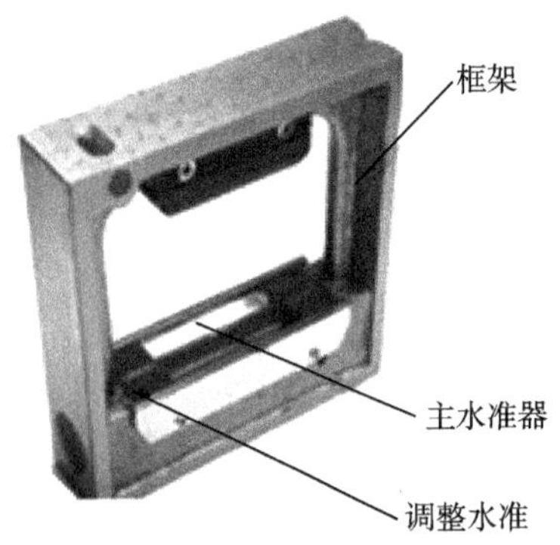

图 2-25 框式水平仪的结构

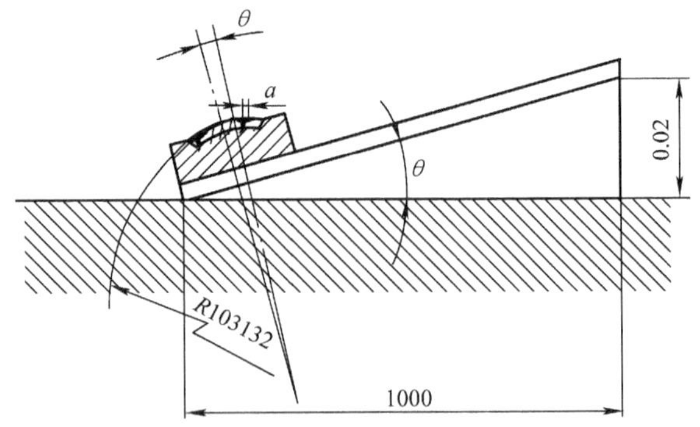

图 2-26 框式水平仪的工作原理

水准泡转过的角度应与平面转过的角度相等，则水准泡移动的距离（1 格）为

$$a = \frac{2\pi R\theta}{360\times60\times60}\text{mm}$$

$$= \frac{2\times103132\times4''\pi}{360\times60\times60} = 2\text{mm}$$

根据水平仪的刻线原理可以计算出被测平面两端的高度差，即

$$\Delta(\delta) = nli$$

式中　$\Delta(\delta)$——被测平面两端高度差（mm）；

n——水准气泡移动格数；

l——被测平面的长度（mm）；

i——水平仪的精度。

水平仪的读数方法有直接读数法和平均读数法两种。

（1）直接读数法　以气泡两端的长刻线作为零线，气泡相对零线移动的格数作为读数，这种读数方法最为常用，如图 2-27 所示。

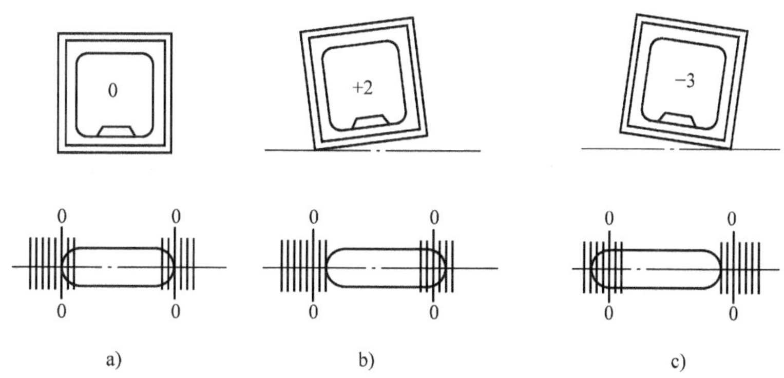

图 2-27　直接读数法

图 2-27a 表示水平仪处于水平位置，气泡两端位于长线上，读数为“0”；图 2-27b 表示水平仪逆时针方向倾斜，气泡向右移动，图示位置读数为“+2”；图 2-27c 表示水平仪顺时针方向倾斜，气泡向左移动，图示位置读数为“-3”。

（2）平均读数法　由于环境温度变化较大时会使气泡变长或缩短，引起读数误差而影响测量的正确性，因此可采用平均读数法，以消除读数误差。

平均读数法读数是分别从两条长刻线起，向气泡移动方向读至气泡端点止，然后取这两个读数的平均值作为这次测量的读数值。

图 2-28a 表示由于环境温度较高，气泡变长，测量位置使气泡左移。读数时，从左边长刻线起，向左读数“-3”；从右边长刻线起，向左读数“-2”，取这两个读数的平均值作为这次测量的读数值，即

$$\frac{(-3)+(-2)}{2} = -2.5$$

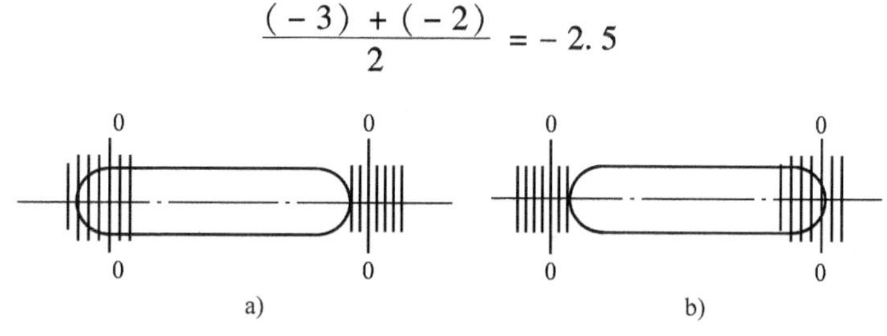

图 2-28　平均读数法

图 2-28b 表示由于环境温度较低使气泡缩短，测量位置使气泡右移，按上述读数方法，读数分别为“+2”和“+1”，则测量的读数值为

$$\frac{(+2)+(+1)}{2}=+1.5$$

框式水平仪的使用方法有以下几种。

1）框式水平仪的两个V形测量面是测量精度的基准，在测量中不能与工作的粗糙表面接触或产生摩擦，安放时必须小心轻放，避免因测量面划伤而损坏水平仪和造成不应有的测量误差。

2）用框式水平仪测量工件的垂直面时，不能握住与副侧面相对的部位而用力向工件垂直平面推压，这样会因水平仪的受力变形影响测量的准确性。正确的测量方法是用手握持副测面内侧，使水平仪平稳、垂直地（调整气泡位于中间位置）贴在工件的垂直平面上，然后从纵向水准读出气泡移动的格数。

3）使用水平仪时，要保证水平仪工作面和工件表面的清洁，以防止脏物影响测量的准确性。测量水平面时，在同一个测量位置上，应将水平仪调过相反的方向再进行测量。当移动水平仪时，不允许水平仪工作面与工件表面发生摩擦，应该提起来放置，如图2-29a所示。

4）当测量长度较大的工件时，可将工件平均分为若干尺寸段，用分段测量法，然后根据各段的测量读数绘出误差坐标图，以确定其误差的最大格数。如图2-29b所示，进行床身导轨在纵向垂直平面内直线度的检验时，将框式水平仪纵向放置在刀架上靠近前导轨处（图2-29b中位置A），从刀架处于主轴箱一端的极限位置开始，从左向右移动刀架，每次移动距离应近似等于水平仪的边框尺寸（200mm）。

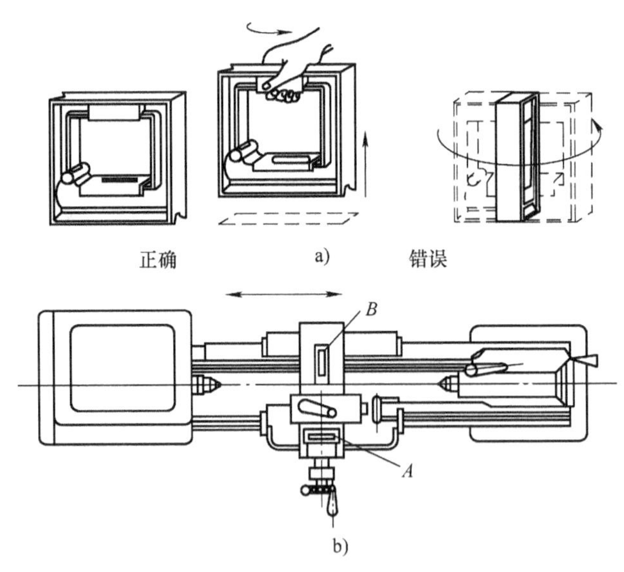

图2-29 水平仪的使用方法

思考与练习

1. 装配输送线支架时有哪些注意事项？

2. 装配输送线传动部分时有哪些注意事项？
3. 编写输送线传动部分的装配工艺。

项目二　电气系统的安装与控制

任务描述

输送线是将物料运送到落料站、加工站、检测站和分检站并且把这四部分连接在一起的传送机构。让输送线机械系统的零部件和机构按照预定程序正常工作起来，需要安装电气控制系统。

本项目主要进行输送线控制面板与控制柜电气线路的安装，如图 2-30 和图 2-31 所示，调试和运行输送线的程序，以及传感器的安装与调试。

图 2-30　输送线控制面板

图 2-31　输送线控制柜

任务一　输送线电气图的识读

技能目标

1. 能够编写输送线电气装配工作计划。
2. 会根据输送线电气装配图准备电器元件、材料。
3. 会根据输送线电气装配图和电气装配工作计划准备工、量具。

知识目标

1. 能识读输送线电气控制原理图。
2. 能识读输送线电气装配图。
3. 能识读输送线电气连接图。

任务实施

一、工作准备

各小组领取三份图样：输送线电气控制原理图、输送线电气装配图和输送线电气接线图。

二、工作步骤

1. 阅读输送线电气控制原理图

1）辨识输送线电气执行元件，并完成表2-5。

表2-5　输送线电气执行元件清单

元件名称	作　用	数　量	符　号	其　他

2）辨识输送线电气控制元件，并完成表2-6。

表2-6　输送线电气控制元件清单

元件名称	作　用	数　量	符　号	其　他

3）分析输送线电气控制原理图。

2. 阅读输送线电气装配图

1）依据电气装配图准备电器元件、材料，并完成表2-7。

表2-7　输送线电气装配材料清单

材料名称	规格	数量	符号	其他

2）依据电气装配图准备工、量具，并完成表2-8。

表2-8　输送线电气装配工、量具清单

工、量具名称	规格	数量	符号	其他

3. 阅读输送线电气接线图

1）理解电气系统接线图。

2）结合电气装配图，规划接线方案。

4. 编写电气装配工作计划

以小组为单位，提交一份装配方案，并由发言人代表本组阐述和解释规划意图。

相关要点

电气图样制图规范及电气图样的识读方法

一、电气元件触点位置、工作状态和技术数据的表示方法

1. 触点的分类

触点分两类：一类为靠电磁力或人工操作的触点如接触器、电继电器、开关和按钮等的触点；另一类为非电和非人工操作的触点如非电继电器和行程开关等的触点。

2. 触点的表示

1）在同一电路中，接触器、电继电器、开关和按钮等的触点在加电和受力后，各触点符号的动作方向应取一致，当触点具有保持、闭锁和延时功能的情况下更应如此。

2）对非电和非人工操作的触点，必须在其触点符号附近表明运行方式，可用图形、操作器件符号及注释、标记和表格表示。

3. 元件工作状态的表示方法

元件、器件和设备的可动部分通常应表示在非激励或不工作的状态或位置，具体如下：

1）继电器和接触器在非激励的状态。

2）断路器、负荷开关和隔离开关在断开位置。

3）带零位的手动控制开关在零位位置，不带零位的手动控制开关在原理图中规定的位置。

4）机械操作开关的工作状态与工作位置的对应关系，一般应表示在其触点符号的附近，或另附说明。

5）事故、备用、报警等开关应表示在设备正常使用的位置，多重开闭器件的各组成部分必须表示在相互一致的位置上，而不管电路的工作状态。

4. 元件技术数据的标注方法

电气元器件的技术数据一般标在图形符号近旁。

当连接线水平布置时，尽可能标在图形符号的下方，连接线垂直布置时，则标在项目代号的下方；还可以标在方框符号或简化外形符号内。

5. 注释和标识的表示方法

1）注释的两种方法：直接放在所要说明的对象附近和将注释放在图中的其他位置。

2）如设备面板上有信息标识时，则应在有关元件的图形符号旁加上同样的标识。

二、元件接线端子的表示方法

1. 端子

在电气元件中，用以连接外部导线的导电元件称为端子。

端子分为固定端子和可拆卸端子。固定端子的图形符号：0 或・；可拆卸端子的图形符号：Φ。

2. 以字母数字符号标注接线端子的原则和方法

1）单个元件的两个端点用连续的两个数字表示，单个元件的中间各端子用自然递增数序的数字表示。

2）相同元件组端子的标注方法如下：

①在数字前冠以字母，如标注三相交流系统的字母 U1、V1、W1 等。

②若不需要区别相别时，可用数字 1. 1、2. 1、3. 1 标注。

3）与特定导线相连的电器接线端子的标注，见表 2-9 和图 2-32。

表 2-9　特定电器接线端子的标记符号

序号	电器接线端子的名称		标记符号	序号	电器接线端子的名称	标记符号
1	交流系统	1 相	U	2	保护接地	PE
		2 相	V	3	接地	E
		3 相	W	4	无噪声接地	TE
		中性线	N	5	机壳或机架	MM
				6	等电位	CC

3. 端子代号的标注方法

1）电阻器、继电器、模拟和数字硬件的端子代号应标在其图形符号的轮廓外面，零件的功能和注解标注在符号轮廓线内。

2）对用于现场连接、试验和故障查找的连接器件的每一连接点都应标注端子代号。

3）在画有围框的功能单元或结构单元中，端子代号必须标注在围框内，以免被误解，如图 2-33 所示。

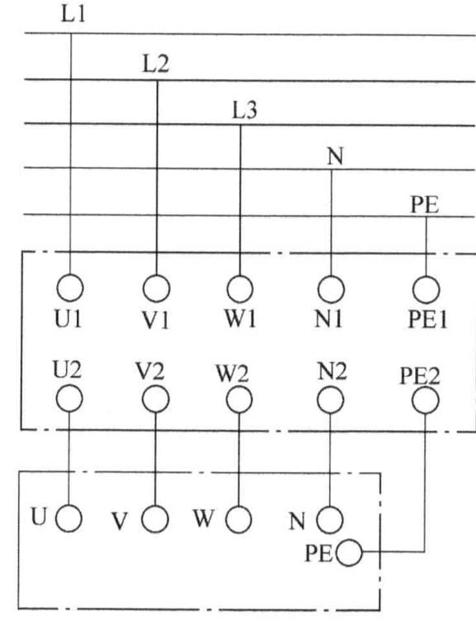

图 2-32　特定电器接线端子的标记

图 2-33　围框端子代号标注方法

三、连接线

连接线是在电气图上各种图形符号间的相互连线。

1. 导线的表示方法

导线的表示方法如图 2-34 所示。

2. 图线的粗细

电源主电路、一次电路和主信号通路等采用粗线，与之相关的其余部分用细线。

3. 连接线的分组

母线、总线、配电线束和多芯电线电缆等可视为平行连接线。对多条平行连接线，应按功能分组，不能按功能分组的，可以任意分组，每组不多于三条，组间距大于线间距离。

连接线标记一般置于连接线上方，也可置于连接线的中断处，必要时还可在连接线上标出信号特性的信息。

4. 导线连接点的表示方法

1）T 形连接点可加实心圆点（·）；

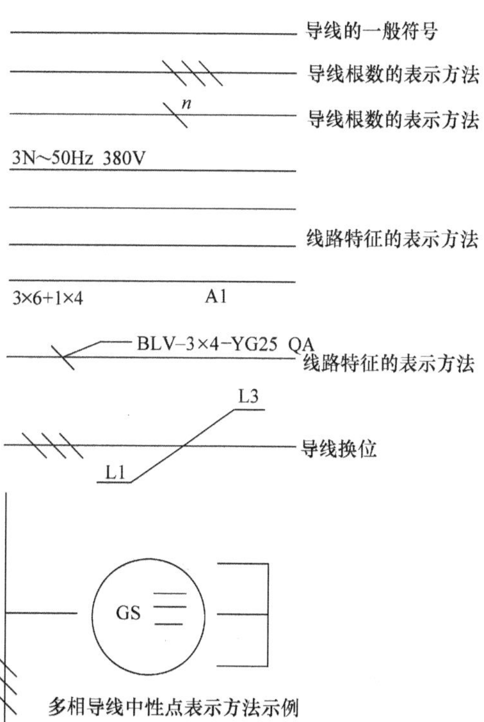

图 2-34　导线的表示方法

2）对+形连接点可加实心圆点（·）；

3）对交叉而不连接的两条连接线，在交叉处不能加实心圆点，并应避免在交叉处改变方向，也应避免穿过其他连接线的连接点，如图2-35所示。

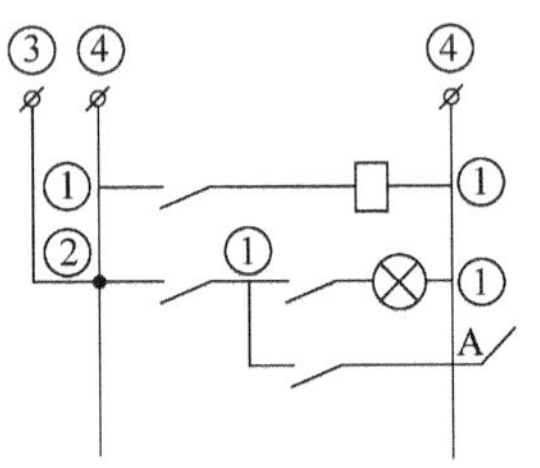

图2-35　导线连接点示意图

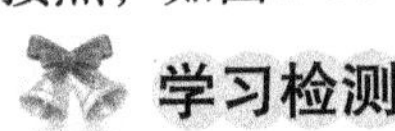

学习检测

进行学习检测并填写表2-10。

表2-10　学习检测表

检测项目	检测要求	配分	评分细则	评分记录
输送线电气执行元件	1. 按要求选择合适的	25分	每次错误扣10分	
	2. 写清名称、型号		每次错误扣5分	
	3. 写清符号		每次错误扣5分	
输送线电气控制元件	1. 按要求选择合适的	25分	每次错误扣10分	
	2. 写清名称、型号		每次错误扣5分	
	3. 写清符号		每次错误扣5分	
输送线电气装配材料	1. 按要求选择合适的	25分	每次错误扣10分	
	2. 写清名称、型号		每次错误扣5分	
	3. 写清符号		每次错误扣5分	
输送线电气装配工、量具	1. 按要求选择合适的	25分	每次错误扣10分	
	2. 写清名称、型号		每次错误扣5分	
	3. 写清符号		每次错误扣5分	

任务二　交流异步电动机和变频器的认识与安装

技能目标

1. 会交流异步电动机及其变频器的控制接线。
2. 会根据负载操作手册设定变频器参数，实现对电动机运行方向和转速的控制。

知识目标

1. 能分析交流异步电动机的工作原理。
2. 能叙述交流异步电动机变频器的作用和参数。
3. 能分析交流异步电动机及其变频器的接线图。

任务实施

一、工作准备

填写安装电动机和变频器的领料单，见表2-11。

表 2-11　领料单

领　料　单					
活动名称			日　期		
物料、工具	规　格	数　量	备　注	归还时间	归还情况

姓名

组号

二、工作步骤

1）根据安装图样将三相异步电动机固定在正确位置，如图 2-36 所示。

2）将变频器固定在输送线控制箱内，如图 2-37 所示。

图 2-36　固定三相异步电动机

图 2-37　控制箱内的变频器

3）根据图样完成变频器和电动机的接线。

4）设定变频器的各项参数。

5）检查和校验。

三、注意事项

变频器是精密的电子装置，为了其正常工作，安装方面应有一定要求，还要进行一定的日常维护。

1）变频器的安装环境。

① 安装在通风良好的室内场所，环境温度要求在 -10 ~ 40℃ 的范围内，如温度超过 40℃ 时，需外部强制散热或者降额使用。

② 避免安装在阳光直射、多尘埃、有飘浮性的纤维及金属粉末的场所。

③ 严禁安装在有腐蚀性、爆炸性气体的场所。

④ 湿度要求低于 95% RH，无水珠凝结。

⑤ 安装在平面固定振动小于 $5.9m/s^2$（0.6g）的场所。

⑥ 尽量远离电磁干扰源和对电磁干扰敏感的其他电子仪器设备。

2）变频器机内存在漏电流，中大功率变频器整机的漏电流大于 5mA，为保证安全，变频器和电动机必须安全接地。

3）继电器输入及输出回路的接线应选用0.75mm^{2}以上的双绞线或屏蔽线，屏蔽层一端悬空，另一端与变频器的接地端子PE、E或G相连，接线长度小于20m。

4）变频器安装、接线完成后，通电前应进行下列检查。

① 外观、构造检查。包括检查变频器的型号是否有误、安装环境有无问题、装置有无脱落或破损、电缆直径和种类是否合适、电气连接有无松动、接线有无错误和接地是否可靠等。

② 绝缘电阻的检查。测量变频器主电路绝缘电阻时，必须将所有输入端（R、S、T）和输出端（U、V、W）都连接起来后，再用500V的兆欧表测量绝缘电阻，其值应在5MΩ以上，而控制电路的绝缘电阻应用万用表的高阻挡测量，不能用兆欧表或其他有高电压挡的仪表测量。

③ 电源电压的检查。检查主电路电源电压是否在允许电源电压值以内。

相关要点

一、三相异步电动机的功能和旋转原理

输送线中的三相异步电动机的主要功能是接收变频器U、V、W三相电压，带动传动带。

三相异步电动机要旋转起来的先决条件是具有一个旋转磁场，三相异步电动机的定子绕组就是用来产生旋转磁场的。我们知道，三相电源相与相之间的电压在相位上是相差120°的，三相异步电动机定子中的三个绕组在空间方位上也互差120°。这样，当在定子绕组中通入三相电源时，定子绕组就会产生一个旋转磁场，其过程如图2-38所示，图中分四个时刻来描述旋转磁场的产生过程。电流每变化一个周期，旋转磁场在空间旋转一周，即旋转磁场的旋转速度与电流的变化是同步的。旋转磁场的转速为

$$n = 60f/P$$

式中 f——电源频率；

P——磁场的磁极对数；

n——电动机的转速（r/min）。

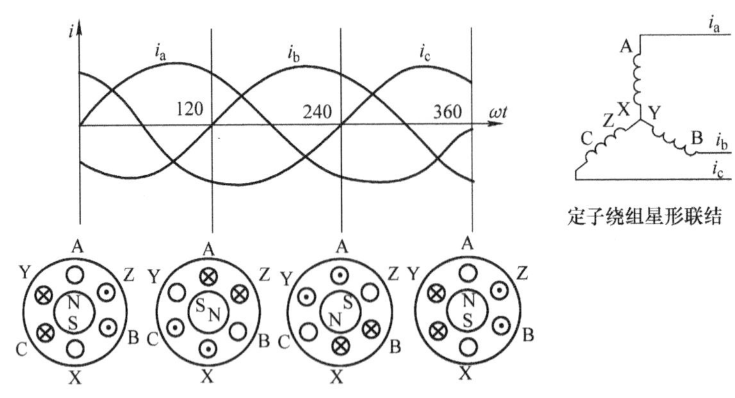

图2-38 三相异步电动机的旋转原理

根据此式可知，电动机的转速与磁极数和使用电源的频率有关。为此，控制交流电动机的转速有两种方法：①改变磁极法；②变频法。以往多用第一种方法，现在则利用变频技术实现对交流电动机的无级变速控制。

观察图 2-38 还可发现，旋转磁场的旋转方向与绕组中电流的相序有关。相序 A、B、C 顺时针排列，磁场顺时针方向旋转，若把三根电源线中的任意两根对调，例如将 B 相电流通入 C 相绕组中，C 相电流通入 B 相绕组中，则相序变为：C、B、A，则磁场必然逆时针方向旋转。利用这一特性，可很方便地改变三相电动机的旋转方向。定子绕组产生旋转磁场后，转子导条（鼠笼条）将切割旋转磁场的磁力线而产生感应电流，转子导条中的电流又与旋转磁场相互作用产生电磁力，电磁力产生的电磁转矩驱动转子沿旋转磁场方向以 n_1 的转速旋转起来。一般情况下，电动机的实际转速 n_1 低于旋转磁场的转速 n。因为假设 $n = n_1$，则转子导条与旋转磁场就没有相对运动，就不会切割磁力线，也就不会产生电磁转矩，所以转子的转速 n_1 必然小于 n。为此，称三相电动机为异步电动机。

二、变频器的功能和参数设定

变频器的主要功能是将单相 220V 电源逆变成三相电，并且通过调频达到调速的目的。

变频器的功能参数很多，一般都有数十甚至上百个参数供用户选择。实际应用中，没必要对每一参数都进行设置和调试，多数只要采用出厂设定值即可。但有些参数由于和实际使用情况有很大关系，且有的还相互关联，因此要根据实际进行设定和调试。

变频器主要参数设置如下：

C0001 设置“1”（起动到设定频率时间，1s）；

C0002 设置“1”（设定频率降速到零的时间，1s）；

C0012 设置“1”（采用外部端子控制电动机的起/停）；

C0013 设置“1”（采用外部电位器调速）。

三、三相异步电动机和变频器的安装及调试

1. 三相异步电动机的安装与接线

1）开箱前应检查电动机包装箱是否完整无损。

2）输送机开箱后应小心清除电动机的尘土和防锈封。

3）安装电动机前须进行下列各项检查，如不符要求，则不能安装。

① 电源引入电缆的外径要与密封圈的孔径相符；配合直径差不小于 1m，当压紧接线盒斗后，应保证密封圈与电缆之间及密封圈与接线盒座之间无间隙，否则将失去隔爆性能。

② 引入的电芯线要接在两弓形垫圈之间，注意芯线的飞制不准突出，引入电缆还须用接线压板和弓形垫圈压紧固定，防止窜动。

③ 六端子接线盒通过连接片改变接法，注意两种不同电压需要，有两个进线口的堵棒不得拿掉，否则将失去防爆性能。

4）电动机接线盒经检查确认无误后方可接通电源进行空载试运转，并观察电动机有无异常现象，待空转正常后投入运行；接地螺栓应可靠接地，电动机的相序 U/V/W 须与接入外电源相序 A、B、C 相对应；电动机转向从轴伸端视之为顺时针方向，否则电动机将反转。

2. 变频器的安装与接线

1）采用壁挂式安装。变频器的外壳设计得比较牢固，一般情况下允许直接安装在墙壁上，称为壁挂式。为了保证通风良好，所有变频器都必须垂直安装，变频器与周围物体之间的距离应满足下列条件：两侧大于100mm、上下大于150mm，而且为了防止杂物掉进变频器的出风口阻塞风道，在变频器出风口的上方最好安装挡板。

2）接线具体方法可参看相关使用手册。

学习检测

进行学习检测，并填写表2-12。

表2-12　学习检测表

检测项目	检测要求	配分	评分细则	评分记录
工、量具的选择	1. 按要求选择合适的工、量具	20分	每次错误扣10分	
	2. 写清名称、型号		每次错误扣5分	
	3. 写清符号		每次错误扣5分	
电动机和变频器的装配	1. 不损坏其他零部件或者塑料外壳	40分	错误扣10分	
	2. 装配步骤、方法正确		错误扣10分	
	3. 正确使用测量仪器		错误扣10分	
	4. 装配过程中未发现丢失螺钉等细小配件		每次错误扣5分	
变频器的设定和校验	1. 设定方法正确	20分	错误扣10分	
	2. 校验方法正确		错误扣10分	
安全文明生产	凡在操作过程中发现考生有重大安全事故隐患时，立即制止，并中止考核	20分	错误扣20分	

任务三　输送线控制电路的安装与调试

技能目标

1. 能够正确选用元器件。
2. 能够根据图样完成控制柜和控制面板元件的安装。
3. 会根据图样走线布线。
4. 会检查调试电路。

知识目标

1. 能叙述电器元件的选型和使用方法。
2. 能归纳接头的压接与线号打印、套装的方法。
3. 能总结线路安装、布线和接线方法。

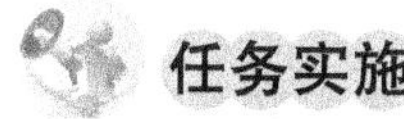

任务实施

一、工作准备

1）输送线安装所需图样。

2）箱体、柜体及辅件（安装用的弯板、梁等）。

3）按规范书及有关资料，领取所有电器元器件，其规格型号应符合图样要求，所有元器件的合格证、说明书应妥善保管，不得遗失。

4）按规范书与相关图样准备好各种联接螺栓、螺母垫圈、弹簧垫圈，并检查防腐蚀层，应符合技术要求后才能进行安装。

5）绝缘支撑件及其他辅助材料（如母线夹、绝缘子、接地线等）。

6）其他设备和工具。

① ϕ13mm 钻攻两用手电钻。

② 扳手。

③ 一般常用工具（如螺钉旋具、钢直尺、卷尺和电工钳等）。

7）填写领料单，见表2-13。

表2-13　领料单

领　料　单					
活动名称			日　期		
物料、工具	规　格	数　量	备　注	归还时间	归还情况

姓名

组号

二、工作步骤

1. 安装前检查

1）将所需材料及工具准备齐全。

2）备好装配过程中所需的有关图样，如一次系统方案图、二次安装接线布置图、有关设计文件、规范书及客户要求的相关资料。

3）根据相关的图样与规范书，向有关部门领取所需的元器件、辅件、标准件（紧固件），并核对数量、规格、型号及有关技术参数（如额定电压、电流、接通和分断能力，短路强度等）是否符合设计与用户的要求。

4）检查电器元器件外观是否有碰损，动作是否灵活，有无卡阻现象，附件合格证等是否齐全，如有碰损的现象，立即退还有关部门。

5）检查电器元器件是否与规范书相符，是否有碰损，动作是否灵活。

6）检查电器元器件是否有锈迹和污渍，并将其处理干净。

7）清扫装配场地，清除柜体内杂物，保证柜、箱体摆放整齐美观。

8）认真阅读元器件安装使用说明书，了解有关元器件的安装与调试方法，认真阅读该产品的安装总图或安装简图，了解装置内元器件的数量和布置情况，以免装错。

9）按照系统方案与有关技术资料构思一个合理的安装布局方案，同一批控制柜的安装方式、位置均应统一。

2. 控制面板安装

如图 2-30 所示为控制面板。

3. 控制柜线路安装、布线和接线

如图 2-39 所示为输运线控制柜安装图。

图 2-39　输送线控制柜安装图

4. 安装后检查

1）安装结束后，按照工艺要求检查装配的质量，按图样要求逐一检查元器件及各零部件是否符合要求，二次接线端子如有影响操作元件的位置，应立即给予纠正。

2）元器件是否与符号牌所示一致。

3）元器件操作机构动作应灵活，无卡住现象。

4）安装后喷漆涂层表面及元器件绝缘表面均应完好无损，不得有明显磕碰伤。

5）清理柜内杂物与周围环境。

三、注意事项

装配时应注意以下几点。

1）产品铭牌固定要牢固、平整，不应歪斜，内容应齐全，符合标准要求。

2）标字框固定要牢固、平整，不应有明显歪斜现象。

3）装配用的金属零件和支架的镀层如有脱落或生锈现象，均不能使用。如经过机械加工后镀层受到损伤，则必须重新电镀。

4）安装用的绝缘材料，如纸板、布板等，均应在安装前经过绝缘处理。

5）装配过程中应避免硬撬、硬敲现象，注意不应损伤装置外表及元件的漆表面和绝缘表面。

6）装配时需要拆开零部件安装的元件，应注意零部件不得散失和损坏，也不能有异物落入元件内，破损的零件和附件（如灭弧罩）不能装入开关内。

相关要点

一、控制柜安装接线的方法和规范

1. 元器件安装

1）所有元器件应按制造厂规定的安装条件进行安装。

2）组装前首先看清图样及技术要求。

3）检查产品型号、元器件型号、规格和数量等与图样是否相符。

4）检查元器件有无损坏。

5）必须按图安装（如果有图）。

6）元器件组装顺序从板前看，应由左至右、由上至下。

7）同一型号产品应保证组装的一致性。

8）面板、门板上的元件中心线的高度应符合规定，见表2-14。

表2-14 控制面板上元件的安装高度

元件名称	安装高度/m	元件名称	安装高度/m
指示仪表、指示灯	0.6～2.0	控制开关、按钮	0.6～2.0
电能计量仪表	0.6～1.8	紧急操作件	0.8～1.6

9）组装产品应符合以下条件。

① 操作方便。在操作元器件时，不应受到空间的妨碍，不应有触及带电体的可能。

② 维修容易。能够较方便地更换元器件及维修连线。

③ 各种电气元器件和装置的电气间隙、爬电距离应符合规定。

④ 保证一、二次线的安装距离。

10）组装所用紧固件及金属零部件均应有防护层，对螺钉过孔、边缘及表面的毛刺、尖锋应打磨平整后再涂敷导电膏。

11）应选择适当的工具紧固螺栓，不得破坏紧固件的防护层，并注意按规定的拧紧力矩操作。

12）对于主回路上面的元器件，一般电抗器、变压器需要接地，断路器不需要接地，图2-40中为电抗器接地。

图2-40 电抗器接地

13）对于发热元件（例如管形电阻、散热片等）的安装应考虑其散热情况，安装距离应符合元件规定。额定功率为75W及以上的管形电阻器应横装，不得垂直地面竖向安装。

14）所有电器元器件及附件，均应固定安装在支架或底板上，不得悬吊在电器及连线上。

15）接线面每个元器件的附近都有标牌，其标识应与图样相符。除元器件本身附有供填写的标牌外，标牌不得固定在元器件本体上。接线端子的标识如图2-41所示。

16）标号应完整、清晰、牢固，标号粘贴位置应明确、醒目，双重标识如图 2-42 所示。

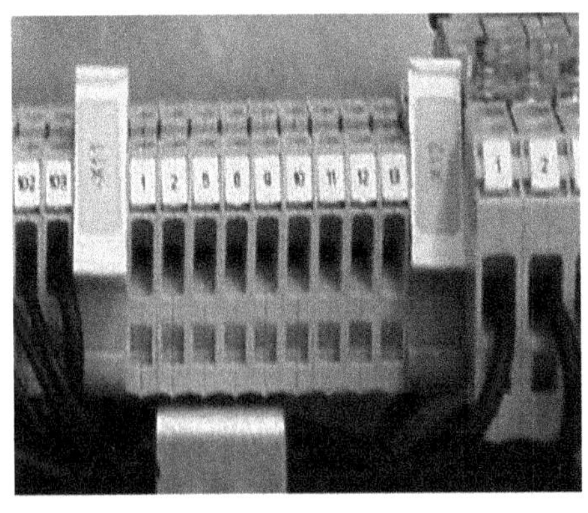

图 2-41　接线端子的标识

图 2-42　双重标识

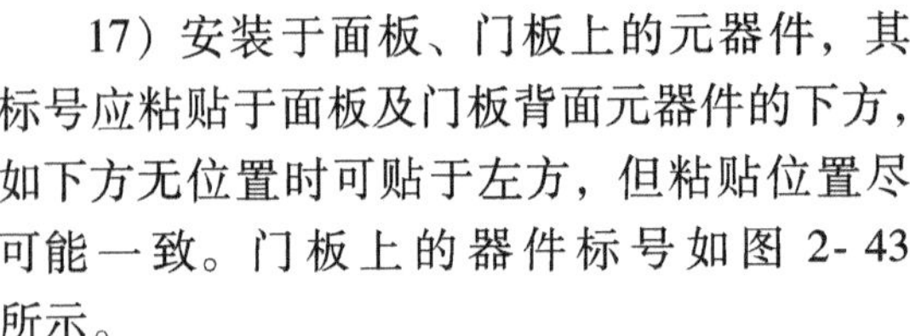

17）安装于面板、门板上的元器件，其标号应粘贴于面板及门板背面元器件的下方，如下方无位置时可贴于左方，但粘贴位置尽可能一致。门板上的器件标号如图 2-43 所示。

图 2-43　器件标号

18）保护接地连续性。

① 保护接地连续性利用有效接线来保证。

② 柜内任意两个金属部件通过螺钉联接时如有绝缘层，均应采用相应规格的接地垫圈，并注意将垫圈齿面接触零部件表面（圆圈处），或者破坏绝缘层，如图 2-44 所示。

图 2-44　两金属部件的连接接地

③ 门上的接地处（圆圈处）要加“抓垫”，防止因为油漆的问题而使接触不好，而且连接线要尽量短，如图 2-45 所示。

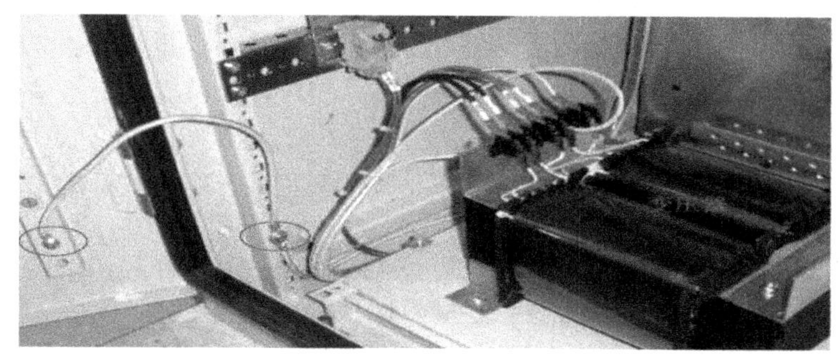

图 2-45 控制柜门的接地

19）安装因振动易损坏的元件时，应在元件和安装板之间加装橡胶垫减振。

20）对于有操作手柄的元件，应将其调整到位，不得有卡阻现象。

2. 二次回路布线

1）基本要求：按图施工、连线正确。

2）二次线的连接（包括螺栓联接、插接、焊接等）均应牢固可靠，线束应横平 竖直，配置牢固，层次分明，整齐美观。同一合同的相同元件走线方式应一致。

3）二次线截面积要求如下：

① 单股导线不小于 $1.5mm^2$。

② 多股导线不小于 $1.0mm^2$。

③ 弱电回路导线不小于 $0.5mm^2$。

④ 电流回路导线不小于 $2.5mm^2$。

⑤ 保护接地线不小于 $2.5mm^2$。

4）所有连接导线中间不应有接头。

5）每个电器元件的接点最多允许接两根线。

6）每个端子的接线点一般不宜接两根导线，特殊情况时如果必须接两根导线，则连接必须可靠。

7）二次线应远离飞弧元件，并不得妨碍电器的操作。

8）电流表与分流器的连线之间不得经过端子，其线长不得超过 3m。

9）电流表与电流互感器之间的连线必须经过试验端子。

10）二次线不得从母线相间穿过。

二、对电柜的日常维护和检修

1）检查电柜周围环境，利用温度计、湿度计、记录仪检查周围温度，应为 -10 ~ 50℃，周围湿度应在 90% 以下。

2）检查全部装置是否有异常振动和异常声音。

3）检查电源电压、主回路电压是否正常。

4）拆下变频器接线，将端子 R、S、T、U、V、W 一起短路，用 DC500V 级兆欧表测量它们与接地端子间的绝缘电阻，应在5MΩ以上；加强紧固件，通过观察元件检查是否有发热的迹象。

5）检查端子排是否损伤，导体是否歪斜，导线外层是否破损。

6）检查滤波电容器是否泄漏液体，是否膨胀，用容量测定器测量静电容应在定额容量的85%以上；检查继电器动作时是否有“be，be”的声音，触点是否粗糙、断裂；检查电阻器绝缘物是否有裂痕，确认是否有断线。

7）检查变频器运行时，各相间输出电压是否平衡；进行顺序保护动作试验，显示保护回路是否异常。

8）检查冷却系统是否有异常振动、异常声音，连接部件是否有松脱。

学习检测

进行学习检测，并填写表2-15。

表2-15　学习检测表

检测项目	检测要求	配分	评分细则	评分记录
工、量具的选择	1. 按要求选择合适的工、量具	20分	每次错误扣10分	
	2. 写清名称，型号		每次错误扣5分	
	3. 写清符号		每次错误扣5分	
输送线控制柜元器件的装配	1. 不损坏其他零部件或塑料外壳	20分	错误扣10分	
	2. 装配步骤、方法正确		错误扣10分	
	3. 正确使用测量仪器		错误扣10分	
	4. 装配过程中未发现丢失螺钉等细小配件		每次错误扣5分	
输送线线路接线	1. 走线正确	20分	错误扣10分	
	2. 线号正确		错误扣10分	
	3. 线路连接正确		错误扣10分	
校验	1. 校验方法正确	20分	错误扣10分	
	2. 校验后合格		错误扣10分	
安全文明生产	凡在操作过程中发现考生有重大安全事故隐患时，立即制止，并中止考核	20分	错误扣20分	

任务四　输送线的PLC控制

技能目标

1. 能够编写输送线的相关可编程序控制器（PLC）程序。
2. 会识别输送线的输入输出信号。
3. 会调试输送线程序。

知识目标

1. 能分析和分解输送线的动作过程。
2. 能归纳编程软件的使用步骤（程序的写入与读出）。
3. 知道输入输出端子的配置方法。
4. 能归纳总结步进指令、状态转移图的编写方法。

任务实施

一、工作准备

识别输送线 PLC 系列，分析控制要求。

二、工作步骤

1）观察输送线的工作。

2）分析输送线的工作过程，并记录下来。

3）识别输送线输入输出信号，并填写 I/O 分配表，见表 2-16。

表 2-16　输送线的 I/O 分配表

软元件名（输入）	注　　释	软元件名（输出）	注　　释
X1		Y2	
X2			工位一定位气缸
X3			工位一顶升气缸
X4			托板到达工位一
X5			工位一有工件
	工位一托板到位	Y20	
	工位一托板有无工件	Y21	
	与各个站通信	Y22	
	工位二托板到位	Y23	
	工位二托板有无工件	Y30	
	工位二动作完成信号	Y31	
X34		Y32	
X35		Y33	
X36		Y40	
X37		Y41	
X44		Y42	
X45		Y43	
X46		Y44	

4）根据分解动作，绘制状态转移图。

5）上机操作，编写梯形图程序。

6）输入程序，并进行调试。

相关要点

一、输送线 PLC

本输送线采用的是三菱 FX2n 继电器型 PLC 输入输出总共 48 个点，如图 2-46 所示。PLC 主要的作用是控制设备按照相应的程序运行。该 PLC 的电源是单相 220V 供电电源，由 PLC 内部转换成直流 24V 和 0V，所有外接的输入到 PLC 的传感器电源均由此直流 24V 电源提供，不用其他的直流 24V 开关电源提供，否则可能造成 PLC 对相应的输入信号不能识别。PLC 输出端的极性根据“YCOM”的接法决定。如果 YCOM 接直流 24V，则 PLC 的输出就是直流 24V；如果 YCOM 接 0V，则 PLC 的输出是 0V。

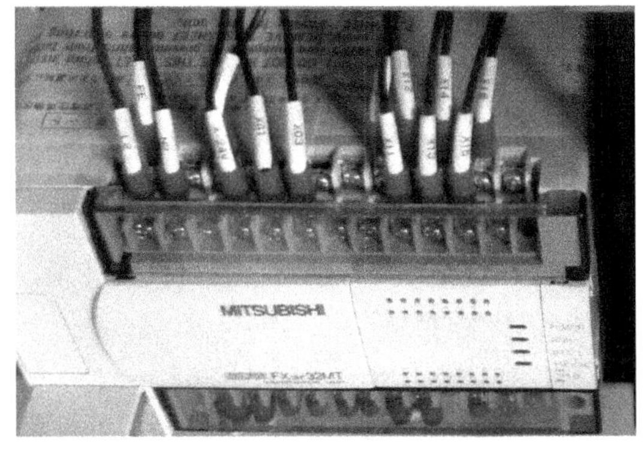

图 2-46　三菱 FX2n 继电器型 PLC 输入输出

二、步进指令

1. 步进控制

在多工步的控制中，按照一定的顺序分步动作，即上一步动作结束后，下一步动作才开始。

2. 作用

专门用于步进控制的指令。

3. 编程步骤

1）根据工艺流程画出状态转移图。

2）根据状态转移图画出步进梯形图。

3）根据步进梯形图编写出指令表。

4. 状态转移图

状态转移图（Sequential Function Chart，简称 SFC）是用状态继电器来描述工步转移的图形，如图 2-47 所示。

满足转移条件时，实现状态转移，即上一状态（转移源）复位，下一状态（转移目标）置位。

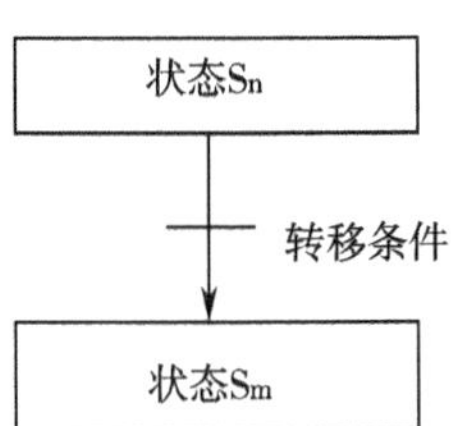

图 2-47　状态转移图

5. 使用步进指令需要说明的问题

1）状态 S 在不用于步进控制时，也可作一般的辅助继电器使用。此时其功能与辅助继电器一样，但作为辅助继电器使用时，不能提供步进接点（步进接点是可以产生一定步进动作的接点）。

2）输出的驱动方法。STL 内的母线一旦写入 LD 或 LDI 指令后，对不需要触点的线圈就不能再编程，如图 2-48a 所示。若要编程，需变换成图 2-48b 所示。

3）栈指令的位置。不能在STL内的母线处直接使用栈指令（MPS/MRD/MPP），需在LD或LDI指令后使用栈指令，如图2-49所示。

4）状态的转移方法。对于STL指令后的状态（S），OUT指令和SET指令具有同样的功能，都将自动复位转移源和置位转移目标。但OUT指令用于向分离状态转移，而SET指令用于向下一个状态转移，如图2-50所示。

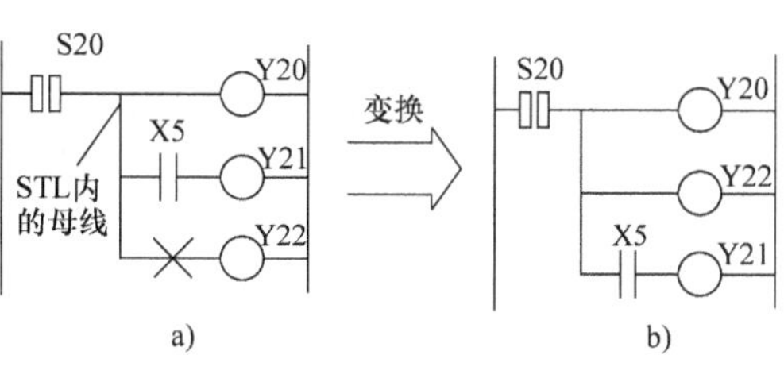

图2-48　输出的驱动方法
a）Y22不能编程　b）Y22可以编程

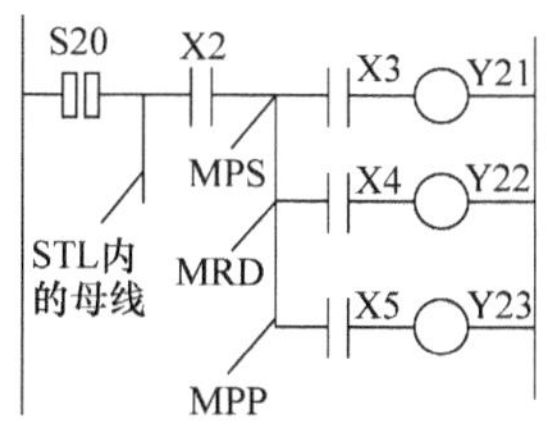

图2-49　栈指令的位置

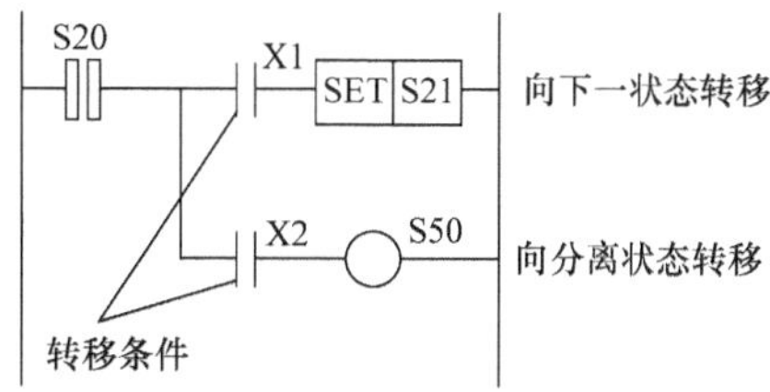

图2-50　状态的转移

5）在不同的步进段，允许有重号的输出（注意：状态号不能重复使用）。如图2-51a所示，表示Y2在S20和S21两个步进段都接通，它与图2-51b等效。

6）在不相邻的步进段，允许使用同一地址编号的定时器（注意：在相邻的步进段不能使用），如图2-51b所示。故对于一般的时间顺序控制，只需2～3个定时器即可。

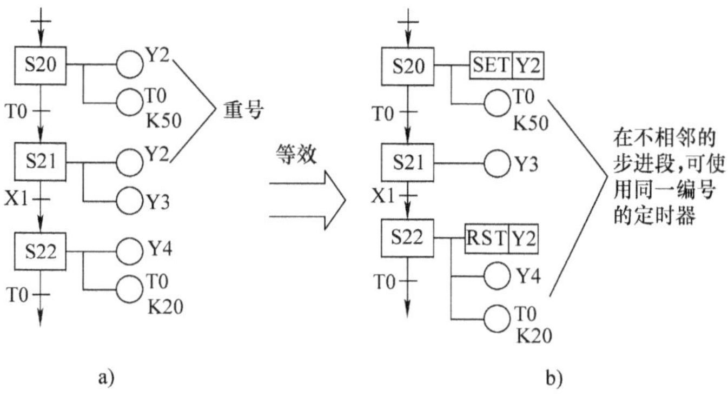

图2-51　使用同一地址编号的定时器

7）若需要保持某一个输出，可以采用置位指令SET，当该输出不需要再保持时，可采用复位指令RST。

8）初始状态用双线框表示，通常用特殊辅助继电器M8002的常开触点提供初始信号。其作用是为起动做好准备，防止运行中的误操作引起的再次起动。

9）在步进控制中，不能用MC指令。

10）S要有步进功能，必须要用置位指令，才能提供步进接点，同时还可提供普通接点。

11）采用应用指令 FNC40（ZRST）进行状态的区间复位。

12）状态转移瞬间（一个扫描周期），由于相邻两个状态同时接通，对有互锁要求的输出，除在程序中应采取互锁措施外，在硬件上也应采取互锁措施，其实现方法如图 2-52 所示 。

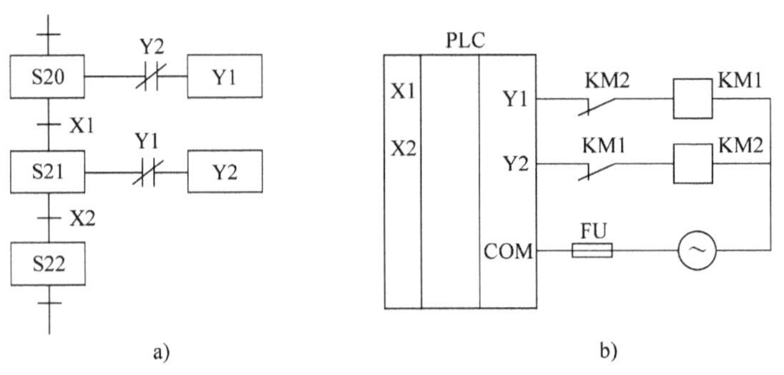

图 2-52　程序互锁和硬件互锁

a）程序互锁　b）硬件互锁

三、状态转移图的类型

1. 单流程结构

从头到尾只有一条路可走，称为单流程结构，如图 2-53 所示。

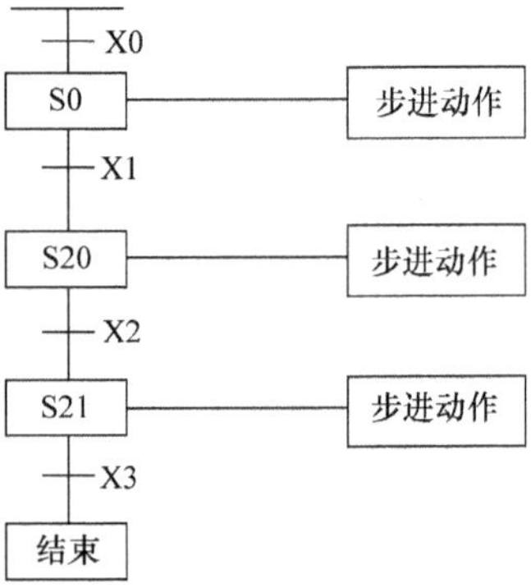

2. 选择分支与汇合流程

若有多条路径，而只能选择其中一条路径来执行，这种分支方式称为选择分支，如图 2-54 所示。

3. 并进分支与汇合流程

若有多条路径，且必须同时执行，这种分支的方式称为并进分支流程。在各条路径都执行后，才会继续往下执行指令，像这种有等待功能的方式称为并进分支与汇合流程，如图 2-55 所示。

图 2-53　单流程结构

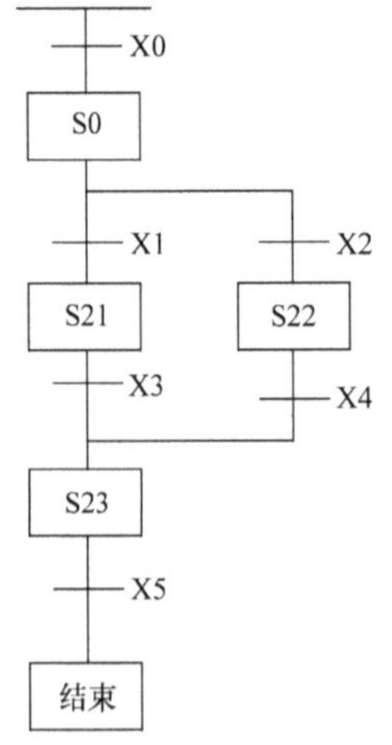

图 2-54　选择分支与汇合流程

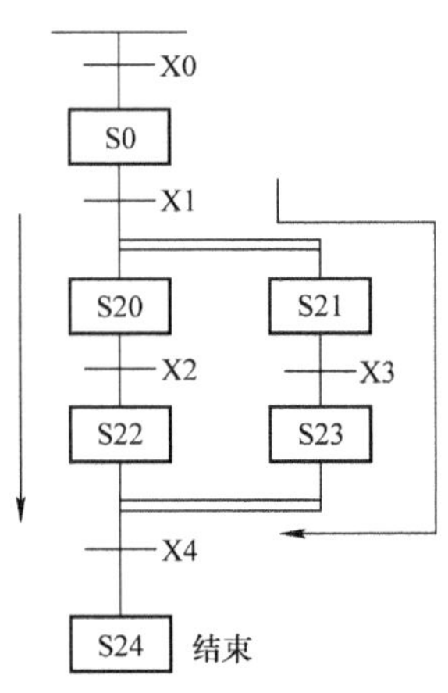

图 2-55　并进分支与汇合流程

4. 跳转流程

向下面状态的直接转移或向系列外的状态转移被称为跳转，用符号↓指向转移的目标状态，如图 2-56 所示。

5. 重复流程

向前面状态进行转移的流程称为重复流程，用符号↓指向转移的目标状态。使用重复流程可以实现一般的重复，也可以对当前状态复位，如图 2-57 所示。

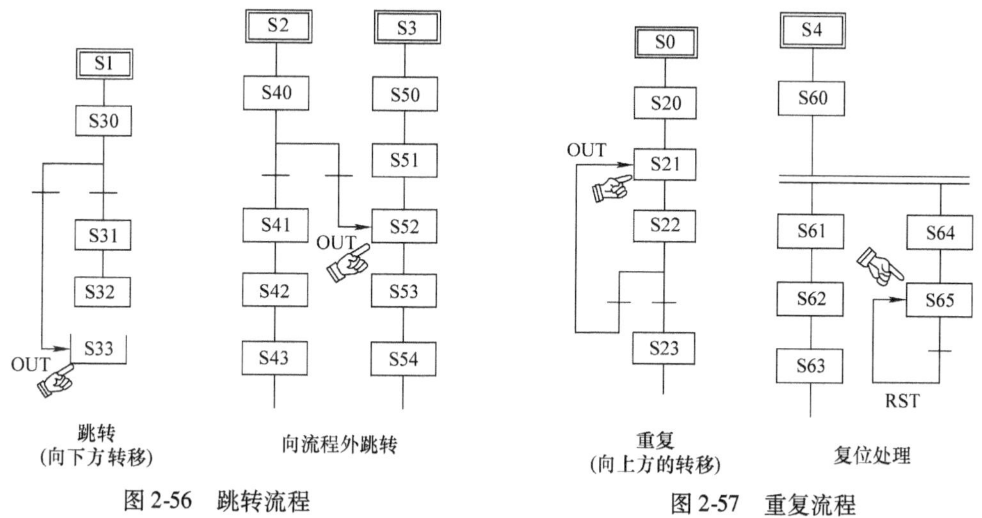

图 2-56　跳转流程　　图 2-57　重复流程

学习检测

进行学习检测，并填写表 2-17。

表 2-17　学习检测表

检测项目	检测要求	配分	评分细则	评分记录
输入输出端子分配	书写正确	40 分	每个错误扣 1 分	
上机操作	1. 状态转移图正确	40 分	错误扣 10 分	
	2. 梯形图正确		错误扣 10 分	
	3. 传输程序成功		错误扣 10 分	
	4. 调试程序成功		错误扣 10 分	
安全文明生产	凡在操作过程中发现考生有重大安全事故隐患时，立即制止，并中止考核	20 分	错误扣 20 分	

任务五　传感器的安装与调试

技能目标

1. 会安装、连接电感式和反射式光电传感器。
2. 会检查、调整电感式和反射式光电传感器的灵敏度和安装位置。

 知识目标

1. 能叙述电感式和反射式光电传感器的基本工作原理和性能特点。
2. 能说出电感式和反射式光电传感器的适用场合。
3. 能归纳电感式和反射式光电传感器的使用注意事项。
4. 能分析电感式和反射式光电传感器的检查和调整方法。

任务实施

一、工作准备

填写领料单，见表2-18。

表2-18　领料单

领　料　单					
活动名称			日　期		
物料、工具	规　格	数　量	备　注	归还时间	归还情况

姓名

组号

二、工作步骤

1. 电感式传感器的安装

1）在输送线纵梁的相应位置上安装传感器。

2）调整传感器与接近物之间的距离。

3）传感器输出线接入PLC输送线组件的接入口。

2. 反射式光电传感器的安装

1）在输送线纵梁上的直角挡板上安装传感器。

2）在输送线纵梁的相应位置上安装传感器反光板。

3）调整传感器与反光板之间的相对位置。

4）将传感器输出线接入PLC输送线组件的接入口。

3. 传感器安装后的检查与试运行

1）手动移动托盘接近电感式传感器，检查传感器灯是否亮，调整传感器与接近物之间的距离和传感器灵敏度。

2）手动将加工工件放入反射式光电传感器前方或下方，检查传感器灯是否亮，同时检查PLC上是否有信号输入，否则应调整传感器反光板位置与传感器对应位置或传感器灵敏度。

3）检查接线部位是否接触良好，是否有灰尘粘附等。

4）完成输送线装配后试运行时，再检查传感器的工作状态是否正常。

三、注意事项

反射式光电传感器的使用注意事项如下：

1）使用中光电传感器的前端面与被检测的工件或物体表面必须保持平行，这样光电传感器的转换效率最高。

2）光电传感器的前端面与反光板的距离应保持在规定的范围内。

3）光电传感器必须安装在没有强光直接照射处，因强光中的红外光将影响接收管的正常工作。

4）光电传感器的红外发射管的电流在 2～10mA 范围内时发光强度与电流的线性最佳，所以在电流取值时一般不超过这个范围。若取值太大，发射管的光衰也大，长时间工作影响寿命；若取值太小，一是抗干扰性下降，二是对接收管的要求严。

5）光电传感器长时间工作时红外接收管的最大工作电流不应超过 250μA。

6）安装焊接时，光电传感器的引脚根部与焊盘的最小距离不得小于 5mm，否则焊接时易损坏管芯或引起管芯性能的变化。

7）在具体的工作环境中光电传感器最佳工作状态参数的选择方法：根据实际的检测距离选取光电传感器的型号。

相关要点

一、传感器的作用和类型

输送线里的传感器分为两种：一种是电感传感器，感应托板的到位，如果有信号，相应的定位气缸就顶起，然后顶升气缸再顶起；另一种是反射式光电传感器，感应托板上有无工件，如果有工件，则通知相应的工位进行相应的动作，如图 2-58 所示。

图 2-58　传感器的作用和类型

1. 电感式传感器

（1）检测物体的材质　如确定物体材质为纯铁，磁性接近传感器的检测距离由材质的透磁率（磁束通过的容易度）决定，距离随材质变化。

（2）检测物体的大小　小于标准检测物体，会使检测距离下降。

（3）检测物体的厚度　检测物体的厚度小于 0.1mm，会产生表皮效果，使检测距离延长。

（4）相互干扰　接近传感器以高频率（数百赫兹）振动。传感器相邻设置会引起相互干扰，相邻传感器使用不同频率的传感器可以防止相互干扰（每种产品都有是否有不同频率型的记载）。

2. 反射式光电传感器

反射取样式光电传感器的工作原理是传感器红外发射管发射出红外光，接收管根据反射回来的红外光强度大小来计数，故被检测的工件或物体表面必须有黑白相间的部位用于吸收和反射红外光，这样接收管才能有效截止和饱和，达到计数的目的。所以，在选择工作点、安装及使用中最关键的一点是接收管必须工作于截止区和饱和区。

3. 传感器的导线颜色

（1）光电传感器

三线：棕、蓝、黑。

棕色：连接正电源（+）。

蓝色：连接负电源（-）和 PLC 的输入 COM 端。

黑色：信号输入线。

（2）磁性开关传感器

两线：蓝、黑。

蓝色：连接 PLC 的 COM 端。

黑色：信号输入线。

二、传感器的调整

传感器调整的目的是为了能够准确地感应到被感应的物体，让设备能够做出正确的响应。电感式传感器感应物体的距离不可调，实际设备安装的距离约为 2mm，且只能感应金属物件，主要是通过手动旋转传感器的上、下螺母来调整传感器的位置。

反射式传感器的感应距离可调，如果有物体挡在传感器和反光板中，则传感器接收不到回归的信号，此时传感器有信号输出。具体的调整方法是将传感器和反光板安装在几乎同一个水平高度，用螺钉旋具旋转传感器上的调节螺钉，调到在传感器和反光板没有遮挡的状态下绿灯亮，则停止调整，然后再在传感器和反光板之间放上工件，则传感器绿灯亮的同时黄灯也亮。

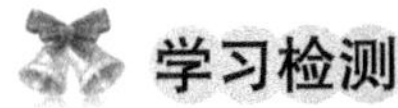

学习检测

进行学习检测，并填写表 2-19。

表 2-19　学习检测表

检测项目	检测要求	配分	评分细则	评分记录
传感器的选择	1. 按要求选择合适的传感器	20 分	每次错误扣 10 分	
	2. 写清名称、型号		每次错误扣 5 分	
	3. 写清符号		每次错误扣 5 分	
电感式传感器的装配	1. 不损坏其他零部件或塑料外壳	20 分	错误扣 10 分	
	2. 装配步骤、方法正确		错误扣 10 分	
	3. 装配过程中未发现丢失螺钉等细小配件		每次错误扣 5 分	

（续）

检测项目	检测要求	配分	评分细则	评分记录
反射式光电传感器的装配	1. 不损坏其他零部件或塑料外壳	20分	错误扣10分	
	2. 装配步骤、方法正确		错误扣10分	
	3. 装配过程中未发现丢失螺钉等细小配件		每次错误扣5分	
传感器的检查与校验	1. 校验方法正确	20分	错误扣10分	
	2. 校验后合格		错误扣10分	
安全文明生产	凡在操作过程中发现考生有重大安全事故隐患时，立即制止，并中止考核	20分	错误扣20分	

拓展巩固

一、晶体管输出和继电器输出的区别

1）PLC 晶体管输出响应快，可以用于高速输出，但是控制电磁阀等还是需要加中间继电器；继电器输出响应慢，但是可以省去外接继电器，接线简单。具体选用什么输出要视负载情况而定。

2）晶体管主要用于定位控制，要用晶体管的输出来发出脉冲。而继电器是不能发出脉冲的，也就不能进行定位控制。如果用继电器去控制定位伺服或是步进，就还要加定位模块，经济上不划算，而用一个晶体管输出就可以控制伺服等。依据生产工艺要求，各种指示灯、变频器/数字直流调速器的起动、停止应采用晶体管输出，它适应于高频动作，并且响应时间短；如果 PLC 系统输出频率为每分钟 6 次以下，应首选继电器输出，采用这种方法，输出电路的设计简单，抗干扰和带负载能力强。

晶体管输出和继电器输出的具体区别如下：

① 负载、电压、电流类型不同。

负载类型：晶体管只能带直流负载，而继电器带交、直流负载均可。

电流：晶体管电流为 0.2 ~0.3A，继电器电流为 0.5 ~2A。

电压：晶体管可接直流 24V 电压（一般最大在直流 30V 左右），继电器可接直流 24V 或交流 220V 电压。

② 负载能力不同。晶体管带负载的能力小于继电器带负载的能力，用晶体管时，有时要加其他装置来带动大负载（如继电器、固态继电器等）。

③ 晶体管过载能力小于继电器过载能力，一般来说，存在冲击电流较大的情况（例如灯泡、感性负载等），晶体管过载能力较小，需要降额更多。

④ 晶体管响应速度快于继电器。继电器输出原理是 CPU 控制继电器线圈，令触点吸合，使外部电源通过闭合的触点驱动外部负载，其开路漏电流为零，响应时间慢（约 10ms）。晶体管输出原理是 CPU 通过光耦合使晶体管通断，以控制外部直流负载，响应时间快（约 0.2ms 甚至更小）。晶体管输出一般用于高速输出，如伺服/步进等，即用于动作频率高的输出。

⑤ 在额定工作情况下，继电器是机械元件，所以有动作次数寿命，晶体管是电子器件，只有老化，没有使用次数限制。继电器每分钟的开关次数也是有限制的。

二、输送线触摸式控制柜的安装与调试

1）安装 ev5000 软件（参考 MT4000 使用手册）。

2）编写人机界面。

3）设置通信接口，上传程序。

4）连接触摸屏和 PLC，调试程序。

思考与练习

1. 描述输送线电气控制过程。
2. 编写制订输送线电气装配工作计划。
3. 简述交流异步电动机的基本工作原理及用途。
4. 简述变频器的使用和设定方法。
5. 编写输送线的控制电路安装接线工艺。
6. 输送线电气系统的接线注意事项有哪些？
7. 画出输送线状态转移图。
8. 编制输送线 PLC 控制梯形图。
9. 简述电感式和反射式光电传感器的基本工作原理。
10. 简述电感式和反射式光电传感器的安装方法。
11. 电感式和反射式光电传感器安装调整中的注意事项有哪些？
12. 简述电感式和反射式光电传感器灵敏度调试的方法。

项目三　气动系统的安装与调试

任务描述

本项目主要是进行输送线的气动系统安装与调试，包括完成三位气缸的安装、换向阀的安装和气管在桥架中的铺设，以及气动系统的调试工作。

任务一　输送线气动原理图的识读

技能目标

1. 能识别气动元件。
2. 能根据气动控制原理图选择正确的气动元件。
3. 能编写气动系统工艺流程。

知识目标

1. 能叙述输送线气动系统功能。
2. 能说出三位气缸的工作方式和使用方法。
3. 能阐述气动回路的工作原理。

任务实施

一、工作准备

领取输送线气动系统原理图，如图 2-59 所示。

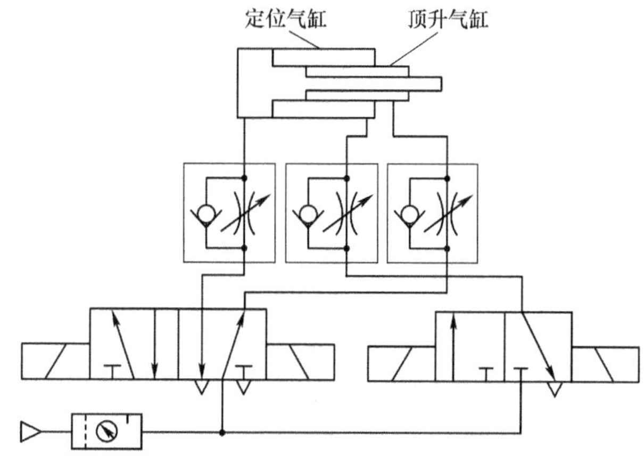

图 2-59　输送线气动系统原理图

二、工作步骤

1）观察输送线气动系统的工作情况。

2）辨识输送线气动元件。根据气动原理图分析所用气动元件，将元件的名称、职能符号和作用填入表 2-20。

表 2-20　输送线气动元件清单

职能符号	元件名称	作　用

3）分析气动回路原理图。识读气动原理图，分析换向阀切换状况及气流情况，并将分析结果填入表 2-21。

表 2-21 输送线气动回路分析结果

动作顺序	换向阀	气流情况
定位气缸活塞杆伸出		进气：
		出气：
顶升气缸活塞杆伸出		进气：
		出气：
定位气缸活塞杆缩回		进气：
		出气：
顶升气缸活塞杆缩回		进气：
		出气：

相关要点

一、输送线中的三位气缸

1. 伸缩式气缸

机电一体化综合实训装置中，输送线托盘的定位分为两个步骤：第一步，将物料托盘定位在特定位置；第二步，将物料托盘抬起，使之与传动带脱离，以减少摩擦与磨损。为实现这样的工作要求，使用一种伸缩式气缸——三位气缸（见图 2-60），其能实现活塞杆的两段伸出，如图 2-61 所示。

图 2-60 三位气缸

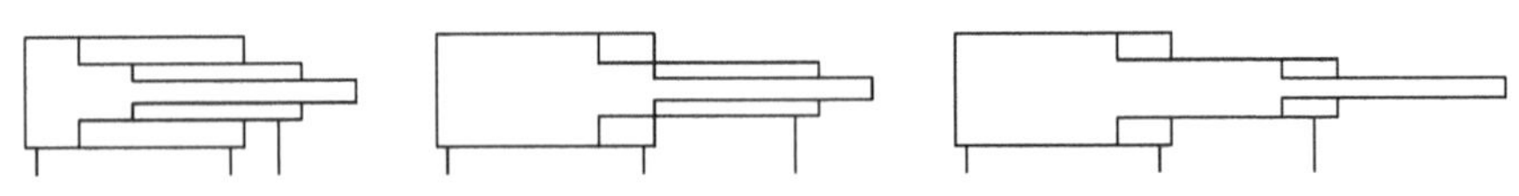

图 2-61 三位气缸活塞杆的两段伸出

2. 三位气缸的基本控制回路

控制三位气缸的两段伸出与缩回，需要使用一个二位五通换向阀和一个二位三通换向阀。二位五通换向阀控制第一级的伸出与缩回，二位三通换向阀则控制第二级的伸出与缩回，如图 2-59 所示。

学习检测

进行学习检测，并填写表 2-22。

表 2-22　学习检测表

检测项目	检测要求	配分	评分细则	评分记录
观察输送线气动系统工作情况，描述输送线气动系统主要功能，输送线中的气动元件	1. 行为规范 2. 描述正确齐全	40 分	每错误一处扣 5 分	
气动元件分析，识读回路中的元件	描述正确齐全	20 分	每错误一处扣 5 分	
分析气动原理，填写换向阀切换状况及气流情况表	分析正确、描述清晰	40 分	每错误一处扣 5 分	

任务二　输送线气动系统回路的搭接

技能目标

1. 能根据气动系统回路图正确搭接气动系统回路。
2. 能正确调试气动系统回路，保证气动系统的正常工作。
3. 能与机械、电气系统有机整合，保证输送线的正常工作。

任务实施

一、工作准备

填写输送线气动系统回路的搭接领料单，见表 2-23。

表 2-23　领料单

领料单					
活动名称			日期		
物料、工具	规格	数量	备注	归还时间	归还情况
姓名 组号					

二、工作步骤

1）辨识输送线气动元件。

2）判别输送线气动元件的接口。

3）连接管路。

4）根据输送线机械装配图安置气动元件。

5）根据输送线气动原理图连接气动管路。

6）复查输送线气动回路的安装。

7）通气调试。

三、注意事项

1）由于操作过程中涉及电路的操作，虽然主要接触的是安全电压，但为了防止可能的意外事故，必须正确穿着电绝缘工作鞋等劳动安全防护用具。

2）接触任何未知连接来源的电路之前，必须使用试电笔进行测试，防止误触相线，保证安全。

3）在通气、上电调试前，必须再次复查相应控制电路和气动回路，确保安装、连接正确可靠。

4）在操作过程中，所涉及的零部件、元器件和工、量具均需稳拿轻放，防止碰撞，使用完后应及时放归原位。

5）使用气动三联件调节气动系统的工作压力，原则上不超过0.3MPa。通气前，应将各节流阀调节为打开较小状态，防止执行元件突然动作发生意外。

6）操作过程中遇到零部件、元器件或工、量具意外损坏的情况，应认真填写损坏情况记录表，登记相应故障。

相关要点

气动原理图中的图形符号中各接口与元件中的实际接口需一一对应。通常的情况下，气动元件的外壳上都有其图形符号，如图2-62所示。

图2-62　气动元件外壳上的图形符号

将气动原理图中的相应符号（见图2-63）与图形符号（见图2-64）进行对比，其一一对应关系总结见表2-24。

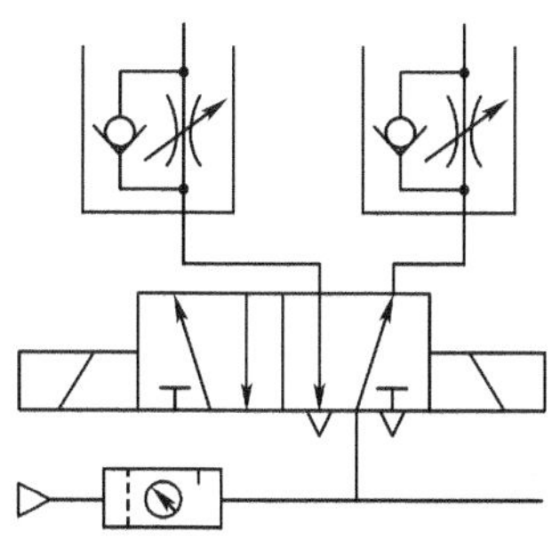

图 2-63　气动原理图中的二位五通电磁阀

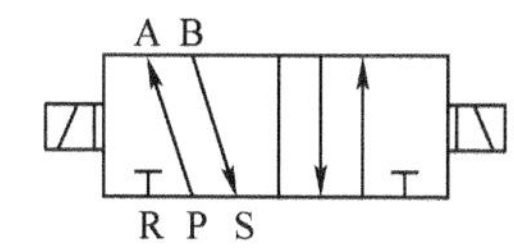

图 2-64　元件上的图形符号

表 2-24　气动原理图的接口符号

原理图接口	元 件 接 口	原理图接口	元 件 接 口
气动三联件	P	左侧单向节流阀	A
右侧单向节流阀	B	排气口	R、S

气动元件每个接口附近都标有一个字母，对应相应代号的实际接口，如图 2-65 所示。

图 2-65　气动元件接口对应代号

学习检测

进行学习检测，并填写表 2-25。

表 2-25　学习检测表

检 测 项 目	检 测 要 求	配分	评 分 细 则	评 分 记 录
气动元件的合理选型	选用正确齐全	40 分	每错误一处扣 5 分	
气动元件的安置	稳定可靠，便于操作	20 分	每错误一处扣 5 分	
气管的连接	正确可靠	40 分	每错误一处扣 5 分	

思考与练习

1. 三位气缸的工作方式是怎样的?
2. 连接气控回路时有哪些注意事项?

项目四　单机系统调试

任务描述

输送线的主要作用就是把零件依次运送到各个站点，在各个站点完成操作后再运送到下个站点。如图 2-66 所示，输送线器件主要包括四台带减速齿轮箱的三相交流异步电动机、变频器、定位顶升气缸，四个工位各一个接近开关和一个光电传感器。控制柜的控制方式有两种：一种是采用控制面板上的旋钮操作；另一种是采用触摸屏控制。三菱 FX2n 晶体管型 PLC 可实现输送线状态、位置等输入信号的采样读取以及各执行元件的驱动。

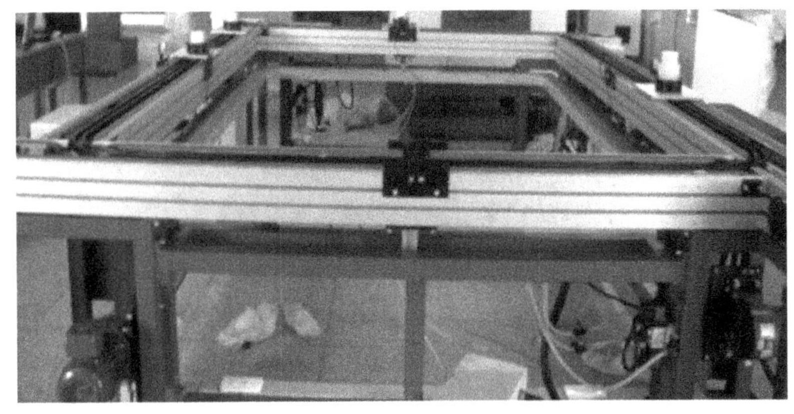

图 2-66　输送线

本项目主要是完成输送线的单机系统调试，包括完成输送线的机械部分、电气部分、气动检查和单机上电调试工作。

技能目标

1. 会制订输送线单机系统调试工艺。
2. 会检查完成输送线机械部分。
3. 会检查输送线电气部分。
4. 会检查完成输送线气动部分。
5. 会进行输送线单机上电调试。

知识目标

1. 能说出输送线单机系统调试工艺要求。
2. 能说出输送线机械部分检查内容、要点。
3. 能说出输送线电气部分检查内容、要点。
4. 能复述输送线气动部分检查内容、要点。
5. 能说出输送线单机上电调试要求。

任务实施

一、工作准备

1）制订输送线单机系统调试工艺。

2）准备工具。选用内六角扳手、螺钉旋具等工具，如图 2-67 所示。

图 2-67　常用工、量具

3）填写领料单。根据工艺要求合理选择工、量具，填写表 2-26。

表 2-26　领料单

领　料　单					
活动名称			日　期		
物料、工具	规　格	数　量	备　注	归还时间	归还情况

姓名

组号

二、工作步骤

1）按照输送线机械部分调试工艺过程卡片检查机械部分。

2）按照输送线电气部分调试工艺过程卡片检查电气部分。

3）按照输送线气动部分调试工艺过程卡片检查气动部分。

4）按照输送线气动部分调试工艺过程卡片进行上电调试。

三、注意事项

1）安装前编写装置安装、调试工艺。

2）安装前应根据图样核对、认识、检查所有零部件。

3）调试前反复检查、测试。

4）自动运行之前，应先手动单步调试，确认无误后方可自动运行。

5）调试时，应参照说明对变频器参数进行设置。

6）输送线上的传感器反光板位置与传感器相对应。

7）注意加工站机械手不要碰到输送线上的传感器反光板。

8）工作完成或操作完成后，应将控制箱断电，断路器拨位向下，电源线拔出。

9）每次操作前后，需注意设备的保养和清洁。

相关要点

一、工艺文件要求

工艺文件对工厂、企业质量管理非常重要，主要指的是标准操作工艺规程、作业指导书和工艺卡等。产品及其部件的装配图、尺寸链分析图、各种装配工装的设计应用图、检验方法图及其说明、零件装配时的补充加工技术要求、产品及部件的运转试验规范及所有设备图以及装配周期图表等，均属于装配工艺规程范围内的文件。对于生产第一线的工人、技术人员来讲，装配工艺规程文件主要指装配单元系统图、装配工艺系统图、装配工艺过程卡片和装配工序卡片。这些工艺文件直接指导一线生产员工如何操作，是生产管理人员进行生产安排的重要依据，也是巡检人员和质管人员检验的标准。按着这些工艺文件操作，就能保质保量地生产出合格产品。

工艺文件体现严密的科学性，必须正确、实用。新技术、新工艺、新材料、新设备、新的检测手段以及新的管理理念的不断发展，都应体现在工艺文件上。为了反映出工艺文件的先进性，只有采用先进的工艺文件作为指导，才能多、快、好、省地完成工作。

工艺文件是企业在生产过程中的法规，有些工艺文件还是企业的机密文件，所以任何人不得违规，保证工艺文件的严肃性。工艺文件的制订、发放、修改、作废、收回和销毁，都有严格的规定，任何人不得将其带出公司，更不得泄露、外传。

二、输送线单机系统调试工艺

输送线单机系统调试工艺卡片应该是通用工艺文件，不存在保密性，但也应该遵循工艺编制的科学性、先进性和实用性原则。通过编制工艺这个过程可将输送线单机系统调试任务做出科学合理的安排，理解每一工作步骤应达到的标准。

编制工艺卡不要求达到完全一致，特别是个别步骤顺序的先后、检测和试验的方法可以根据条件、环境与个人理解不同提出不同想法，但是每一步、每一项的技术要求、质量标准必须严格遵守国家标准或相关规程。

1）输送线机械部分调试工艺过程卡片见表2-27。

表2-27 输送线机械部分调试工艺过程卡片

<table>
<tr><td colspan="2" rowspan="2">产品名称</td><td rowspan="2">机电一体化综合实训装置</td><td colspan="3" rowspan="2">单机系统调试工艺过程卡片</td><td>共4页</td></tr>
<tr><td>第1页</td></tr>
<tr><td colspan="2">产品型号</td><td>定　制</td><td colspan="2">部件图号</td><td colspan="2">N0900c</td></tr>
<tr><td colspan="2">部件名称</td><td>输送线机械部分</td><td>数量</td><td>6</td><td>质量/kg</td><td>800</td></tr>
<tr><td>工序</td><td>工序名称</td><td>工序内容</td><td colspan="3">技术要求及注意事项</td><td>工具</td></tr>
<tr><td>1</td><td>机架检查、调整</td><td>检查有没有漏装、错装；紧固螺栓是否旋紧；用水平尺测量机架水平</td><td colspan="3">支架整体水平，各支点受力均匀，坚固平稳</td><td rowspan="6">水平尺、直角尺、内六角扳手、呆扳手、螺钉旋具、尼龙锤、铜棒</td></tr>
<tr><td>2</td><td>铝合金构架检查、调整</td><td>铝合金构架连接；铝合金构架水平度；输送带托架高低、水平</td><td colspan="3">必须做到同一水平，连接平顺，略低于托盘输送带</td></tr>
<tr><td>3</td><td>输送带检查、调整</td><td>定位滑轮固定点紧固；定位滑轮垂直偏斜；输送带松紧；输送带高低</td><td colspan="3">托盘输送带松紧必须适当，太松将出现打滑，太紧会使输送带使用寿命缩短，并且造成定位滑轮固定点受力过大而发生偏斜</td></tr>
<tr><td>4</td><td>定位滑槽检查、调整</td><td>定位滑槽位置；定位滑槽连接；用托板手动滑行</td><td colspan="3">定位滑槽平滑、顺畅，此处是托板正常运行的关键，应特别重视，反复调整</td></tr>
<tr><td>5</td><td>电动机检查、调整</td><td>底板与机架、电动机与底板紧固；电动机水平、高低</td><td colspan="3">电动机水平，各支点受力均匀，坚固平稳、紧固</td></tr>
<tr><td>6</td><td>传动链组检查、调整</td><td>传动链齿轮位置、同步检查；传动链松紧检查</td><td colspan="3">传动链齿轮组必须在同一平面，链齿与轴配合紧密，传动链齿轮松紧适当</td></tr>
<tr><td>7</td><td>润滑</td><td>齿轮、传动链、传动轴润滑</td><td colspan="3">确保齿轮、传动链、传动轴润滑，但不能污染输送带等</td><td>压力油壶</td></tr>
</table>

2）输送线电气部分调试工艺过程卡片见表2-28。

表2-28 输送线电气部分调试工艺过程卡片

<table>
<tr><td colspan="2" rowspan="2">产品名称</td><td rowspan="2">机电一体化综合实训装置</td><td colspan="3" rowspan="2">单机系统调试工艺过程卡片</td><td>共4页</td></tr>
<tr><td>第2页</td></tr>
<tr><td colspan="2">产品型号</td><td>定　制</td><td colspan="2">部件图号</td><td colspan="2">循环线电气原理图</td></tr>
<tr><td colspan="2">部件名称</td><td>输送线电气部分</td><td>数量</td><td>6</td><td>质量/kg</td><td></td></tr>
<tr><td>工序</td><td>工序名称</td><td>工序内容</td><td colspan="3">技术要求及注意事项</td><td>工具</td></tr>
<tr><td>1</td><td>器件、线路清扫</td><td>器件、线路异物检查；标识检查</td><td colspan="3">确保器件、线路中无线头等异物，所有元器件完整，线路整洁，标识正确</td><td rowspan="2">万用表、验电笔、尖嘴钳、螺钉旋具、钟表螺钉旋具</td></tr>
<tr><td>2</td><td>主电路检查</td><td>检查断路器、接触器、主熔断器、主电路；变频器设置、电动机接线</td><td colspan="3">断路器、接触器、主熔断器动作灵活、参数正确，接线牢靠，相序正确（可通电后调整），变频器参数设置正确</td></tr>
</table>

（续）

工序	工序名称	工序内容	技术要求及注意事项	工具
3	控制电路检查	熔断器、可编程序控制器（PLC）、继电器、按钮、选择开关、线路检查	熔断器熔芯调试时可小一挡，调试正确后换成额定大小；PLC、继电器、按钮、选择开关接线正确、牢靠、整洁；各元件初始状态正确；PLC 程序正确（待通电）	万用表、验电笔、尖嘴钳、螺钉旋具、钟表螺钉旋具
4	保护接地系统检查	保护接地规范	接地线应牢固并保证接触良好	
5	绝缘检查	导电部位对地绝缘；交流电路的各相之间、保护显示电路之间及交直流电路间的绝缘	绝缘电阻应不小于 0.5MΩ	
6	传感器调整	接近开关检查调整、光电开关（加反光板）检查	需要在通电状态下检查。调整接近开关高低，确保托板到位时接近开关响应；调整光电开关和加反光板确保工件到位时接近开关响应。手动反复多次至成功	

3）输送线气动部分调试工艺过程卡片见表 2-29。

表 2-29　输送线气动部分调试工艺过程卡片

<table>
<tr><td colspan="2" rowspan="2">产品名称</td><td rowspan="2">机电一体化综合实训装置</td><td colspan="3" rowspan="2">单机系统调试工艺过程卡片</td><td>共 4 页</td></tr>
<tr><td>第 3 页</td></tr>
<tr><td colspan="2">产品型号</td><td>定　制</td><td colspan="2">部件图号</td><td colspan="2"></td></tr>
<tr><td colspan="2">部件名称</td><td>输送线气动部分</td><td>数量</td><td>6</td><td>质量/kg</td><td></td></tr>
<tr><td>工序</td><td>工序名称</td><td>工序内容</td><td colspan="3">技术要求及注意事项</td><td>工具</td></tr>
<tr><td>1</td><td>系统压力检查</td><td>气源、三联件检查</td><td colspan="3">气源可选静音空压机，压力 0.6MPa，放置位置安全；三联件压力 0.4MPa，润滑油加注检查</td><td rowspan="5">万用表、验电笔、钟表螺钉旋具、尖嘴钳</td></tr>
<tr><td>2</td><td>二行程气缸检查</td><td>气缸行程、位置、节流调整</td><td colspan="3">此气缸较特别，一个缸两段行程，应确保两段行程位置正确；两个进气口、与一个回气口管路正确；气缸伸出、缩回速度恰当</td></tr>
<tr><td>3</td><td>气缸托架检查</td><td>气缸托架位置检查、调整</td><td colspan="3">气缸托架与气缸安装牢固，位置正确，恰好固定托板；导杆润滑良好</td></tr>
<tr><td>4</td><td>电磁阀组件检查</td><td>电磁阀组件位置，气路、电路检查</td><td colspan="3">电磁阀组件位置正确，气路、电路正确；手动切换正确。如气缸伸出、缩回动作正好相反，则应调换气缸的进气管与出气管</td></tr>
<tr><td>5</td><td>气管气路检查</td><td>气管气路走向、气密性检查</td><td colspan="3">气管气路走向合理；手动切换正确；气密性完好；绑扎整齐。如气缸伸出、缩回动作正好相反，则应调换气缸的进气管与出气管</td></tr>
</table>

4）输送线上电工艺过程卡片见表 2-30。

表 2-30　输送线上电工艺过程卡片

<table>
<tr><td colspan="2" rowspan="2">产品名称</td><td rowspan="2">机电一体化综合
实训装置</td><td colspan="3" rowspan="2">单机系统调试
工艺过程卡片</td><td>共 4 页</td></tr>
<tr><td>第 4 页</td></tr>
<tr><td colspan="2">产品型号</td><td>定　　制</td><td colspan="2">部件图号</td><td colspan="2"></td></tr>
<tr><td colspan="2">部件名称</td><td>输送线单机系统调试</td><td>数量</td><td>6</td><td>质量/kg</td><td></td></tr>
<tr><td>工序</td><td>工序名称</td><td>工序内容</td><td colspan="3">技术要求及注意事项</td><td>工具</td></tr>
<tr><td>1</td><td>初始状态检查</td><td>四个托板位置放置；电气开关、按钮位置；气源检查</td><td colspan="3">四个托板位置对称放置在接近开关后边 0.5～1m</td><td rowspan="6">万用表、验电笔、钟表螺钉旋具、尖嘴钳</td></tr>
<tr><td>2</td><td>上电警示</td><td>告知在场人员上电</td><td colspan="3">确保所有在场人员知道将要上电</td></tr>
<tr><td>3</td><td>上电</td><td>插上电源，合上断路器，按下电源按钮</td><td colspan="3">仅仅通电，设备还没起动，随时做好切断电源的准备。发现异常立刻切断电源</td></tr>
<tr><td>4</td><td>传感器检测</td><td>手动检测传感器响应</td><td colspan="3">用金属物感应接近开关，响应良好；用手感应光电开关响应良好</td></tr>
<tr><td>5</td><td>单步操作</td><td>所有开关手动状态起动，单步操作</td><td colspan="3">单步操作，动作准确</td></tr>
<tr><td>6</td><td>自动运行</td><td>将在系统联机调试时进行</td><td colspan="3"></td></tr>
</table>

三、单机上电调试

1. 输送线的操作方法

输送线具体的操作分为手动和自动两部分。手动操作的功能是能够分别单独控制输送线上的各个执行元件，主要是电动机和气缸，并且不和各个工位有任何的连接。自动操作的功能是输送线主体能够和各个工位联动，并且根据各种传感器的信号进行实时的判断和选择，完成一个流畅的过程。

2. 按钮以及指示灯说明

1）“通电”：此按钮主要是接通外部的 220V 电源，使控制箱内部的开关电源、PLC 等电器元器件得电。

2）“断电”：此按钮主要是断开外部的 220V 电源，使控制箱内部电器元器件失电。

3）“电源指示”：在按下“通电”按钮后，此灯亮，表示现在输送线处于得电的状态。此灯如果不亮，请检查电源线是否插上，断路器是否合上等。

4）“工作状态”：此开关为两位开关，分为“手动”和“自动”。在“手动”状态，可对各个执行元件进行单步的手动运行，确保各个元器件执行时动作正确。在“自动”状态，手动调试无误后，可让输送线进行自动运行。

5）“运行状态”：此开关为两位开关，分为“停止”和“运行”。此开关的作用是必须在“运行状态”是自动的前提下，让输送线在自动的状态下“停止”和“运行”。

6）“与各站的通信”：此开关为两位开关，在“工作状态”为“自动”，同时“运行状态”为“运行”时，把此开关拨到“链接”，此时输送线和各个工位进行联动，如果拨到“停止”，则输送线不进行联动。

7）“电机手动”：此开关为两位开关。在“工作状态”是“手动”的前提下，拨到

“运转位置”，四个电动机开始运行；拨到“停止”，则四个电动机停止运行。

8）“定位气缸”：此开关为两位开关，控制输送线定位气缸的伸出和缩回。

9）“顶升气缸”：此开关为两位开关，控制输送线顶升气缸的伸出和缩回。

10）“运行指示”：此灯为自动运行指示灯，只有在“工作状态”为“自动”、运行状态为“运行”、“与各站的通信”为“链接”时，此灯才亮。

3. 手动运行

（1）通电操作　插好电源，保证电路和气路的正确连接。按下绿色电源按钮，此时交流接触器吸合，电源指示灯亮，输送线得电，将“运行状态”开关旋到“手动”上，此时输送线主体的运行状态是在手动模式下。在此模式下，可以独立控制电动机和气缸。

（2）“电机手动”操作　将“电机手动”开关旋到“运转”上，此时输送线上的四个电动机同步运行。如果要让电动机分开运行，先将“电机手动”开关旋到“停止”上，让变频器没有输出，然后参照图2-31输送线控制柜，将需要关闭的相应工位的开关旋到左侧，这样相应工位的电动机就不能得到变频器的输出，也就停止运行了。在手动状态下，如果要停止或者运行某几个电动机，必须先停止变频器的输出，即所有电动机必须处于停止状态。

（3）“气缸手动”操作　在手动状态下，将“定位气缸”开关旋到“伸出”位，则四个气缸伸到定位位置，开关旋到“缩回”位，则气缸缩回。顶升气缸亦是如此，四个气缸在外部硬件上不能独立分开控制。如果在手动状态下需要分开控制，则需要更改相应的控制程序。

学习检测

进行学习检测，并填写表2-31。

表2-31　学习检测表

检测项目	检测要求	配分	评分细则	评分记录
调试工艺的编制	1. 工序（步）完整	40分	每次错误扣10分	
	2. 工序正确		每次错误扣5分	
	3. 技术要求明确		每次错误扣5分	
工、量具的选择	1. 按要求选择合适的工、量具	10分	每次错误扣10分	
	2. 写清名称、型号		每次错误扣5分	
	3. 写清符号		每次错误扣5分	
调试操作	1. 校验方法正确	30分	每次错误扣5分	
	2. 调试操作校验后合格		错误扣20分	
	3. 调试校验操作正确		错误扣30分	
工作态度	1. 工作态度积极	20分	每次错误扣5分	
	2. 团队协作		每次错误扣5分	
	3. 有意影响整体工作，立即制止，并中止考核		错误扣20分	
安全文明生产	凡在操作过程中发现考生操作有重大安全事故隐患时，立即制止，并中止考核		错误扣20分	

拓展巩固

气动回路压力调整

气动三联件上的气压不应调得过大，以延长三联件的使用寿命；也不应过小，否则气缸不能动作或动作缓慢，一般将压力调整到压力表的中间位置。

思考与练习

1. 工厂工艺文件主要有哪些？
2. 如何理解自己编制工艺过程卡片的意义？
3. 输送线单机系统调试主要有哪几方面？

课题三　送料站的安装与调试

3

项目一　机械系统的安装与调试

任务描述

送料站在整个循环线中实现待加工元件的自动送料功能，会根据流水线工作状况将加工所需的原料送至循环线中，其实物如图 3-1 所示，由落料台和控制部分组成。送料站机械装配主要是型材底架、齿轮组件、槽轮组件、链轮组件及其张紧组件、步进电动机、送料组件与落料组件等的安装与调试。

本次工作的主要任务是完成型材底架、齿轮组件、槽轮组件、链轮组件、张紧组件的安装与调试。

图 3-1　送料站

任务一　送料站装配图的识读

技能目标

1. 能读懂送料站装配图，了解零件装配关系及装配尺寸。
2. 能根据装配图编制送料站装配工作计划。
3. 能正确识别和使用常用工、量具。

知识目标

1. 能复述机械装配图的识读步骤。
2. 能概述机械装配工作计划的编写步骤。
3. 能描述呆扳手等常见工、量具的使用方法及注意事项。
4. 能说明常见工、量具的日常维护方法。

任务实施

一、工作准备

领取送料站装配示意图。

二、工作步骤

1）识别输送线装配体零部件，并记录。

2）分析装配体的工作原理和各零件之间的装配关系。

3）分析主要零件及主要尺寸。

4）分析装配体的拆卸及装配顺序，制订机械装配工作计划。

5）根据装配计划准备安装工、量具。

任务二　送料站的装配

技能目标

1. 能使用型材搭接送料站支架，并检查、调整支架的稳定性。
2. 能正确安装送料站各传动轴及轴上零件。
3. 能安装齿轮并检测安装精度。

知识目标

1. 能复述有色金属的种类及用途。
2. 能复述型材搭接的方法。

3. 能列举常用小型起重设备的操作方法。
4. 能概述轴上零件的安装方法。
5. 能陈述齿轮啮合精度的测量与调整方法。

任务实施

一、工作准备

1）编制送料站装配工艺。

2）填写领料单。领取送料站安装部件及安装工具，填写送料站装配领料单，见表3-1。

表3-1　领料单

领　料　单					
活动名称			日　　期		
物料、工具	规　　格	数　　量	备　　注	归还时间	归还情况
姓名 组号					

二、工作步骤

1. 主板安装

1）齿轮轴承安装座与两个深沟球轴承装配，用尖嘴压钳将孔用卡簧（两个）分别安装到齿轮轴承座的两端，用于轴向固定两个深沟球轴承，再将轴承座安装到主安装板的孔位二处，如图3-2所示。

2）装配链轮轴承安装座与深沟球轴承时，用尖嘴压钳将孔用卡簧安装到链轮轴承座的一端，用于轴向固定深沟球轴承，再将轴承座安装到主安装板的孔位三处，如图3-3所示。

3）装配齿轮轴承安装座与两个深沟球轴承时，用尖嘴压钳将孔用卡簧（两个）分别安装到齿轮轴承座的两端，用于轴向固定两个深沟球轴承，再将轴承座安装到主安装板的孔位四处（见图3-4）和孔位五处（见图3-5）。

4）装配链轮轴承安装座与深沟球轴承时，用尖嘴压钳将孔用卡簧安装到链轮轴承座的一端，用于轴向固定深沟球轴承，再将轴承座安装到主安装板的孔位六处，如图3-6所示。

5）先将拨轮安装到拨轮轴上，再整体安装到主安装板的孔位二内，最后在拨轮轴的两端安装缩紧盖，用M10的内六角圆柱头螺钉固定，如图3-7所示。

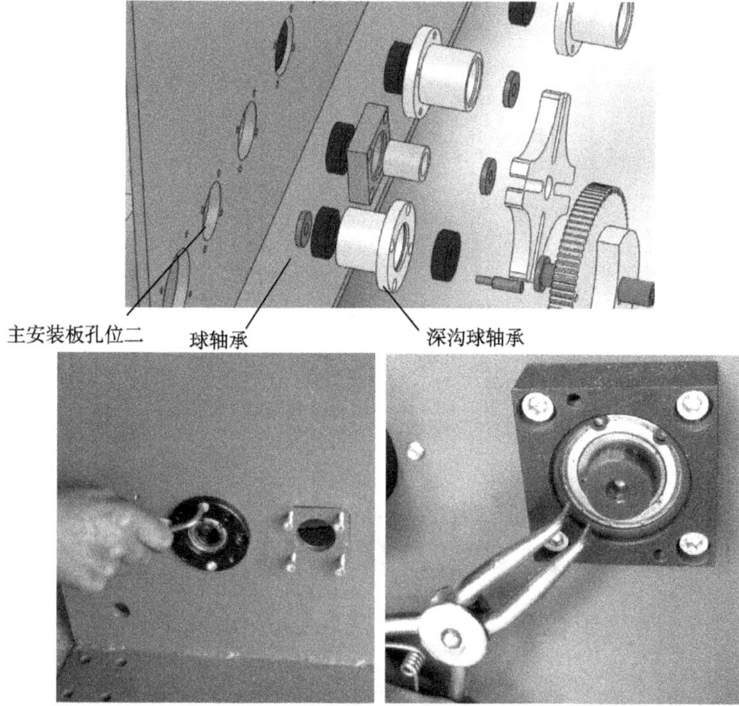

图 3-2 齿轮轴承安装座、深沟球轴承、主安装板的装配

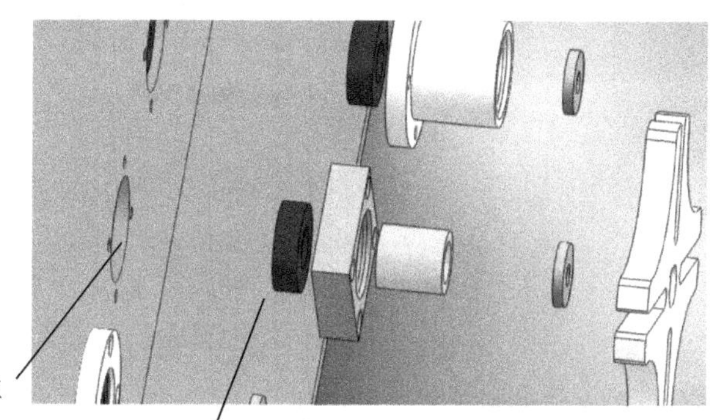

图 3-3 链轮轴承安装座、深沟球轴承、主安装板的装配

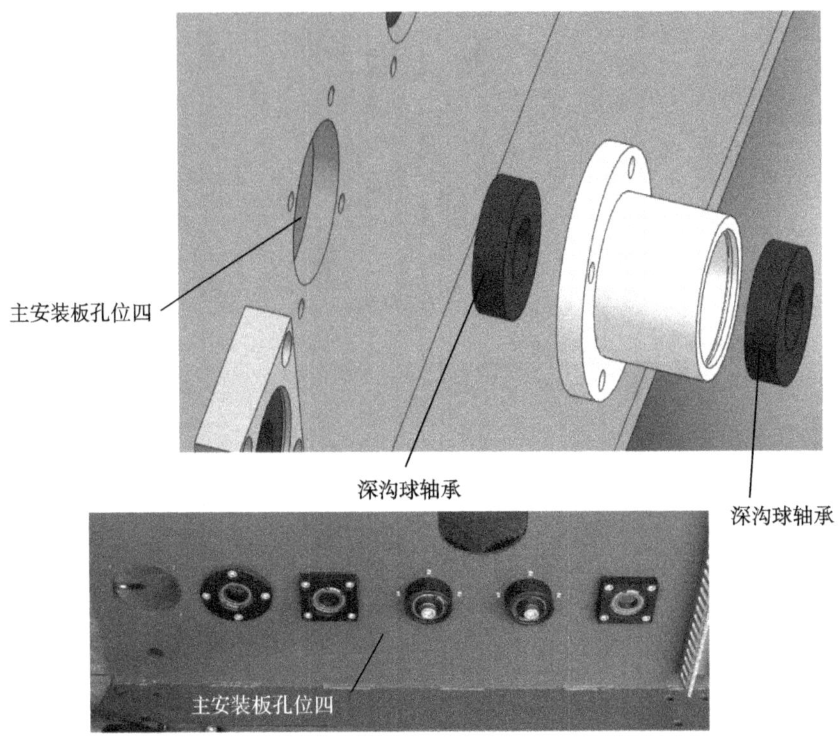

图 3-4　齿轮轴承安装座、深沟球轴承、主安装板的装配

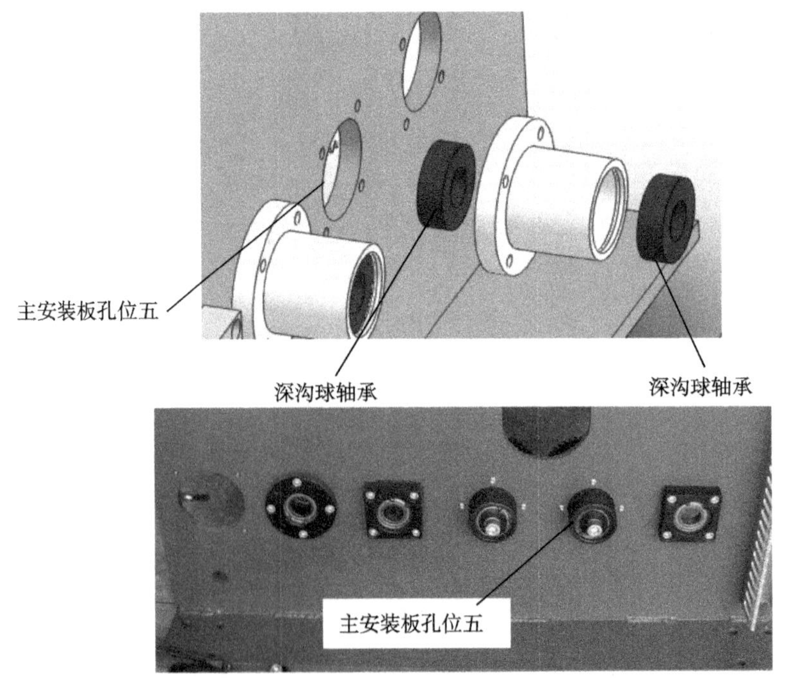

图 3-5　齿轮轴承安装座、深沟球轴承、主安装板的装配

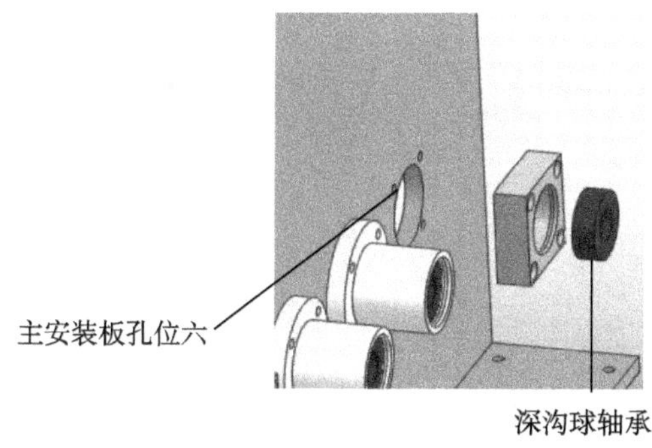

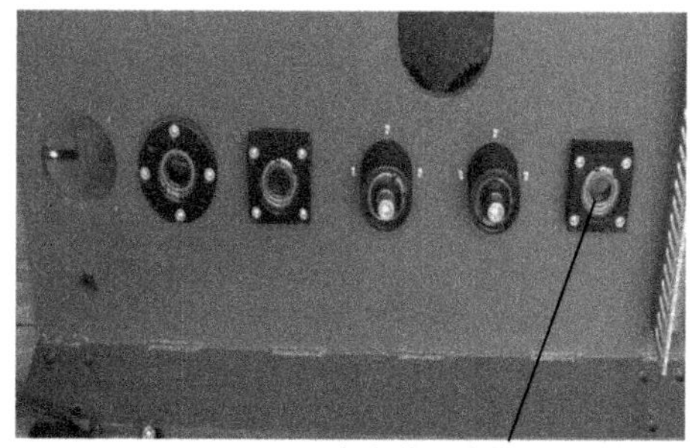

图 3-6　链轮轴承安装座、深沟球轴承、主安装板的装配

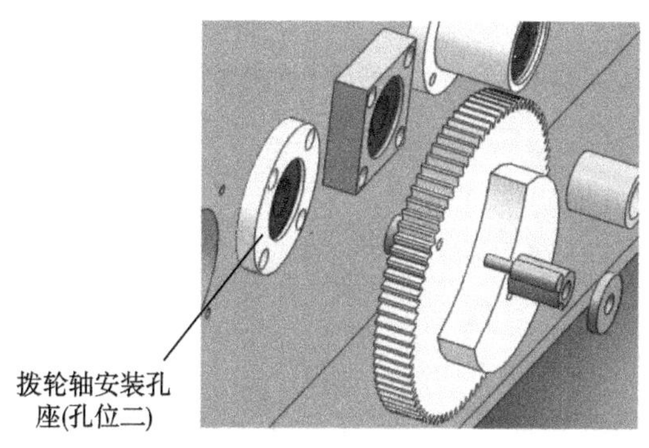

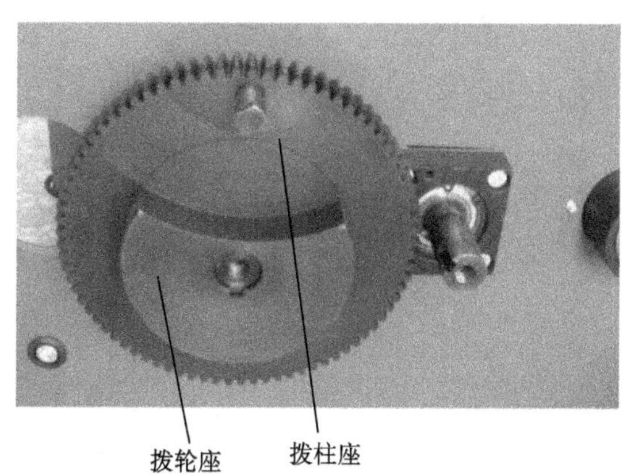

图 3-7　拨轮、拨柱、拨轮轴、主安装板、缩紧盖的装配

6）在主动链轮轴上安装一个链轮，然后在右端安装齿轮，再将装配好的链轮轴安装到主安装板的孔位三处，如图 3-8 所示。

7）将槽轮轴套安装到主动链轮轴上，再安装槽轮，最后安装缩紧盖，用 M10 的内六角圆柱头螺钉固定，如图 3-9 所示。

8）通过键联接将齿轮安装到齿轮轴上，再将齿轮轴安装到孔位四后，在齿轮轴的两端安装缩紧盖，用 M10 的内六角圆柱头螺钉固定，如图 3-10 所示。

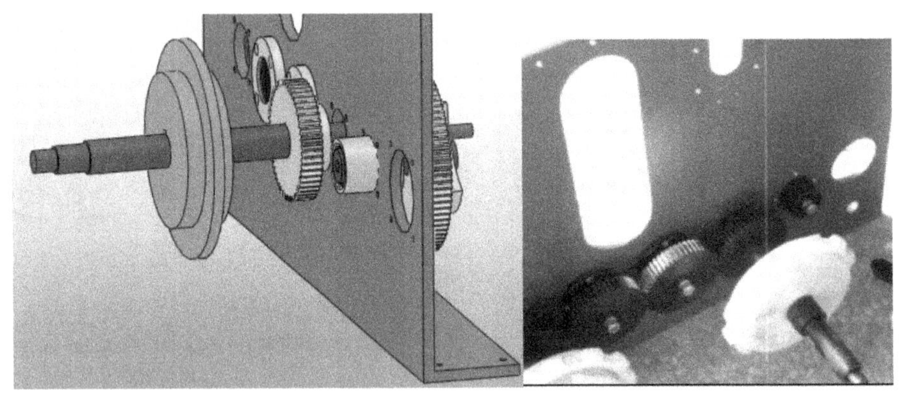

图 3-8　主动链轮轴、链轮、齿轮、深沟球轴承的装配

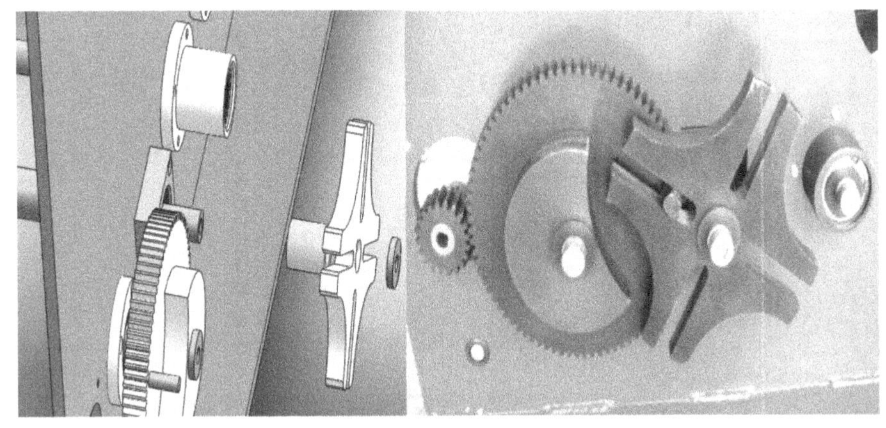

图 3-9　主动链轮轴、槽轮轴套、槽轮、缩紧盖的装配

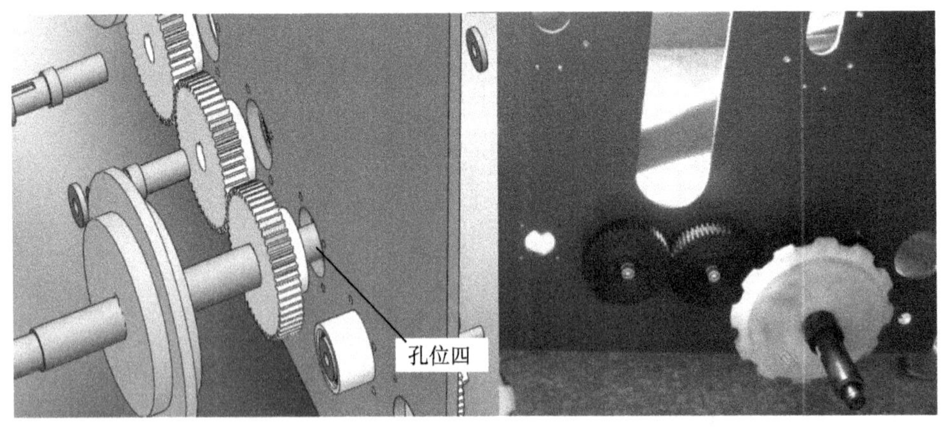

图 3-10　齿轮、齿轮轴、缩紧盖、主安装板的装配

9）通过键联接将齿轮安装到齿轮轴上，再将齿轮轴安装到孔位五后，在齿轮轴的两端安装缩紧盖，用 M10 的内六角圆柱头螺钉固定，如图 3-11 所示。

图 3-11　齿轮、齿轮轴、缩紧盖、主安装板的装配

10）在从动链轮轴上安装一个链轮，然后在其右端安装齿轮，再将装配好的链轮轴安装到主安装板的孔位六处，如图 3-12 所示。

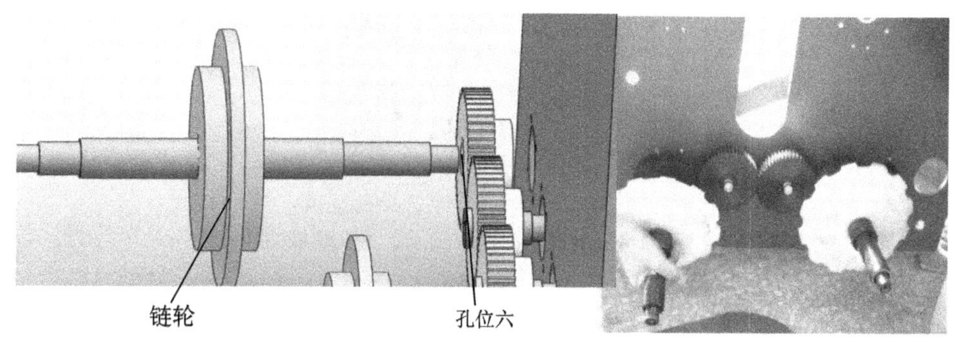

图 3-12　从动链轮轴、链轮、齿轮、主安装板的装配

11）将两个深沟球轴承分别安装于链轮轴承座内，用尖嘴压钳将孔用卡簧安装于轴承座内，用于轴向固定轴承，再分别将轴承座装配到主安装板上，用 M6 的内六角圆柱头螺钉固定，如图 3-13 所示。

12）先将张紧座安装于主安装板上，用 M6 的内六角圆柱头螺钉固定，再将张紧螺栓旋入张紧座，并将张紧固定块放置于张紧螺栓头部，将其顶紧，最后分别安装左右张紧滑轨于主安装板上，用 M8 的内六角圆柱头螺钉固定，如图 3-14 所示。

13）将两个从动链轮分别安装到从动链轮轴上，再将两个链轮轴分别安装到主安装板的上面两个孔位，如图 3-15 所示。

14）先将步进电动机安装到主安装板孔位一处，用 M5 的内六角圆柱头螺钉固定，再将齿轮通过键与电动机轴相联接，如图 3-16 所示。

2. 副板的安装

1）将深沟球轴承安装于轴承座内，用尖嘴压钳将孔用卡簧安装到轴承座内，用于轴向固定轴承，再将轴承座安装到副安装板上，用 M6 的内六角圆柱头螺钉固定。在副安装板上共安装四组轴承座，如图 3-17 所示。

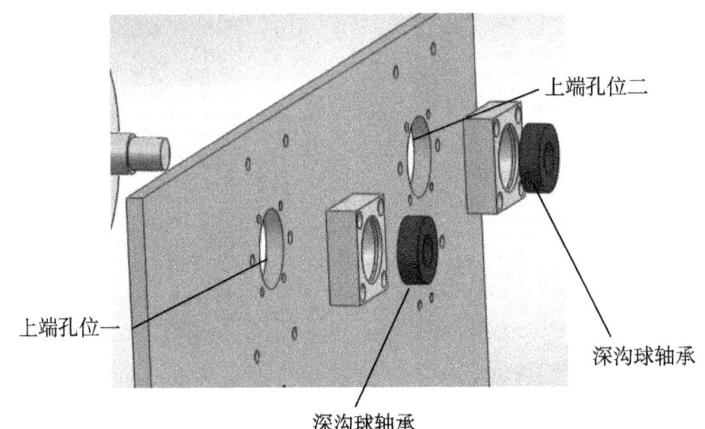

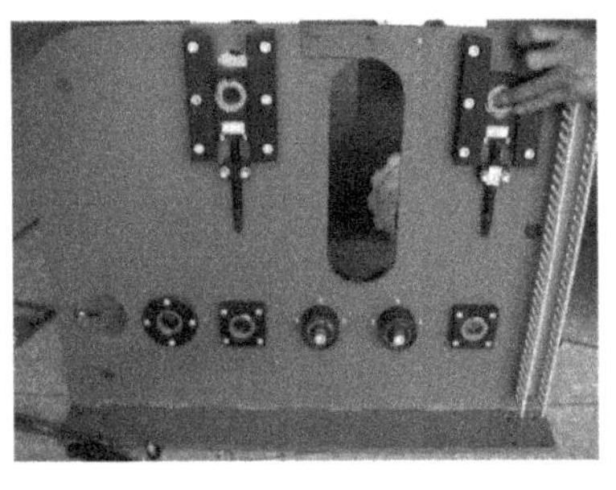

图 3-13　轴承安装座、深沟球轴承、主安装板的装配

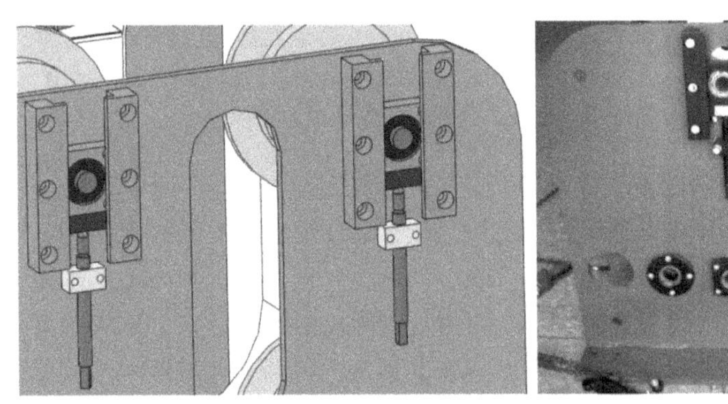

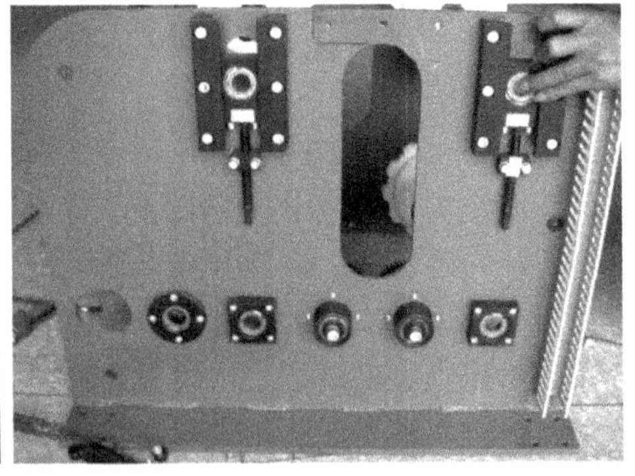

图 3-14　张紧座、张紧螺栓、张紧固定块、张紧滑轨的装配

2）先将张紧座安装于副安装板上，用 M6 的内六角圆柱头螺钉固定，再将张紧螺栓旋入张紧座，并将张紧固定块放置于张紧螺栓头部，将其顶紧，最后分别安装左右张紧滑轨于副安装板上，共两组张紧组件，用 M8 × 20 的内六角圆柱头螺钉固定，如图 3-18 所示。

3. 主、副板的装配

1）将三根撑杆分别安装到主安装板的相应位置，如图 3-19 所示。

2）将之前各步安装好的主安装板和副安装板进行装配，如图 3-20 所示。

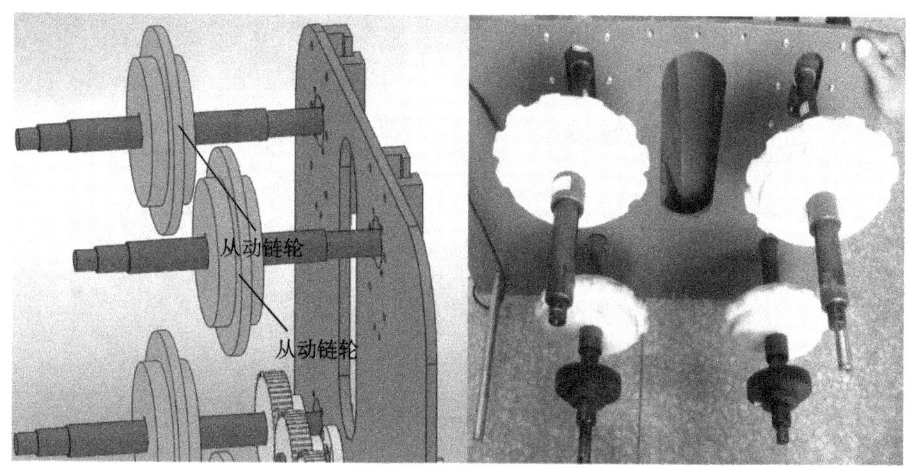

图 3-15　从动链轮的装配

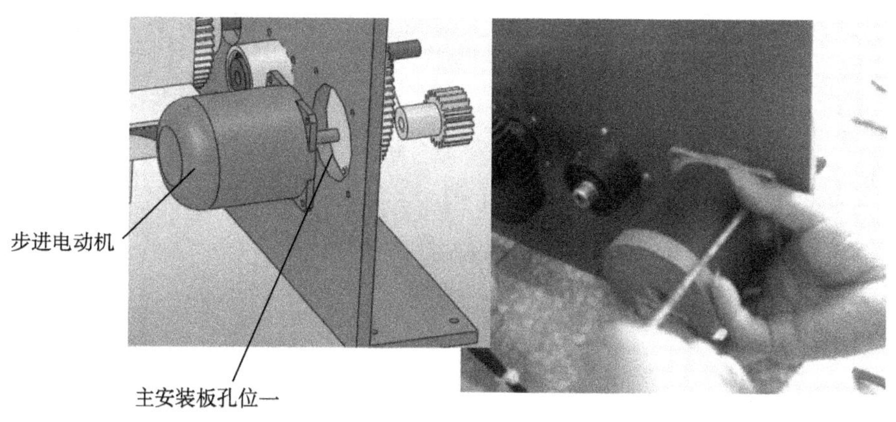

图 3-16　步进电动机、齿轮、主安装板的装配

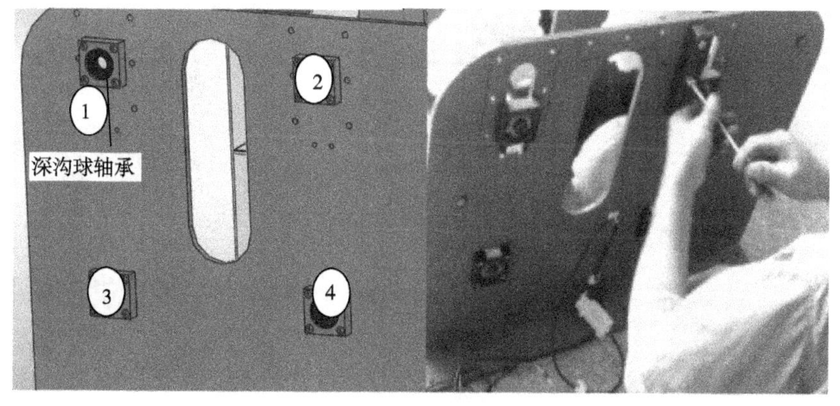

图 3-17　深沟球轴承、轴承座、副安装板的装配

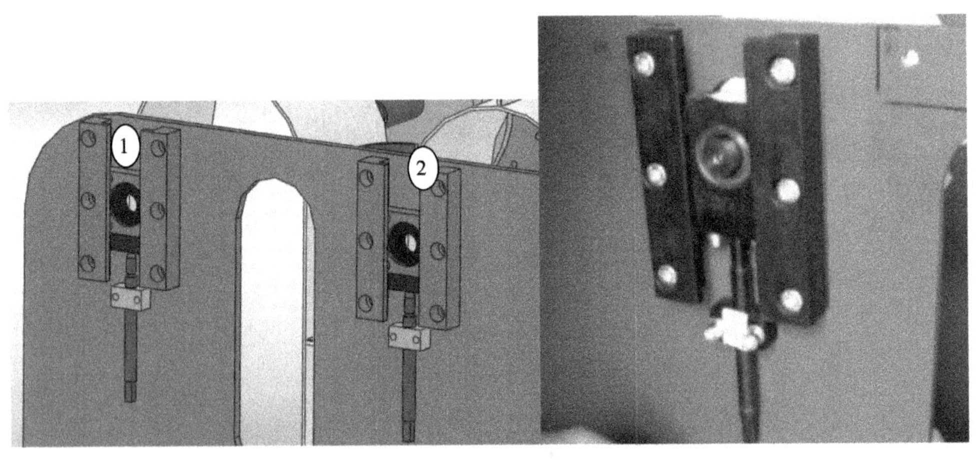

图 3-18　张紧座、张紧螺栓、张紧固定块、张紧滑轨的装配

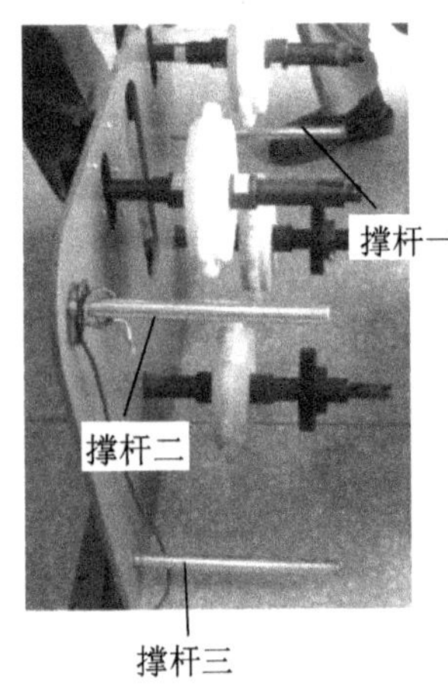

图 3-19　安装三根撑杆

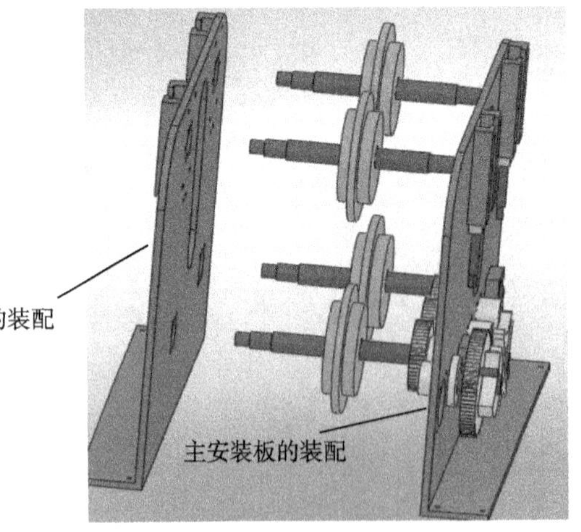

图 3-20　主安装板和副安装板的装配

4. 安装链板

将两条链板分别安装到两组链轮上，如图 3-21 所示，插上销子与锁片。

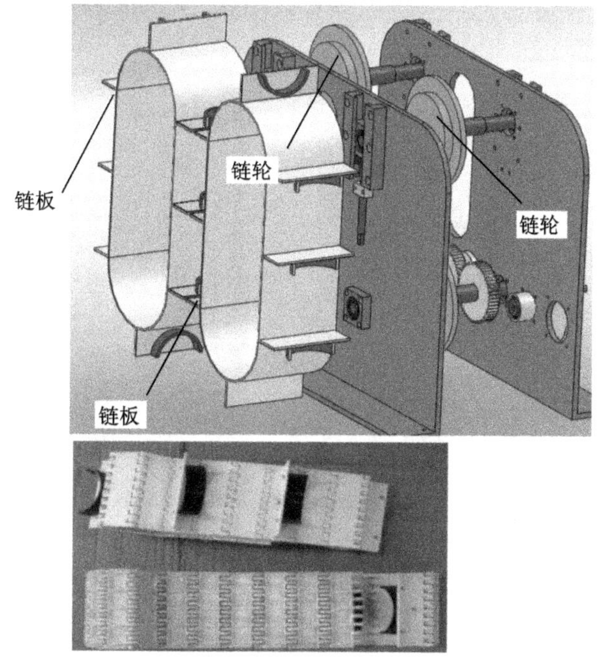

图 3-21 链板与链轮的装配

5. 安装导向器

将导向器用 M4 的六角头螺栓固定在副安装板上，注意导向器的安装位置和顶面的水平度。

6. 送料、落料组件的组装

将送料组件与落料组件进行装配，用 M8 的内六角圆柱头螺钉固定，如图 3-22 所示。

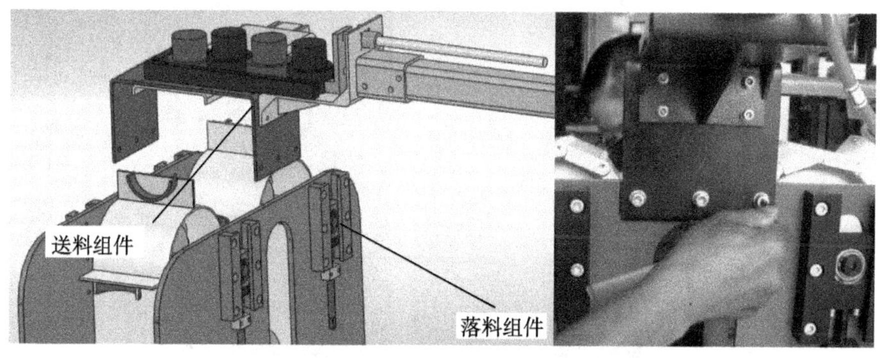

图 3-22 送料组件与落料组件的装配

7. 底架的连接

1）将落料机构与型材底座进行装配，用 M6 的内六角圆柱头螺钉固定，如图 3-23 所示。

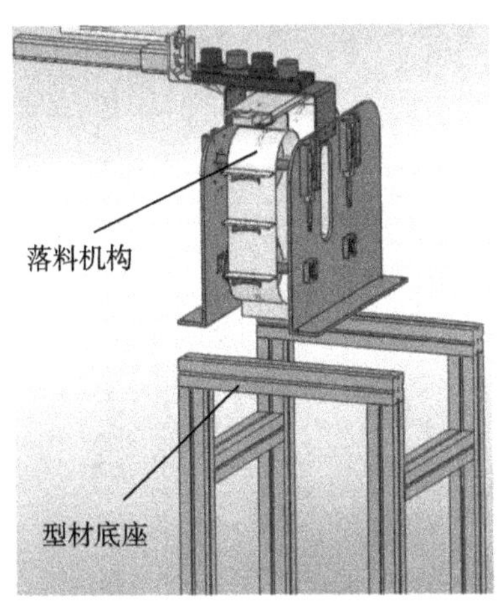

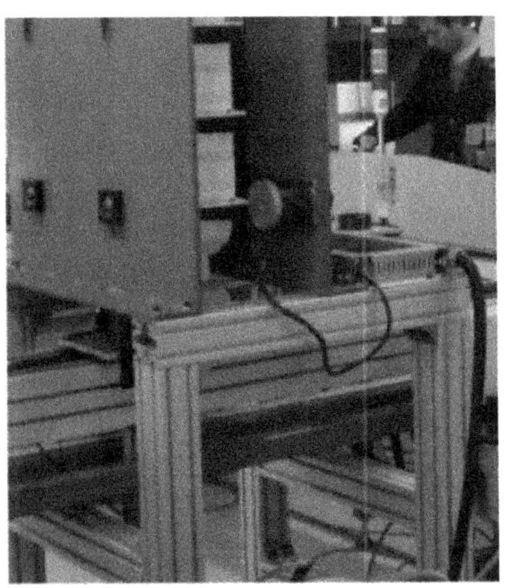

图 3-23　落料机构与型材底座的装配

2）落料台装配完成，如图 3-24 所示。用起重设备把装配好的落料台吊装到送料站的底座上，并用 M8 的螺栓联接紧固。

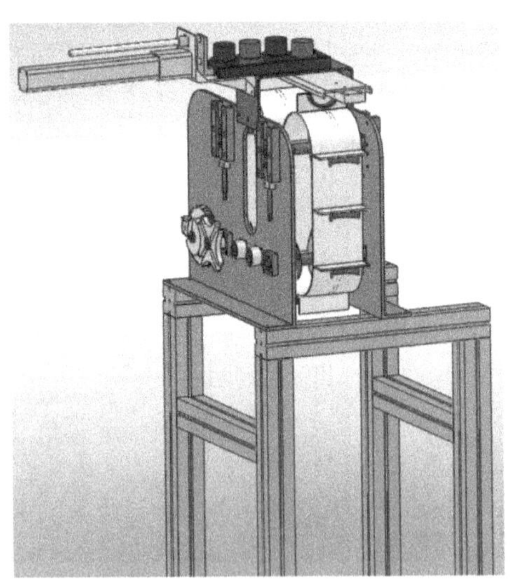

图 3-24　落料台装配完成

8. 安装辅件

连接气管和电气接线。

相关要点

落料台装配工艺卡片的编制

落料台装配工艺过程卡片见表3-2。

表3-2　落料台装配工艺过程卡片

设备名称		落料台装配	产品型号	
工序号	工序名称	工序内容	装配部门	工时定额
1	主板安装	1. 连接主安装板和底板		
		2. 分别安装齿轮轴承座、链轮轴承座和四个深沟球轴承于主安装板（并装上卡簧）		
		3. 将齿轮、链轮分别安装到齿轮轴和链轮轴并安装于主安装板		
		4. 安装齿轮、拨轮与槽轮于主安装板		
		5. 将步进电动机安装于主安装板		
		6. 将张紧座、张紧滑轨及轴承安装于主安装板，再将张紧螺栓旋入张紧座，并将张紧固定块放置于张紧螺栓头部，将其顶紧		
		7. 将两个从动链轮分别安装到从动链轮轴上，再将两个链轮轴分别安装于主安装板		
2	副板安装	1. 分别安装齿轮轴承座、链轮轴承座和两个深沟球轴承于副安装板（并装上卡簧）		
		2. 将张紧座、张紧滑轨及轴承安装于副安装板，再将张紧螺栓旋入张紧座，并将张紧固定块放置于张紧螺栓头部，将其顶紧		
3	主、副板装配	1. 将三根撑杆分别安装到主安装板的相应位置		
		2. 对前面安装好的主安装板和副安装板进行装配		
		3. 用底板连接主安装板和副安装板		
4	安装链板	将两链板分别安装到两组链轮上		
5	安装导向器	安装导向器于规定位置		
6	送料、落料组装	对送料组件与落料组件进行装配		
7	底架的连接	对落料机构与型材底座进行装配，用M6×25的内六角圆柱头螺钉联接		
8	安装辅件	电气接线和连接气管		

学习检测

进行学习检测，并填写表3-3。

表3-3 学习检测表

检测项目	检测要求	配分	评分参考	评分记录
轴承卡簧是否到位	轴的轴向窜动量≤0.015mm	30分	每错误一处扣5分	
压铅丝法检测齿轮侧隙	间隙为0.06～0.10mm	10分	每错误一处扣5分	
链板的张紧程度	手感链板松紧适度	10分	每错误一处扣5分	
齿轮运行同步情况	齿轮运行同步	20分	每错误一处扣10分	
两链板运行时同步	运行时基本同步	20分	每错误一处扣5分	
安全文明生产	无不文明现象出现	10分	每错误一处扣2分	

思考与练习

1. 送料站支架装配时的注意事项有哪些？
2. 送料站落料机构的安装注意事项有哪些？
3. 简述齿轮啮合精度的检测要点。

项目二 电气系统的安装与控制

任务描述

送料站在整个循环线中实现加工前的准备，将加工所需的原料送至循环线中，其具体的操作分为手动和自动两部分。手动操作的功能是分别单独控制落料站上的各个执行元件，主要是电动机和气缸，并且不和各个工位有任何的连接。自动操作的功能是落料站主体能够和各个工位联动，并且根据各种传感器的信号进行实时的判断和选择，完成一个流畅的送料、落料过程。

本项目主要是完成送料站电气系统的安装与调试，主要包括送料气缸、落料气缸、步进电动机三大执行元件以及光纤传感器。从控制模式上讲，主要是采用触摸屏＋PLC控制，当然也有部分是通过面板代替触摸屏来进行简单的操作。触摸屏主要用于参数设置和运行状态监控。

任务一　送料站电气图的识读

技能目标

1. 能够识读送料站电气装配图。
2. 能够识读送料站电气接线图。
3. 能够编写送料站电气装配工作计划。

知识目标

1. 能识读送料站电气装配图。
2. 能识读送料站电气接线图。
3. 能归纳送料站电气装配工作计划的编写方法。

任务实施

一、工作准备

各小组领取三份图样，包括送料站电气控制原理图、送料站电气装配图和送料站电气接线图。

二、工作步骤

1. 阅读送料站电气控制原理图

1）认识送料站电气执行元件，并完成表3-4。

表3-4　送料站电气执行元件清单

元件名称	作　用	数　量	符　号	其　他

2）认识送料站电气控制元件，并完成表3-5。

表3-5　送料站电气控制元件清单

元件名称	作　用	数　量	符　号	其　他

3）分析送料站电气控制原理图。

2. 阅读送料站电气装配图

1）依据电气装配图准备电器元件、材料，并完成表3-6。

表3-6 送料站电气装配材料清单

材料名称	规格	数量	符号	其他

2）依据电气装配图准备工、量具，并完成表3-7。

表3-7 送料站电气装配工、量具清单

工量具名称	规格	数量	符号	其他

3. 阅读送料站电气连接图

1）理解电气系统接线图。

2）结合电气装配图，规划接线方案。

4. 编写电气装配工作计划

以小组为单位，提交一份装配方案，并由发言人代表本组阐述和解释规划意图。

学习检测

进行学习检测，并填写表3-8。

表3-8 学习检测表

检测项目	检测要求	配分	评分细则	评分记录
送料站电气执行元件	1. 按要求选择合适的	25分	每次错误扣10分	
	2. 写清名称、型号		每次错误扣5分	
	3. 写清符号		每次错误扣5分	
送料站电气控制元件	1. 按要求选择合适的	25分	每次错误扣10分	
	2. 写清名称、型号		每次错误扣5分	
	3. 写清符号		每次错误扣5分	
送料站电气装配材料	1. 按要求选择合适的	25分	每次错误扣10分	
	2. 写清名称、型号		每次错误扣5分	
	3. 写清符号		每次错误扣5分	
送料站电气装配工、量具	1. 按要求选择合适的	25分	每次错误扣10分	
	2. 写清名称，型号		每次错误扣5分	
	3. 写清符号		每次错误扣5分	

任务二　步进电动机和驱动器的认识与安装

技能目标

1. 会步进电动机及其驱动器的控制接线。
2. 会根据操作手册设定步进电动机及其驱动器。

知识目标

1. 识读步进电动机的铭牌。
2. 了解步进电动机及其驱动器的基本工作原理、作用。
3. 理解步进电动机及其驱动器的接线图。

任务实施

一、工作准备

根据工艺要求合理选择工、量具，填写表3-9。

表3-9　领料单

领料单					
活动名称			日　期		
物料、工具	规　格	数　量	备　注	归还时间	归还情况

姓名

组号

二、工作步骤

1）根据安装图样将步进电动机固定在正确位置，如图3-25所示。

2）将驱动器固定在送料站控制箱内，如图3-26所示。

3）根据图样完成驱动器和电动机的接线。

4）设定驱动器的各项参数。

5）检查和校验。

图 3-25 送料站的步进电动机

图 3-26 送料站的步进电动机驱动器

三、注意事项

本驱动器采用单脉冲控制方式，输入的控制信号通过内置光耦隔离，采用双端输入接法。为确保内置光耦能可靠导通，要求控制信号提供至少 6mA 的电流。内置光耦的限流电阻为 220Ω，适合 TTL 电平的信号接口（$V_{CC}=5V$）。当输入信号不是 TTL 电平时，用户要加限流电阻，12V 时加 1kΩ 电阻，24V 时加 2kΩ 电阻。端子接线时务必接牢，避免由于松动造成异常或损坏。

相关要点

一、送料站上的步进电动机和驱动器

步进电动机和驱动器如图 3-27 所示。

二、步进电动机和驱动器的工作原理

步进电动机是将电脉冲信号转变为角位移或线位移的开环控制元件。在非超载的情况下，电动机的转速、停止的位置只取决于脉冲信号的频率和脉冲数，而不受负载变化的影响。步进驱动器接收到一个脉冲信号，它就驱动步进电动机按设定的方向转动一个固定的角度，称为步距角。步进电动机的旋转是以固定的角度一步一步运行的。

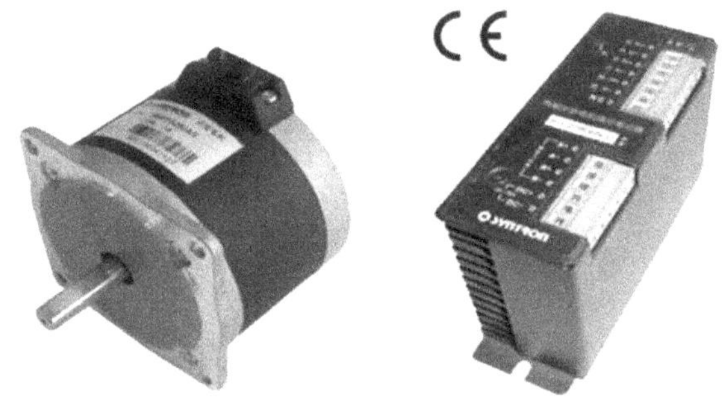

图 3-27 步进电动机和驱动器

步进电动机必须加驱动才可以运转，驱动信号必须为脉冲信号，没有脉冲的时候，步进电动机静止。如果加入适当的脉冲信号，步进电动机就会以一定的角度转动，转动的速度与脉冲的频率成正比。步进电动机驱动器控制接线图如图 3-28 所示。

三、步进电动机与普通电动机的主要区别

步进电动机与普通电动机的区别主要就在于其脉冲驱动的形式（控制系统发出一个脉冲，就可以让步进电动机转动一个角度），因为这个特点，步进电动机可以和现代的数字控制技术相结合（特别适合于机电一体化产品）。不过步进电动机在控制的精度、速度变化范围、低速性能方面都不如传统的闭环控制的直流伺服电动机。在精度要求不是特别高的场

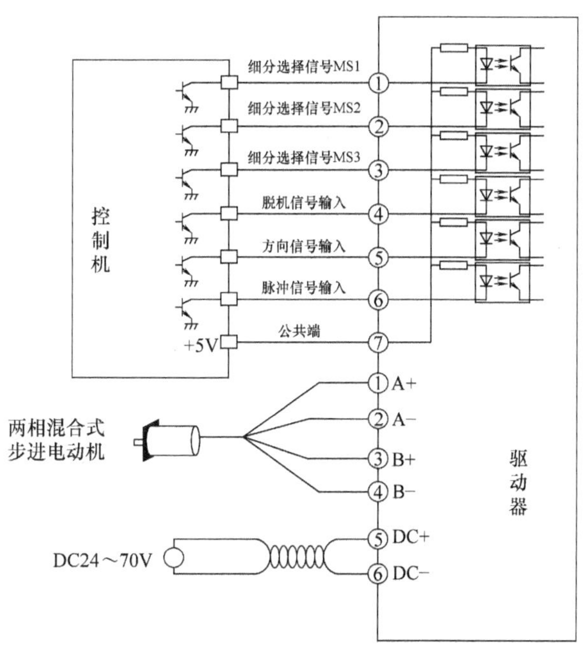

图 3-28　步进电动机驱动器控制接线图

合，就可以使用步进电动机，可以发挥其结构简单、可靠性高和成本低的特点。使用恰当的时候，步进电动机甚至可以和直流伺服电动机的性能相媲美。

四、步进电动机驱动器参数的设定

步进电动机驱动器有 A、B 两种类型，每种类型各提供 8 种细分运行模式。对于 A 型，可提供整步、半步（优化半步）、4 细分、8 细分、16 细分、32 及 64 细分模式；对于 B 型，可提供整步、半步、4 细分、5 细分、8 细分、10 细分、20 及 40 细分模式。对于类型的选择，用户需要事先确定并通知厂家。驱动器出厂时，面板上会有类型标注，用户可通过侧板开关（1，2，3）设定（见图 3-29）8 种细分模式。

A型

1	2	3		1	2	3		1	2	3		1	2	3	
OFF	OFF	OFF	空	ON	ON	OFF	32细分	ON	OFF	OFF	8细分	OFF	ON	OFF	半步
ON	ON	ON	64细分	ON	OFF	ON	16细分	OFF	ON	ON	4细分	OFF	OFF	ON	整步

B型

1	2	3		1	2	3		1	2	3		1	2	3	
OFF	OFF	OFF	整步	ON	ON	OFF	20细分	ON	OFF	OFF	8细分	OFF	ON	OFF	4细分
ON	ON	ON	40细分	ON	OFF	ON	10细分	OFF	ON	ON	5细分	OFF	OFF	ON	半步

图 3-29　侧板开关设定

学习检测

进行学习检测，并填写表3-10。

表3-10　学习检测表

检测项目	检测要求	配分	评分细则	评分记录
步进电动机和驱动器的识读	1. 按图样找出步进电动机和驱动器	20分	每次错误扣10分	
	2. 写清名称、型号		每次错误扣5分	
	3. 写清符号		每次错误扣5分	
步进电动机和驱动器的装配	1. 不损坏零部件或塑料外壳	40分	错误扣10分	
	2. 装配步骤、方法正确		错误扣10分	
	3. 正确使用测量仪器		错误扣10分	
	4. 装配过程中未发现丢失固定螺钉等细小配件		每次错误扣5分	
步进电动机和驱动器的接线、参数设置	1. 按说明书进行接线	20分	错误扣10分	
	2. 按说明书进行参数设置		错误扣5分	
	3. 经教师指导后，会操作		错误扣5分	
安全文明生产	凡在操作过程中发现有重大安全事故隐患时，立即制止，并中止考核	20分	错误扣20分	

任务三　送料站控制电路的接线

技能目标

能够完成送料站各元器件的控制接线。

知识目标

1. 能叙述接线的步骤与要求。
2. 能归纳总结布线的方法与技巧。

任务实施

一、工作准备

根据工艺要求合理选择工、量具，填写表3-11。

表 3-11　领料单

领　料　单					
活动名称			日　期		
物料、工具	规　格	数　量	备　注	归还时间	归还情况

姓名

组号

二、工作步骤

1. 安装前检查

按表 3-12 所列准备项目进行安装前检查。

表 3-12　安装前检查记录

准备项目	准备情况（是否完好，齐全）	备注（如有缺损）
图样		
工、量具		
元器件		
零部件		
场地		
其他		

2. 元器件安装

送料站控制面板如图 3-30 所示。

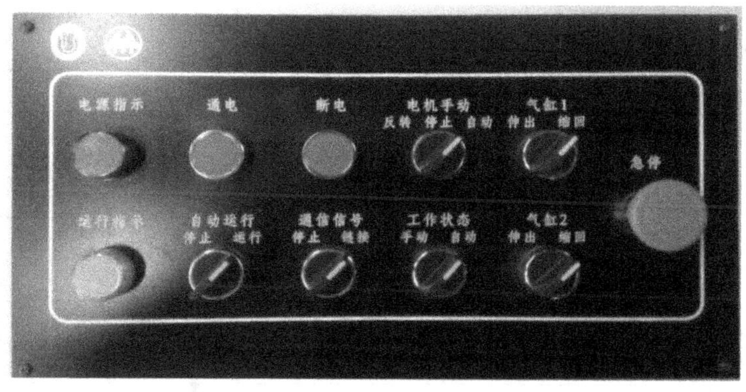

图 3-30　送料站控制面板

1）元器件安装必须完全符合图样的要求，如需代用时必须办理代用手续才能进行安装。

2）安装元器件前，必须进行认真检查，核对元器件的型号、规格，且应使用有生产许可证及试验报告的合格产品。如产品不符合要求，应立即更换，以免造成返工，并统一整理所有合格证与使用说明书，及时递交质检部门。

3）运行中需观察的仪表及运行需操作的电器元件与其操作手柄（如手柄、按钮、组合开关、主令开关等），安装高度不得超过基准面2000mm，不得低于基准面400mm，紧急操作元件一般应安装在距基准面800～1600mm范围内。

4）元器件的安装必须横平竖直，垂直度和倾斜度应符合要求，柜内所有元器件的布置应整齐美观，符合设计图样要求。安装元件的支架（安装板、梁，安装框架等），应能保证元件接触面平整，不使元件紧固后发生变形，造成损坏或影响其性能。

5）安装塑料、瓷质元件时应加橡皮垫或纸垫。

6）电器元件、电子元件等与发热元件之间的距离应符合表3-13的规定。

表3-13　电器元件、电子元件等与发热元件之间的距离

发热件功率/W	电器元件、电子元件等与发热件之间的保持距离/mm				选用BV.1BVR导线剥去的绝缘长度/mm
	上方		侧面	下方	
	元件允许60℃时	元件允许50℃时			
7.5	30	40	10	10	20
15	30	100	10	10	20
20～50	100	200	20	20	40
75～100	100	300	30	30	40
150	150	300	30	30	40
200	150	400	30	30	40

7）安装元器件时，必须考虑电气间隙和爬电距离，其电气间隙和爬电距离应符合表3-14和表3-15的规定。

表3-14　电气间隙

额定绝缘电压 U_i/V	电气间隙/mm		爬电距离/mm	
	63A以下	大于63A	63A以下	大于63A
$U_i<60$	3	5	3	5
$60<U_i<300$	5	6	6	8
$300<U_i<660$	8	10	10	12

表3-15　爬电距离

额定电压/kV	3	6	10	15	24	35
1. 导体至接地间净距	75	100	125	150	180	300
2. 不同相的导体之间净距	75	100	125	150	180	300
3. 导体至无孔遮栏间净距	105	130	155	180	210	330
4. 导体至网状遮栏间净距	175	200	225	250	280	400
5. 导体至栅栏间净距	825	850	875	900	930	1050
6. 无遮拦裸导体至地板间净距	2375	2400	2425	2450	2480	2600
7. 不同时停电检修无遮拦裸导体之间的水平净距	1875	1900	1925	1950	1980	2100
8. 出线套管到屋外通道地面间净距	4000	4000	4000	4000	4000	4000

注：海拔超过1000m时表所列1、2项值应按每升高100m增大1%进行修正；3～7项之值应分别增加1或2项的修正值。

8）对产生电弧的电器元件如接触器、断路器等，安装时需要留有一定的飞弧距离和拆卸灭弧罩所需要的空间，其飞弧距离见表3-16～表3-20。

表3-16　飞弧距离（1）

型　　号	飞弧距离/mm	备　　注
DW17—6301605	250	抽屉式、固定式水平连接
DW17—2000～4000	350	抽屉式、固定式水平连接
DW17—630～1605	250	固定式垂直连接
DW17—2000～3200	350	固定式垂直连接

表3-17　飞弧距离（2）

型　　号	飞弧距离/mm	
	380V、660V	1140V
DW15—200、400、630	250	350
DW15—1000、1600、2500	350	—
DW15—4000	400	—

表3-18　飞弧距离（3）

型　　号	飞弧距离/mm	
	L	*M*
CJ12—100	50	50
CJ12—150	70	70
CJ12—250	70	80
CJ12—400	100	80
CJ12—600	120	150

表3-19　飞弧距离（4）

型　　号	飞弧距离 *G*/mm	型　　号	飞弧距离 *G*/mm
CJ20—10、16、25	10	JC20—160	80
CJ20—40	30	CJ20—250	100
CJ20—63	60	CJ20—400	110
CJ20—100	70	CJ20—630	120

表3-20　飞弧距离（5）

型　　号	飞弧距离 *R*/mm	
	电压220V、440V	电压660V
CZ0—40/02	15	
CZ0—40/02	15	
CZ0—40C	25	
CZ0—100/10	40	

（续）

型　　号	飞弧距离 R/mm	
	电压 220V、440V	电压 660V
CZ0—100/20	40	40
CZ0—150/10	40	
CZ0—150/01	35	
CZ0—150/20	40	50
CZ0—250/10	100	160
CZ0—250/20	100	140
CZ0—400/10	160	180
CZ0—400/20	140	160
CZ0—600/10	200	200

9）安装元器件要考虑到用户的使用、维修、更换的方便及放置二次线、母排等所需的空间。元件的安装方向和位置应符合说明书要求，对需要在装置内操作、调整和复位的元件应留有空间，以便于操作和维护，操作手柄的分、合不应与装置或其他元件发生碰撞，并应保证操作者在操作时手部不受损伤。元件本身的铭牌和标记应尽可能安装在便于观察的位置，同时元器件间不得互相影响，保证能正常工作。

10）按元器件的安装孔径和联接厚度正确选用螺栓，乱牙、滑扣的螺栓不能再用，螺栓的安装原则：垂直方向分布的螺栓，按从里至外的顺序安装；水平方向分布的螺栓，按从下至上的顺序安装。螺栓拧紧后应高出螺母 2 ~5 个螺距。

11）元器件上如有暂时不安装的物件，要妥善保管好，以防损坏。

12）元器件安装完毕后，必须进行认真检查，操作机构的动作必须灵活可靠且无卡阻现象。

13）刀开关和框架式断路器在装配完毕后，操作 5 次，机构应灵活可靠无卡阻现象。刀开关的三相动触点应保证其动作的同步性，调整连杆应使手柄在合分位置到位，无回弹现象。

14）在装配后要进行框架式空气断路器的分励脱扣和失压脱扣检查，如不能跳闸时应进行调整，并注意分励脱扣器和失压脱扣器的线圈电压是否符合图样要求。

15）装置式空气断路器需打开上盖进行安装和接线时，要注意防止损坏内部装置和使异物落入，对板后接线应采取制造厂的专用螺柱和螺母。

16）对 600A 大规格熔断器，难以用手插入时允许用木锤轻轻敲入。

17）熔断器的指示件要处于易观察的位置。

18）一般按钮（紧急及钥匙按钮除外）的揿钮应与外螺母平齐，不能凸出或凹陷。

19）接线端子的装配。

① 横排端子槽板宽边应向上，竖排端子槽板宽边应向右。

② 端子的始末端必须装有终端，端子在同一端子排上有不同电流规格时，需装有挡板。

③ 每一安装单元起端必须装有标记型端子，上有标号，标号的字迹应清楚端正，在同一屏上有数个单元件时，每一单元的端子排应有标记号。

20）装配中，如元器件损坏，应及时上报有关部门，并立即补购，绝不能强行装配，避免引起质量事故。

21）元件上的接地装置上的锈蚀和残渣均应清除干净，元件上的接地标志应在元件与成套接地连通后除掉。

22）柜体上所有该接地的部位，包括门、仪表板等，应可靠接地，并应保证保护接地系统的可靠性。接地导线的颜色与截面积应符合有关标准。

3. 线路安装、布线、接线

柜体接线如图 3-31 所示。

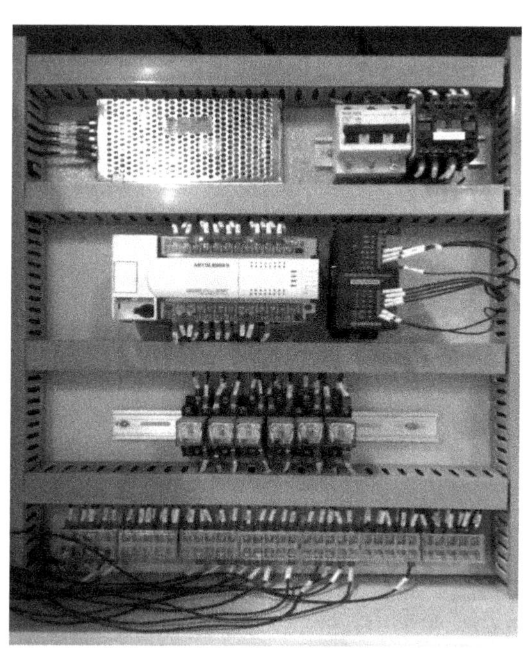

图 3-31　柜体接线

4. 安装后检查

进行安装后检查，并填写表 3-21。

表 3-21　安装后检查记录

安装项目	元器件	零部件
是否完好		
安装是否正确		
操作是否灵活		
其他备注（如有缺损）		

三、注意事项

布线时应注意以下几点。

1）抽屉单元（尤其是 100mm 模高）中连接到二次接插件的二次线长度上应留有余量。

2）铜排冲孔应注意去毛刺，尤其是方孔时。

3）绝缘支撑厚度应不大于10mm，要注意检查。
4）装元器件之前要看看说明书，否则装完后不易查出。
5）抽屉机械联锁，尤其是IP42时，要考虑密封条的厚度，或磨成尖角。
6）抽屉单元按钮弹簧的强度要提高。
7）大截面铜排连接后要用塞尺复检，注意平垫的使用。
8）不同电压等级的端子要分开。
9）粘贴标牌要用3M胶，也可用502胶点一下。
10）门内线槽不能用双面胶粘贴，可用502胶，注意别留缝隙。
11）用于外部接线端子的线槽应加大。
12）线槽不要与主回路输出端太近。
13）零序互感器要用自身所带铜排连接。
14）成柜要做出厂检验。
15）导线经过隔板时要加护套。
16）导线中间不要有接头。
17）电缆支架要合理。
18）考虑安装维护的安全。

学习检测

进行学习检测，并填写表3-22。

表3-22 学习检测表

检测项目	检测要求	配分	评分细则	评分记录
工、量具的选择	1. 按要求选择合适的工、量具	20分	每次错误扣10分	
	2. 写清名称、型号		每次错误扣5分	
	3. 写清符号		每次错误扣5分	
送料站控制柜元器件的装配	1. 不损坏其他零部件或塑料外壳	20分	错误扣10分	
	2. 装配步骤、方法正确		错误扣10分	
	3. 正确使用测量仪器		错误扣10分	
	4. 装配过程中未发现丢失螺钉等细小配件		每次错误扣5分	
送料站线路接线	1. 走线正确	20分	错误扣10分	
	2. 线号正确		错误扣10分	
	3. 线路连接正确		错误扣10分	
校验	1. 校验方法正确	20分	错误扣10分	
	2. 校验后合格		错误扣10分	
安全文明生产	凡在操作过程中发现有重大安全事故隐患时，立即制止，并中止考核	20分	错误扣20分	

任务四　送料站PLC控制程序的编制

技能目标

1. 会编制功能图和状态转移图。
2. 会调试送料站程序。

知识目标

1. 能描述机电一体化系统安装与调试综合实训装置送料站的分解动作过程。
2. 能归纳和总结时序图、功能图和状态转移图等PLC编程分析方法。

任务实施

一、工作准备

识别送料站PLC系列，进行送料站控制要求分析。

二、工作步骤

1）观察送料站的工作。

2）分析送料站的工作过程，并做记录。

3）识别送料站输入输出信号，并填写表3-23。

表3-23　送料站I/O分配表

软元件名（输入）	注　　释	软元件名（输出）	注　　释
X000		Y000	脉冲输入
	自动（1）/手动状态	Y001	
	手动步进电动机正转	Y002	
	手动步进电动机反转	Y003	
	通信连接	Y004	
	自动运行（1）/停止	Y005	
X006	急停	Y006	
X007		Y007	
X010			气缸2伸出（防护气缸）
X011		Y011	
X012			步进电动机使能
X013		Y013	
X014	气缸1缩回	Y014	
X015	工位接近开关（顶部）	Y015	
X016			警告指示灯
X017		Y017	

4）根据分解动作，绘制状态转移图。

5）上机操作，编写梯形图程序。

6）输入程序，并调试。

相关要点

送料站与输送线一样，采用的也是三菱 FX2n 继电器型 PLC。该 PLC 的电源是单相 220V 供电电源，由 PLC 内部转换成 24V 和 0V，所有外接的输入到 PLC 的传感器电源均由此 24V 电源提供，不用其他的 24V 开关电源提供，否则可能造成 PLC 对相应的输入信号不能识别。

任务五　传感器的安装与调试

技能目标

1. 会安装、连接光纤传感器。
2. 会调节光纤传感器的灵敏度。
3. 能调整传感器安装位置并排除干扰。

知识目标

1. 能说出光纤传感器的工作原理和使用场合。
2. 能归纳总结光纤传感器的使用注意事项。
3. 能描述光纤传感器的检查和调整方法。

任务实施

一、工作准备

填写传感器的安装与调试领料单（表 3-24）。

表 3-24　领料单

<table>
<tr><td colspan="6">领 料 单</td></tr>
<tr><td>活动名称</td><td colspan="2"></td><td>日　期</td><td colspan="2"></td></tr>
<tr><td>物料、工具</td><td>规　格</td><td>数　量</td><td>备　注</td><td>归还时间</td><td>归还情况</td></tr>
<tr><td></td><td></td><td></td><td></td><td></td><td></td></tr>
<tr><td></td><td></td><td></td><td></td><td></td><td></td></tr>
<tr><td></td><td></td><td></td><td></td><td></td><td></td></tr>
<tr><td></td><td></td><td></td><td></td><td></td><td></td></tr>
<tr><td colspan="6">姓名
组号</td></tr>
</table>

二、工作步骤

1）辨认传感器类型，识读电气符号。

2）理解三线与四线制的意义，分辨传感器属于 NPN 型还是 PNP 型。

3）根据电气图样中的符号选择相应的光纤传感器。

4）在设备中安装、接线、调试和排除故障。

三、注意事项

1）请勿成锐角弯折光纤。

2）安装时，用紧固螺母时请勿用力过大。

3）保证传感器表面与被测物体平行。

4）检查传感器动作指示灯是否正常。

相关要点

光纤传感器

1. 光纤传感器

如图 3-32 所示，送料站上的检测推料气缸推料动作的传感器是光纤传感器，其外观如图 3-33 所示。

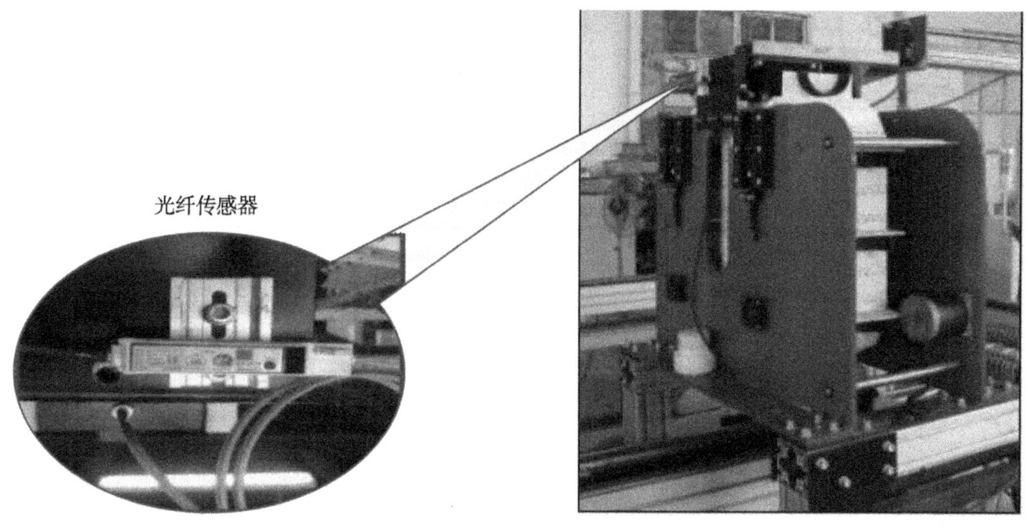

图 3-32　送料站上的光纤传感器

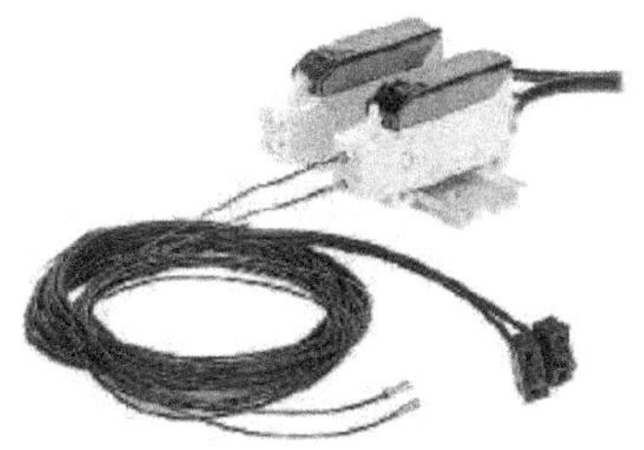

图 3-33　光纤传感器的外观

2. 光纤传感器的工作原理

光纤传感器的主要结构是光纤和调制器，其工作原理是利用光电效应，如图 3-34 所示。

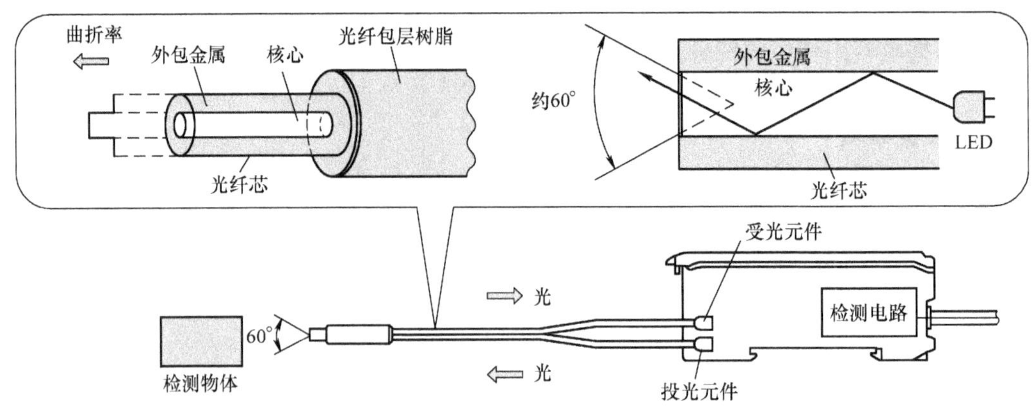

图 3-34　光纤传感器的工作原理

3. 光纤传感器的优点

与普通传感器相比较，光纤传感器的优点是灵敏度高、采用数值化管理、频带宽、动态范围大、结构简单、体积小、质量轻和耗能少。

学习检测

进行学习检测，并填写表 3-25。

表 3-25　学习检测表

检测项目	检测要求	配分	评分细则	评分记录
传感器的选择	1. 按图样正确选择传感器	20 分	每次错误扣 10 分	
	2. 写清名称、型号		每次错误扣 5 分	
	3. 写清符号		每次错误扣 5 分	
传感器的装配	1. 不损坏零部件或塑料外壳	40 分	错误扣 10 分	
	2. 装配步骤、方法正确		错误扣 10 分	
	3. 正确使用测量仪器		错误扣 10 分	
	4. 装配过程中未发现丢失固定螺钉等细小配件		每次错误扣 5 分	
传感器的校验	1. 按说明书进行校验	20 分	错误扣 10 分	
	2. 校验后合格		错误扣 10 分	
安全文明生产	凡在操作过程中发现有重大安全事故隐患时，立即制止，并中止考核	20 分	错误扣 20 分	

拓展巩固

1. 步进电动机内部结构

步进电动机内部结构如图 3-35 所示。

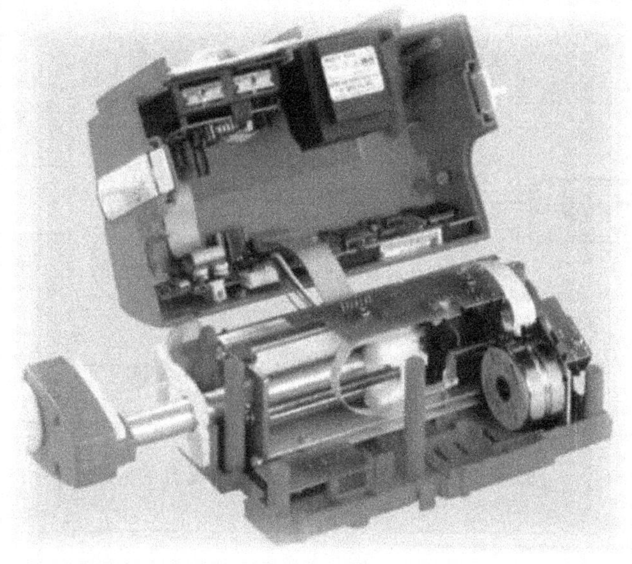

图 3-35　步进电动机内部结构

2. 步进电动机的应用

步进电动机应用广泛，监视摄像头中摄像头的转动（见图 3-36），电动坐便器喷水口的移动、水量控制和盖子打开（见图 3-37），缝纫机中针头前后左右移动（见图 3-38），都由步进电机驱动。

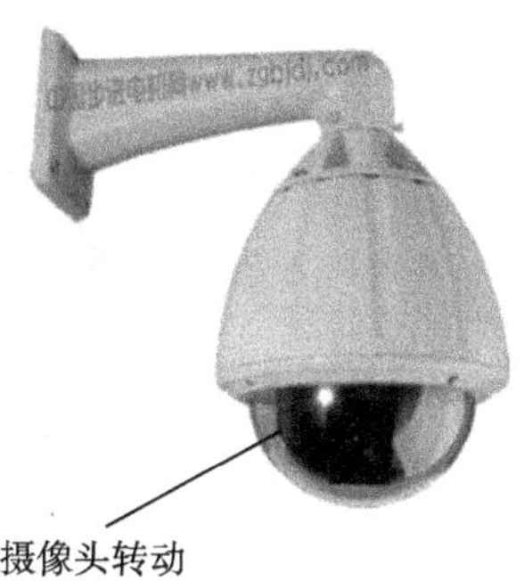

图 3-36　监视摄像头

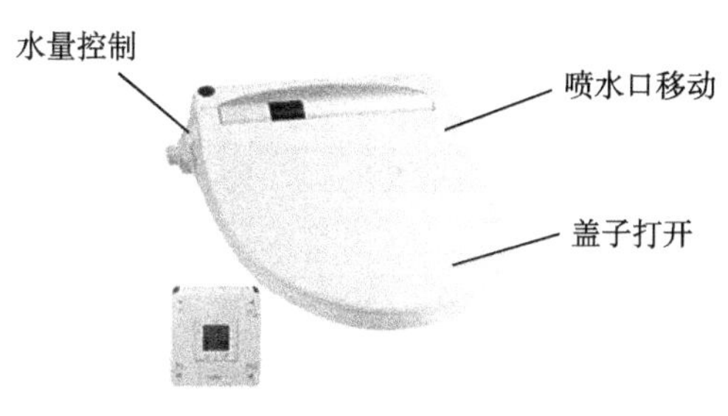

图 3-37　电动坐便器

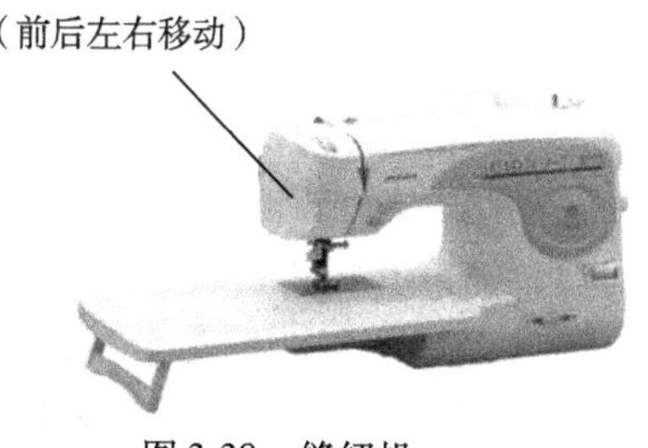

图 3-38　缝纫机

光纤传感器还应用在一些特殊场合，如在易燃易爆场合的应用（见图 3-39），在高电压、强电磁场干扰场合的应用（见图 3-40）。

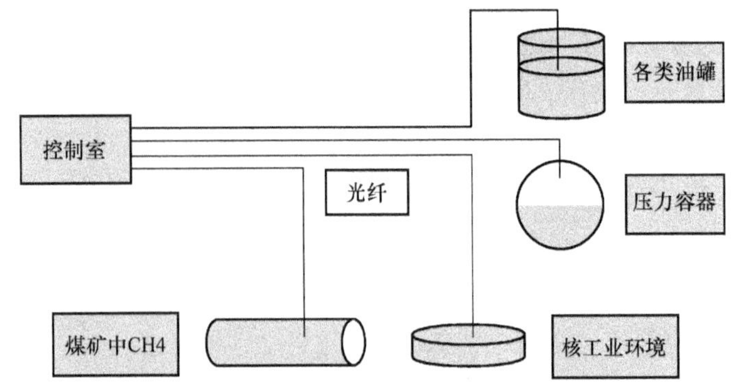

图 3-39　光纤传感器在易燃易爆场合的应用

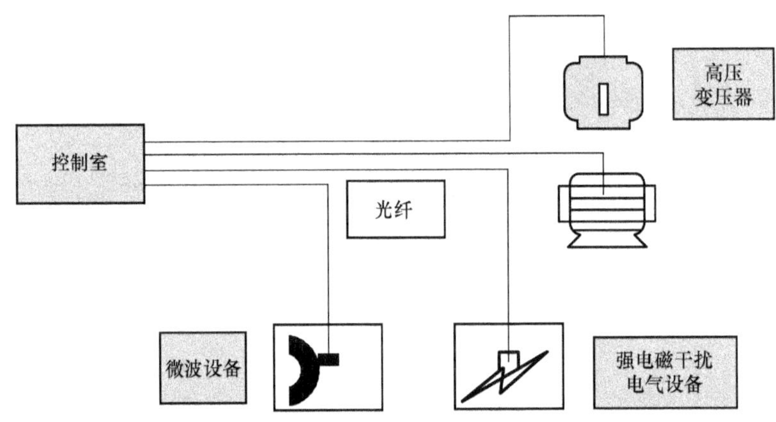

图 3-40　光纤传感器在高电压、强电磁场干扰场合的应用

思考与练习

1. 描述送料站电气控制过程。
2. 完善送料站电气装配工作计划。
3. 简述步进电动机及其驱动器的工作原理和作用。
4. 叙述步进电动机及其驱动器的接线注意事项。
5. 叙述步进电动机及其驱动器参数的设定。
6. 绘制送料站状态转移图。
7. 绘制送料站 PLC 控制梯形图。
8. 简述光纤传感器的特点。
9. 简述光纤传感器的安装方法。
10. 简述光纤传感器安装调整中的注意事项。
11. 简述光纤传感器灵敏度调试的方法。

项目三　气动系统的安装与调试

任务描述

送料站承担将备好的待加工物料依次放置在输送线物料托盘上的任务。送料站的气动系统主要完成两个任务：推料气缸将物料槽中的待加工物料推至落料链轮的正上方；落料气缸将落料链轮正上方的待加工物料放下，使之落入落料链轮之中。

本项目主要完成送料站气动系统的安装与调试，包括完成推料气缸和落料气缸的安装、换向阀的安装以及气动系统的调试工作。

任务一　送料站气动原理图的识读

技能目标

1. 能识别气动元件。
2. 能根据气动控制原理图选择正确的气动元件。
3. 能编写气动系统工艺流程。
4. 能调节气动执行元件的运动速度。

知识目标

1. 能讲述送料站气动系统的功能。
2. 能说出双作用气缸的工作方式。
3. 能阐述气动回路的工作原理。

任务实施

一、工作准备

领取送料站气动系统原理图（见图 3-41）。

二、工作步骤

1）观察送料站气动系统的工作情况。

2）辨识送料站气动元件。根据图 3-41 所示原理图分析所用气动元件，将元件的名称、职能符号和作用填入表 3-26。

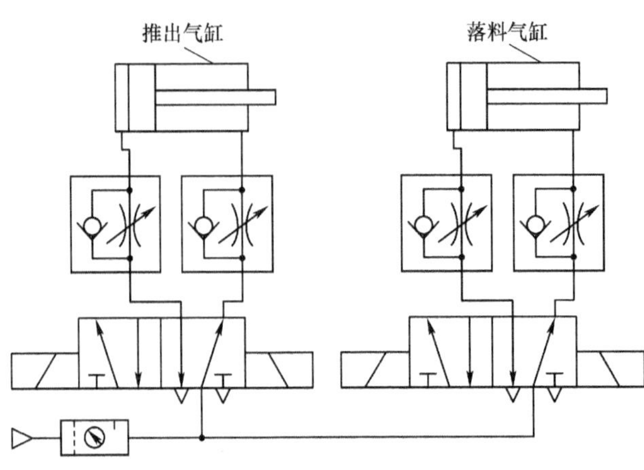

图 3-41　送料站气动系统原理图

表 3-26　送料站气动元件清单

职能符号	元件名称	作　　用

3）分析气动回路原理图。识读气动原理图，分析换向阀切换状况及气流情况，并将分析结果填入表 3-27。

表 3-27　送料站气动回路分析结果

动作顺序	换　向　阀	气流情况
推出气缸活塞杆伸出		进气：
		出气：
推出气缸活塞杆缩回		进气：
		出气：
落料气缸活塞杆缩回		进气：
		出气：
落料气缸活塞杆伸出		进气：
		出气：

相关要点

在送料站中，推料气缸和落料气缸两个双作用气缸配合使用，可实现待加工物料的准确落料，如图 3-42 所示。

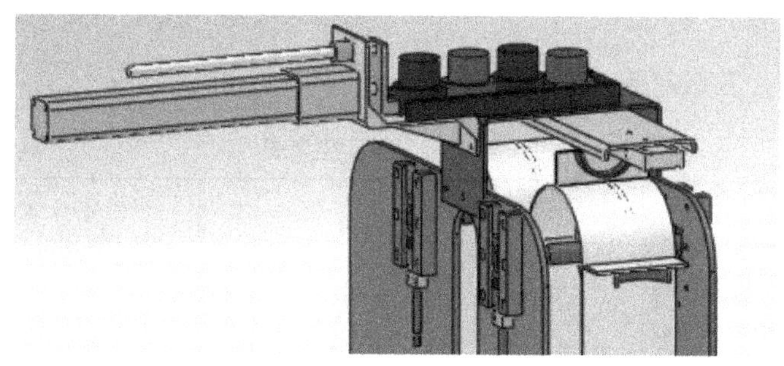

图 3-42 推料气缸和落料气缸

1. 推料气缸

推料气缸是一个典型的双作用单杆气缸，如图 3-43 所示，其气缸内腔中的活塞上固连了一根活塞杆，并伸出气缸外。当气缸内活塞的一侧通入压缩空气，而活塞的另一侧直接或间接与大气相连通时，活塞会在两侧压力差的作用下向气体压力较低的一侧移动，从而带动杆能够实现伸出和缩回的动作，实现将待加工物料从物料槽的右侧推向左侧，至落料孔的正上方。

图 3-43 双作用单杆气缸内部结构

双作用气缸是最为常见的气动执行元件，广泛应用在需要执行直线往复运动的工作场合。在 GB/T 786.1—2009 中，双作用单杆气缸有详细符号和简化符号两种表现形式，如图 3-44a 和图 3-44b 所示。

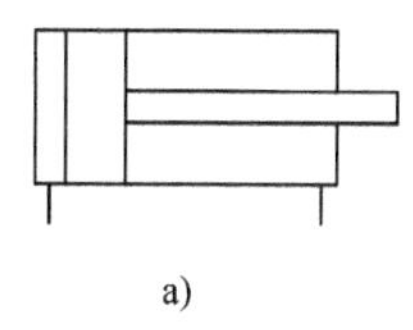

a)

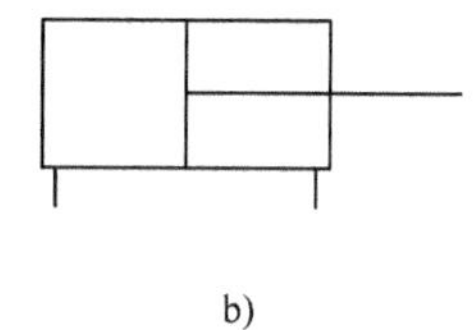

b)

图 3-44 双作用单杆气缸符号

a）详细符号 b）简化符号

2. 落料气缸

落料气缸是一种较为特殊的双作用气缸，其活塞上有两根活塞杆，且位于活塞的同侧，平行而置（图 3-45），同时伸出、一起缩回。两根活塞杆的端部安装有一个挡板，将物料槽底部的落料孔封堵，防止待加工物料在未就绪的情况下落入落料链轮中。两根活塞杆的结构能够防止挡板发生转动，使之在外力的作用下始终保持水平状态。

图 3-45 落料气缸

学习检测

进行学习检测，并填写表 3-28。

表 3-28　学习检测表

检测项目	检测要求	配分	评分参考	评分记录
观察送料站气动系统的工作情况，描述送料站气动系统主要功能和送料站中的气动元件	1. 行为规范 2. 描述正确、齐全	40 分	每错误一处扣 5 分	
气动元件分析，识读回路中的元件	描述正确、齐全	20 分	每错误一处扣 5 分	
分析气动原理，填写换向阀切换状况及气流情况表	分析正确，描述清晰	40 分	每错误一处扣 5 分	

任务二　送料站气动系统回路的搭接

技能目标

1. 能根据气动系统回路图正确搭接气动系统回路。
2. 能正确调试气动系统回路，保证气动系统的正常工作。
3. 能和机械电气系统进行有机整合，保证送料站正常工作。

任务实施

一、工作准备

填写送料站气动系统回路的搭接领料单，见表 3-29。

表 3-29　领料单

领料单					
活动名称			日期		
物料、工具	规格	数量	备注	归还时间	归还情况
姓名 组号					

二、工作步骤

1）辨识送料站气动元件。

2）判别送料站气动元件的接口。

3）连接送料站管路。

4）根据送料站机械装配图安置气动元件。

5）根据送料站气动原理图连接气动管路。

6）复查气动回路的安装。

7）通气调试。

学习检测

进行学习检测，并填写表3-30。

表3-30　学习检测表

检测项目	检测要求	配　分	评分参考	评分记录
气动元件的合理选型	选用正确、齐全	40分	每错误一处扣5分	
气动元件的安置	稳定可靠，便于操作	20分	每错误一处扣5分	
气管的连接	正确可靠	40分	每错误一处扣5分	

思考与练习

搭接送料站的气动控制回路时，有哪些注意事项？

项目四　单机系统调试

任务描述

送料站在整个循环线中实现待加工元件的自动送料功能，能根据流水线工作状况将加工所需的原料送至循环线中，由落料机构和控制部分组成，如图3-1所示。

落料机构主要包括送料气缸、落料气缸、步进电动机三大执行元件，以及光纤传感器。有的控制部分采用触摸屏与PLC控制模式面板进行简单的操作模式。触摸屏主要用于参数设置和运行状态监控。采用三菱FX2n晶体管型PLC主要实现外部输入信号的读取以及三大执行元件的动作。

本项目主要完成送料站的单机系统调试，包括完成送料站机械部分、电气部分、气动检查和单机上电调试工作。

技能目标

1. 会制订送料站单机系统调试工艺。
2. 能完成送料站机械部分检查。
3. 能完成送料站电气部分检查。
4. 能完成送料站气动部分检查。
5. 会进行送料站单机上电调试。

知识目标

1. 能归纳送料站单机系统调试工艺要求。
2. 能说出送料站机械部分检查内容、要点。
3. 能说出送料站电气部分检查内容、要点。
4. 能说出送料站气动部分检查内容、要点。
5. 能归纳送料站单机上电调试要求。

任务实施

一、工作准备

1）编写送料站单机系统调试工艺。

2）准备工具。选用内六角扳手、螺钉旋具等工具，如图 2-67 所示。

3）填写领料单。根据工艺要求合理选择工、量具，填写表 3-31。

表 3-31　领料单

领　料　单					
活动名称			日　期		
物料、工具	规　格	数　量	备　注	归还时间	归还情况
姓名 组号					

二、工作步骤

1. 检查机械部分

检查工作的稳定性，确保机械安装可靠，装配过程中无干涉；检查丝杠提升机构的润滑情况。检查升降、旋转和伸缩限位位置，尤其槽轮机构（见图 3-46）是否存在卡死现象，可以在步进电动机不通电的情况下转动大齿轮盘检查该机构运行是否正常，并在齿轮上加润滑油。

图 3-46　槽轮机构

2. 检查电气部分

复查线路连接的正确性与稳定性；调整传感器的位置和灵敏度，确认电路连接正确，尤其是步进驱动器连接要可靠，步进电动机无卡死现象。

步进电动机及其驱动器如图 3-47 和图 3-48 所示，其设置如下：将图中拨位开关 1、2、3 中的拨位开关 2 拨至左侧，选择电动机细分；4、5、6 三个拨位开关分别拨至左侧，选择 3.0A。

图 3-47　步进电动机

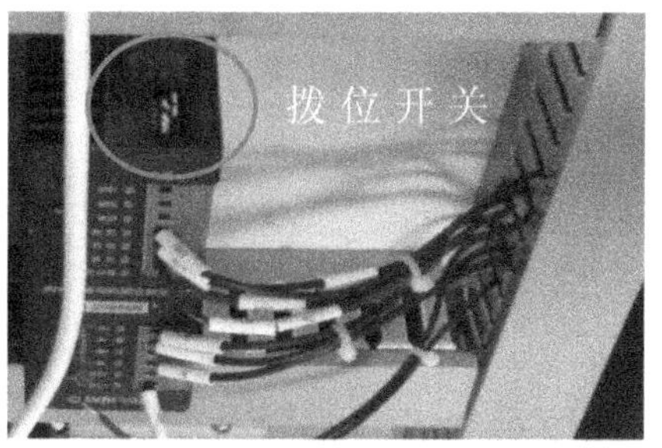

图 3-48　步进电动机驱动器

检查光纤传感器光纤是否插好，通过一字螺钉旋具可对两个调节灵敏度的旋钮进行操作，分别进行粗调和精调，调整至适当位置可使光纤头在通电状态下感应到前面工件，如图 3-49 所示为光纤传感器。

3. 检查气动部分

检查气路连接正确，保证各管接头无泄漏，节流阀速度调节稳定，气动三联件气压大小设置正确。调节三联件时首先拉起旋转盖，然后顺时针调节，使气压变大，通过表头可以看出气压值的大小，调节至 0.4MPa 左右。调节节流阀时需要拧转旋钮，拧松时气体流量增大，拧紧时则流量减小。判断时可通过手

图 3-49　光纤传感器

动电磁阀（见图 3-50）使气缸动作，从而判别气缸动作是否正常可靠。手动操作电磁阀时按下蓝色小按钮，电磁阀阀芯动作，改变气路方向，气缸动作状态改变。本设计中气缸均采用双线圈控制。

图 3-50　送料站双电控电磁阀

4. 通电调试

按操作工艺要求先手动、后自动逐步进行通电调试，直至分拣站正常运行，即完成加工站的单机调试。

1）调试前应反复检查、测试。

2）手动单步调试时，注意推料气缸与抽板气缸的先后顺序。

3）电动机、槽轮机构、传动齿轮、输送链板之间动作应协调。

4）加工工件能顺利掉落托盘。

三、注意事项

1）调试前编写调试工艺。

2）调试时，应参照说明进行参数设置。

3）送料站上的传感器反光板位置与传感器对应。

4）手动单步调试时，运行步进电动机，注意是否碰到前后限位传感器。

5）光纤传感器易坏，操作时应小心。

6）工作完成或操作完成后，应将控制箱断电，断路器拨位向下，拔出电源线。

7）每次操作前后，需注意设备的保养和清洁。

相关要点

一、操作面板介绍

1. 触摸屏面板模式（见图 3-51）

1）“带灯电源”按钮：在按下该按钮之前，先确认控制箱内断路器拨位向上，表示断路器上下接通，再按下该按钮，则控制箱接通电源，此时该按钮亮绿灯，否则检查电源线是否插到拖线板上，断路器是否正确拨位。该按钮为硬接线，PLC 无输入信号。

2）“启动”按钮：在触摸屏内手动操作，确认各单步运行无误后，进行自动操作，进入“自动模式”，拨位“运行”，选择“链接”或不“链接”，最后按下该按钮，则工位四进入自动运行，此时双节灯亮绿灯，输入 PLC 信号：X3（启动）。

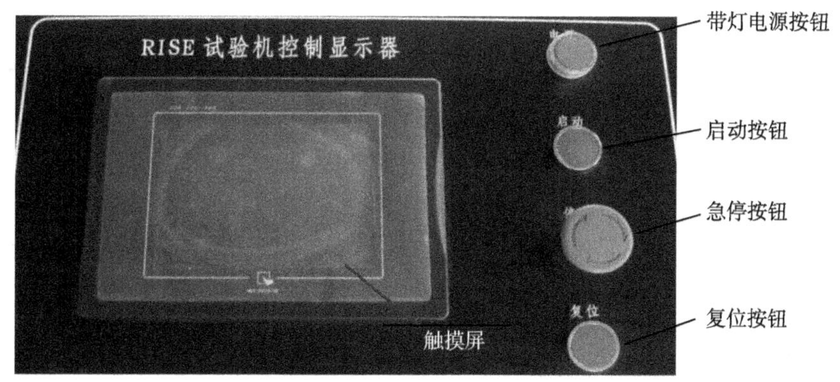

图 3-51　触摸屏面板

3）“急停”按钮：当出现紧急情况或误动作时，按下该按钮，则将外部输出全部断开，此时双节灯亮红灯。当问题解决或确认外部输出安全后，依按钮上箭头方向旋转可解除急停，此时红灯灭。在向 PLC 写入程序之前按下该“急停按钮”，可防止由于程序的编写错误而导致外部输出误动作。该按钮通过一个继电器控制所有其他继电器线圈的 24V 输入。该按钮为硬接线，PLC 无输入信号。

4）“复位”按钮：当工位四误动作或出现紧急情况或参数重新输入后，按下该按钮，则工位四恢复初始状态，即步进电动机停止，交流电动机停止，上下气缸缩回，抓手气缸松开，分选气缸缩回，PLC 程序内部使用的中间继电器全部复位，输入 PLC 信号：X6（复位）。

5）“触摸屏”：当“带灯电源按钮”按下后，触摸屏点亮，则可依照操作步骤进行下一步操作；若触摸屏不亮，应检查触摸屏背部接线端子是否松脱。

2. 按钮面板模式（见图 3-52）

1）“通电”：在按下该按钮之前，先确认控制箱内断路器拨位向上，表示断路器上下接通，再按下该按钮，则控制箱接通电源，此时“电源指示”灯亮，否则检查电源线是否插到拖线板上，断路器是否正确拨位。该按钮为硬接线，PLC 无输入信号。

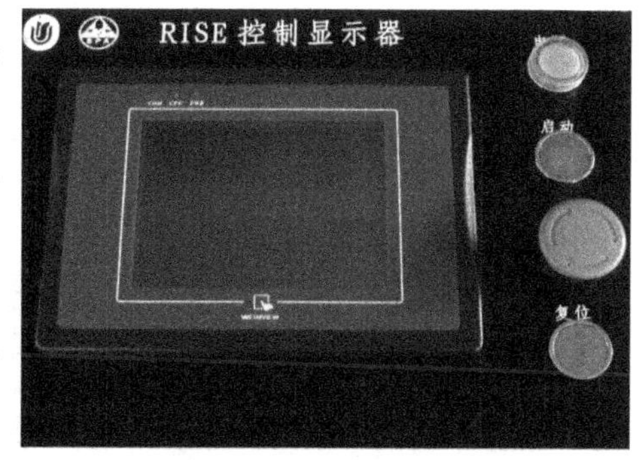

图 3-52　操作面板按钮分布图

2）“断电”：按下该按钮，则控制箱断电，“电源指示”灯灭。该按钮为硬接线，PLC 无输入信号。

3）“工作状态”为两位开关，分“手动”和“自动”：拨位到“手动”，则可进行单步运行，检验各执行元件运行是否准确到位；拨位到“自动”，在手动验证无误后设备将进行自动运行。常态下应拨位到“手动”，以防发生意外。输入 PLC 信号：X1（自动）。

二、设置相关参数

接通电源后，触摸屏（见图 3-53）开始运行，电源指示灯常亮。同时，PLC（见图 3-54）运行指示灯常亮（RUN），步进电动机驱动器工作指示灯也常亮。触摸屏运行后首先进入主界面，如图 3-55 所示，主要显示当前时间。

图 3-53　威伦通触摸屏（型号：MT506MV，正反面）

在图 3-55 中单击下一步后进入如图 3-56 所示主菜单界面，包括四个方面的内容，分别是：参数设置、模式选择、状态显示和使用说明。

图 3-54　FX2n-32MT PLC

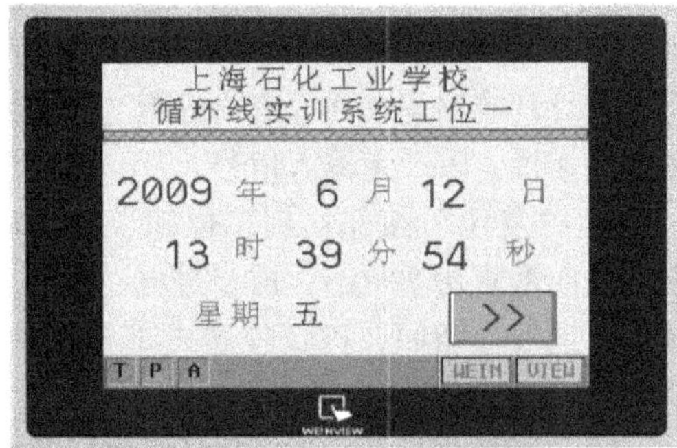

图 3-55　触摸屏主界面

参数设置用于设置步进电动机运行频率和加减速时间；模式选择分为自动和手动两种方式；状态显示自动运行状态下电动机当前运行速度和气缸动作情况；使用说明主要涉及使用时的注意事项。

手动模式如图 3-57 所示，在手动模式下有四个按钮，主要用于调试步进电动机和两个气缸。

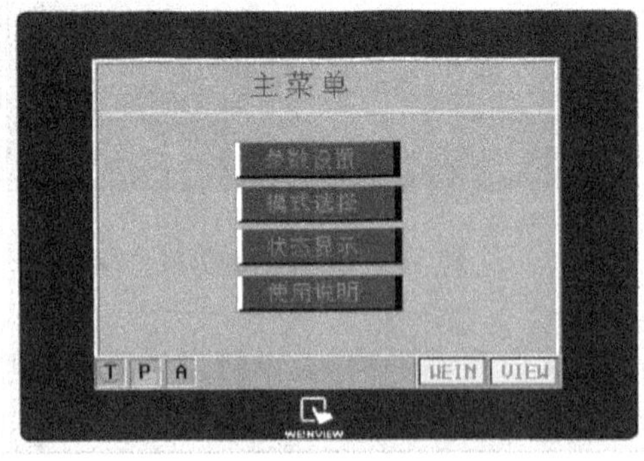

图 3-56　触摸屏主菜单界面

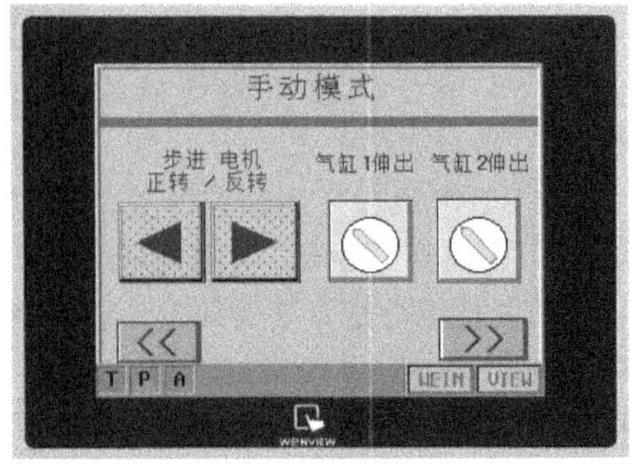

图 3-57　手动模式界面

自动模式将在系统联机调试时详细介绍。

学习检测

进行学习检测，并填写表3-32。

表3-32　学习检测表

检测项目	检测要求	配分	评分细则	评分记录
编制调试工艺	1. 工序（步）完整	40分	每次错误扣10分	
	2. 工序正确		每次错误扣5分	
	3. 技术要求明确		每次错误扣5分	
工、量具的选择	1. 按要求选择合适的工、量具	10分	每次错误扣10分	
	2. 写清名称、型号		每次错误扣5分	
	3. 写清符号		每次错误扣5分	
调试操作	1. 错误校验正确	30分	每次错误扣5分	
	2. 调试操作校验后合格		错误扣20分	
	3. 调试校验操作正确		错误扣30分	
工作态度	1. 工作态度积极	20分	每次错误扣5分	
	2. 团队协作		每次错误扣5分	
	3. 对有意影响整体工作的，应立即制止，并中止考核		错误扣20分	
安全文明生产	凡在操作过程中发现重大安全事故隐患时，立即制止，并中止考核		错误扣20分	

拓展巩固

一、步进驱动系统

步进驱动系统由步进电动机驱动器和步进电动机组成。步进电动机不能直接接到工频交流或直流电源上工作，而必须使用专用的步进电动机驱动器。它由脉冲发生控制单元、功率驱动单元和保护单元等组成。功率驱动单元与步进电动机直接耦合，也可理解成步进电动机微型计算机控制器的功率接口。

步进电动机驱动器是一种将电脉冲转化为角位移的执行机构。当步进驱动器接收到一个脉冲信号时，它就驱动步进电动机按设定的方向转动一个固定的角度（称为步距角），在非超载的情况下，电动机的转速、停止的位置只取决于脉冲信号的频率和脉冲数，而不受负载变化的影响。步进电动机的旋转是以固定的角度一步一步运行的，可以通过控制脉冲个数来控制角位移量，从而达到准确定位的目的；同时可以通过控制脉冲频率来控制电动机转动的速度和加速度，从而达到调速的目的。

步进电动机和步进电动机驱动器构成步进电动机驱动系统，其性能不但取决于步进电动机自身的性能，也取决于步进电动机驱动器的优劣。

步进电动机作为执行元件，是机电一体化的关键产品之一，广泛应用在各种自动化控制系统中。随着微电子和计算机技术的发展，步进电动机的需求量与日俱增，在国民经济领各个域都有应用。

其优点如下：

1）电动机旋转的角度正比于脉冲数。

2）电动机停转的时候具有最大的转矩（当绕组励磁时）。

3）由于每步的精度为3%～5%，而且不会将上一步的误差积累到下一步，因而有较好的位置精度和运动的重复性。

4）优秀的起停和反转响应。

5）由于没有电刷，可靠性较高，因此电动机的寿命仅仅取决于轴承的寿命。

6）电动机的响应仅由数字输入脉冲确定，因而可以采用开环控制，这使得电动机的结构可以比较简单而且可控制成本。

7）仅仅将负载直接连接到电动机的转轴上也可以极低速同步旋转。

8）由于速度正比于脉冲频率，因而有比较宽的转速范围。

其缺陷如下：

1）如果控制不当，容易产生共振。

2）难以运转到较高的转速。

3）难以获得较大的转矩。

4）在体积和质量方面没有优势，能源利用率低。

5）超过负载时会破坏同步，高速工作时会发出振动和噪声。

二、步进电动机参数的设置

常态下步进电动机按照默认值进行动作，当需要改变步进电动机参数设置时，可按如下步骤操作。

1）按下主界面窗口右下方的快选按钮“VIEW”，弹出如图3-58所示的快选窗口，再次按下快选按钮，则快选窗口隐藏。按下“参数设置”按钮，进入步进电动机参数设置界面。

2）步进电动机参数设置如图3-59所示：频率设置范围为1000～4200Hz；脉冲总数设置范围为60000～70000Plus；加/减速时间设置范围为100～500ms。

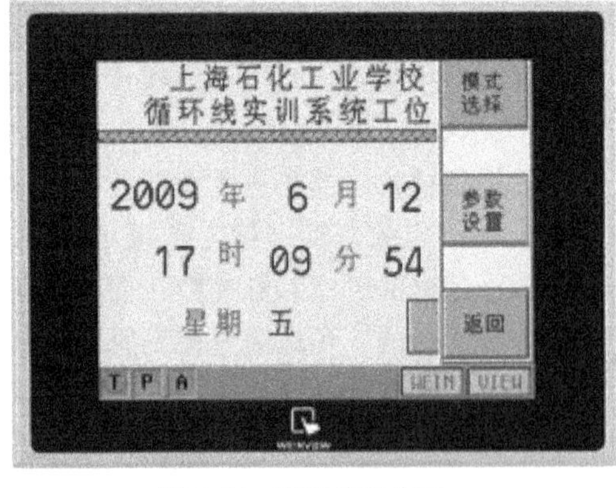

图3-58　弹出快选窗口

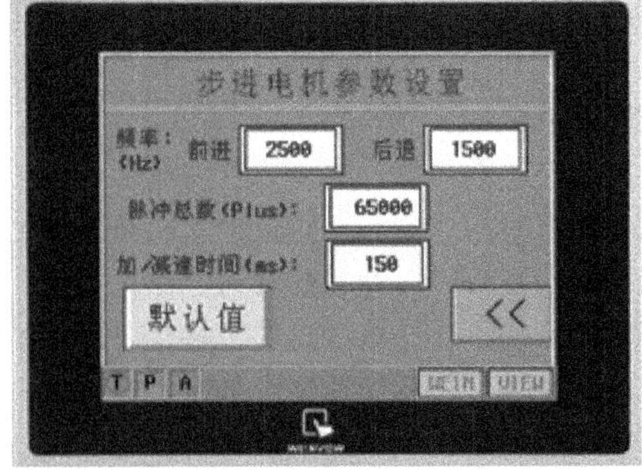

图3-59　步进电动机参数设置

3）按下“默认值”按钮，则以默认值进行参数设置，步进电动机也以默认值运行。设置完成后返回到模式选择界面，进入下一步操作。

思考与练习

1. 调试送料站主要有哪些步骤？
2. 调试送料站时的注意事项有哪些？
3. 编制送料站上电调试工艺。

课题四　加工站的安装与调试

4

项目一　机械系统的安装与调试

任务描述

加工站主要包括两大部分，其中一部分是机械手，其主要执行元件有旋转气缸、前伸气缸、抓手气缸和Z向伺服电动机。加工站的主要功能是当循环线到达第二工位检测工件时，机械手进行取料，并将其送到数控机床液压夹具上。液压夹具到位后，液压夹具夹紧，数控门关闭，数控机床开始加工，加工好后，液压夹具松开，机械手将取料放回托板。

本项目主要完成加工站机械手的部件安装与调整，主要调节各限位传感器的位置，为后续的电气控制调试打好基础。

技能目标

1. 会安装机械手的三大部件。
2. 能调整各限位传感器的位置。

知识目标

1. 能准确描述机械手的组成结构。
2. 能归纳和总结限位传感器的使用和调节方法。

任务实施

一、工作准备

领取机械手安装部件及安装工具，填写表4-1。

表 4-1　领料单

领　料　单					
活动名称			日　　期		
物料、工具	规　　格	数　　量	备　　注	归还时间	归还情况

姓名

组号

二、工作步骤

1）编写机械手三大部件安装步骤。

2）根据安装步骤安装机械手三大部件。机械手大致分为三个部件来进行装配：机械手底座、机械手竖臂和机械手横臂，如图 4-1 所示，按①～③的顺序安装。

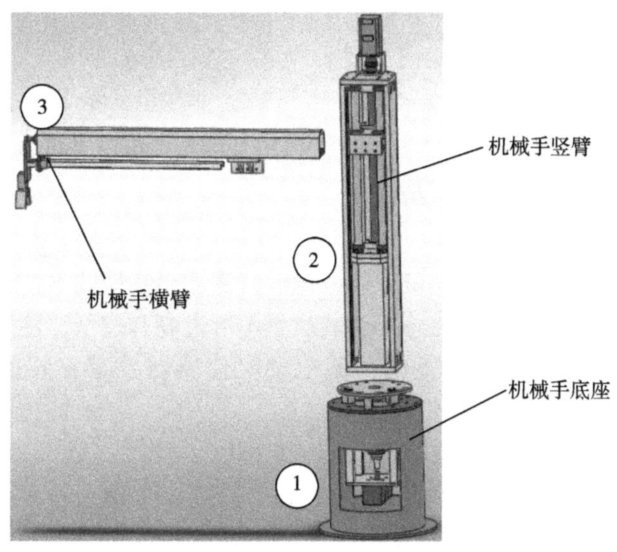

图 4-1　机械手的组装

3）选择、安装并调试限位传感器。

4）进行机械调试。

三、注意事项

1）确保机械安装可靠，装配过程中无干涉，电动机无卡死，气缸伸出、缩回自如；电路连接正确，尤其是编码器连接可靠。

2）气路连接正确，保证各管接头无泄漏，气动三联件气压大小设置正确。调节三联件时首先拉起旋转盖，然后顺时针调节，使气压变大，通过表头可以看出气压值的大小，调节至 0.5MPa 左右。

相关要点

一、机械手上用作限位的传感器

机械手上用作限位的传感器如图 4-2 和图 4-3 所示。

图 4-2　横臂上的传感器

图 4-3　竖臂上的传感器

二、机械手上限位传感器的调整与调试

1. 传感器位置的调整

安装调整传感器时应确保信号均可识别，调试时需在手动模式下进行检查。特别需要注意的是，伺服电动机的上、下限位传感器安装位置不可过高和过低，注意其警告线。原点回归传感器的位置原则上不可改变。Z 向伺服电动机传感器及其安装支架、导杆如图 4-4 所示。

图 4-4　Z 向伺服电动机传感器及其安装支架、导杆

2. 缓冲导杆的调整

旋转气缸在转动过程中有缓冲导杆使其减速停止，其缓冲程度可通过图 4-5 所示的弹性螺杆进行调节，调节时必须保证其具有一定的缓冲性能。

图 4-5　弹性螺杆

学习检测

进行学习检测，并填写表 4-2。

表 4-2　学习检测表

检测项目	检测要求	配分	评分细则	评分记录
传感器的选择	1. 按图样正确选择传感器	20 分	每次错误扣 10 分	
	2. 写清名称、型号		每次错误扣 5 分	
	3. 写清符号		每次错误扣 5 分	
机械手三大部件的安装	1. 安装方法与步骤正确	20 分	错误扣 10 分	
	2. 工具使用正确		错误扣 10 分	
传感器的装配	1. 不损坏零部件或塑料外壳	20 分	错误扣 5 分	
	2. 装配步骤、方法正确		错误扣 5 分	
	3. 能正确使用测量仪器		错误扣 5 分	
	4. 装配过程中未发现丢失固定螺钉等细小配件		错误扣 5 分	
传感器的校验	1. 能按说明书进行校验	20 分	错误扣 10 分	
	2. 校验后合格		错误扣 10 分	
安全文明生产	凡在操作过程中发现重大安全事故隐患时，立即制止，并中止考核	20 分	错误扣 20 分	

拓展巩固

一、组件与部件

组件与部件是工厂最常用，也是最容易混淆的概念。一般来说：组件（package）是相关零件的集合，指不可拆分的、拆分以后就失去原有功能的零件；而部件（parts）则指由两个或两个以上零件由标准件连接组成的，是可以拆分的。

二、机械的组成

一台机械产品往往由上百至上万个零件所组成，为了便于组织装配工作，必须将产品分解为若干个可以独立进行装配的装配单元，以便按照单元次序进行装配，有利于缩短装配周期。装配单元通常可划分为五个等级：合件、组件、部件、总装和机械产品。

1. 零件

零件是组成机械和参加装配的最基本单元。大部分零件都是预先装成合件、组件和部件再进入总装的。

2. 合件

合件是比零件大一级的装配单元。下列情况皆属合件。

1）两个以上零件由不可拆卸的连接方法（如铆、焊、热压装配等）连接在一起。

2）少数零件组合后还需要合并加工，如齿轮减速器箱体与箱盖、柴油机连杆与连杆盖，都是组合后镗孔的，零件之间应对号入座，不能互换。

3）由一个基准零件和少数零件组合而成。

3. 组件

组件是一个或几个合件与若干个零件的组合。

4. 部件

部件由一个基准件和若干个组件、合件和零件组成，如主轴箱和进给箱等。

5. 机械产品

机械产品是由上述全部装配单元组成的整体。

思考与练习

1. 简述安装机械手部件的注意事项。
2. 简述限位传感器的安装调试方法和注意事项。

项目二　电气系统的安装与控制

任务描述

本项目主要完成加工站电气系统的安装与调试，主要包括机械手夹料气缸、旋转气缸、伺服电动机、数控机床门气缸和加工液压控制以及传感器控制。从控制模式上讲，主要是采用触摸屏＋PLC控制，当然也有部分通过面板代替触摸屏进行简单的操作。触摸屏主要用于参数设置和运行状态监控。

任务一　加工站电气图的识读

技能目标

1. 能够编写加工站电气装配工作计划。
2. 会根据加工站电气装配图准备电器元件、材料。
3. 会根据加工站电气装配图、电气装配工作计划准备工、量具。

知识目标

1. 会识读加工站电气装配图。
2. 会识读加工站电气接线图。
3. 会识读加工站电气连接图。

任务实施

一、工作准备

各小组领取加工站电气原理图、加工站电气装配图和加工站电气接线图图样三份。

二、工作步骤

1. 阅读加工站电气控制原理图

1）辨识加工站电气执行元件，并完成表4-3。

表4-3　加工站电气执行元件清单

元件名称	作　用	数　量	符　号	其　他

2）辨识加工站电气控制元件，并完成表4-4。

表4-4　加工站电气控制元件清单

元件名称	作　用	数　量	符　号	其　他

3）加工站电气控制原理图分析。

2. 阅读加工站电气装配图

1）依据电气装配图准备电器元件、材料，并完成表4-5。

表 4-5 加工站电气装配材料清单

材料名称	规格	数量	符号	其他

2）依据电气装配图准备工、量具，并完成表 4-6。

表 4-6 加工站电气装配工、量具清单

工、量具名称	规格	数量	符号	其他

3. 阅读加工站电气连接图

1）理解电气系统接线图。

2）结合电气装配图规划接线方案。

4. 编写电气装配工作计划

略。

学习检测

进行学习检测，并填写表 4-7。

表 4-7 学习检测表

检测项目	检测要求	配分	评分细则	评分记录
加工站电气执行元件	1. 按要求选择合适的元件	25 分	每次错误扣 10 分	
	2. 写清名称、型号		每次错误扣 5 分	
	3. 写清符号		每次错误扣 5 分	
加工站电气控制元件	1. 按要求选择合适的元件	25 分	每次错误扣 10 分	
	2. 写清名称、型号		每次错误扣 5 分	
	3. 写清符号		每次错误扣 5 分	
加工站电气装配材料	1. 按要求选择合适的材料	25 分	每次错误扣 10 分	
	2. 写清名称、型号		每次错误扣 5 分	
	3. 写清符号		每次错误扣 5 分	
加工站电气装配工、量具	1. 元件材料选择正确	25 分	每次错误扣 10 分	
	2. 写清名称、型号		每次错误扣 5 分	
	3. 写清符号		每次错误扣 5 分	

任务二　伺服电动机的认识与应用

技能目标

1. 会伺服电动机及其驱动器的控制接线。
2. 会根据操作手册设定伺服电动机及其驱动器参数。

知识目标

1. 能说出伺服电动机铭牌的意义。
2. 能描述伺服电动机及其驱动器的基本工作原理和作用。
3. 能分析伺服电动机及其驱动器的接线图。

任务实施

一、工作准备

领取伺服电动机安装工具，填写表4-8。

表4-8　领料单

领　料　单					
活动名称			日　　期		
物料、工具	规　　格	数　　量	备　　注	归还时间	归还情况

姓名

组号

二、工作步骤

1）根据安装图样将伺服电动机固定在正确位置，如图4-6所示。

2）将驱动器固定在加工站控制箱内，如图4-7所示。

3）根据图样完成伺服电动机和驱动器之间的接线。

4）设定伺服电动机驱动器的各项参数。

5）检查和校验。

图 4-6　加工站的伺服电动机

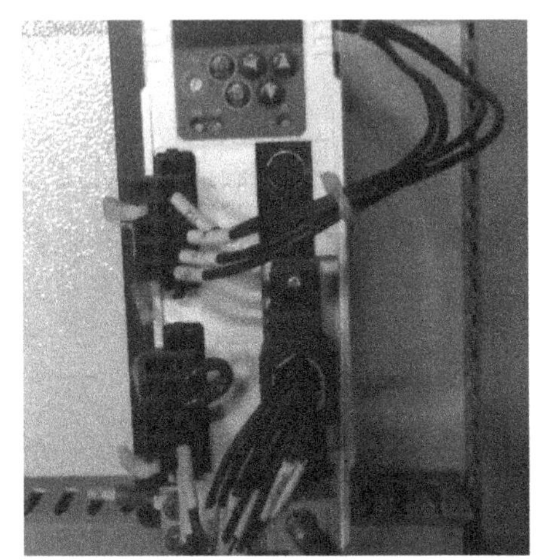
图 4-7　加工站伺服电动机驱动器

三、注意事项

1. 松下伺服电动机油和水的保护

1）松下伺服电动机（IP65）可以用在会受水或油滴侵袭的场所，但是它不是全防水或防油的。因此，伺服电动机不应当放置或使用在水中或油浸的环境中。

2）如果伺服电动机连接到一个减速齿轮，使用伺服电动机时应当加油封，以防止减速齿轮油进入伺服电动机。

3）伺服电动机的电缆不要浸没在油或水中。

2. 减轻松下伺服电动机电缆应力的措施

1）确保电缆不因外部弯曲力或自身重力而受到力矩或垂直负荷，尤其是在电缆出口处或连接处。

2）在伺服电动机移动的情况下，应把电缆（随电动机配置的那根电缆）牢固地固定到一个静止的部分（相对电动机），并且应当用一个装在电缆支座里的附加电缆来延长它，这样弯曲应力可以减到最小。

3）使电缆的弯头半径尽可能大。

3. 松下伺服电动机允许的轴端负载

1）确保在安装和运转时加到伺服电动机轴上的径向和轴向负载控制在每种型号的规定值以内。

2）在安装刚性联轴器时要格外小心，特别是过度的弯曲负载可能导致轴端和轴承的损坏或磨损。

3）最好用柔性联轴器，以便使径向负载低于允许值，此联轴器是专为高机械强度的伺服电动机设计的。

4）关于允许轴负载，请参阅“允许的轴负荷表”（使用说明书）。

4. 松下伺服电动机安装注意事项

1）在安装/拆卸耦合部件到伺服电动机轴端时，不要用锤子直接敲打轴端，否则伺服电动机轴另一端的编码器要被敲坏。

2）竭力使轴端对齐到最佳状态，对不好可能导致振动或轴承损坏。

相关要点

一、加工站上的伺服电动机和驱动器

加工站上的伺服电动机和驱动器如图 4-8 所示。

图 4-8　加工站上的伺服电动机和驱动器

二、伺服电动机和驱动器的工作原理

伺服电动机的工作原理就是把所收到的电信号转换成电动机轴上的角位移或角速度输出。伺服电动机分为直流伺服电动机和交流伺服电动机两大类，其主要特点是，当信号电压为零时无自转现象，转速随着转矩的增加而匀速下降。其控制原理图如图 4-9 所示。伺服电动机驱动器的功能、作用是对伺服电动机发出指令并接受伺服电动机发出的反馈信号，对伺服电动机进行控制。

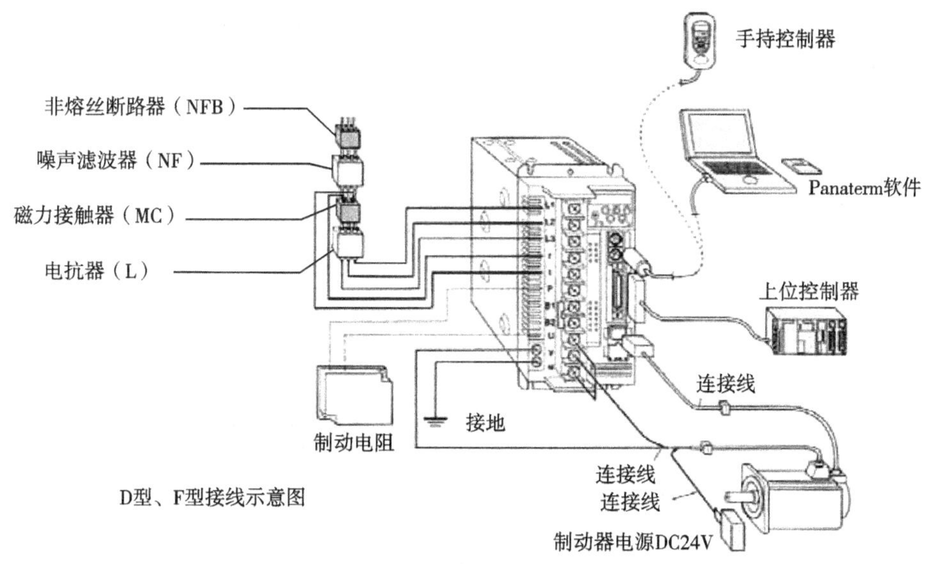

图 4-9　伺服电动机控制原理图

三、伺服电动机与步进电动机的主要区别

首先二者都是特种电动机，都能精确控制速度。但是二者控制速度的原理不同：伺服电动机是闭环控制（通过编码器反馈等完成），即会实时测定电动机的速度；步进电动机是开环控制，输入一个脉冲，步进电动机就会转过一个固定的角度，但是不对速度进行测定。

另外，伺服电动机的起动转矩很大，即起动快，在很短的时间内就可以达到额定速度，适宜频繁起停而且有起动转矩要求的情况，同时伺服电动机的功率可以做到很大，在生产中用得很广泛。步进电动机的起动比较慢，要经过频率从低到高的过程。步进电动机一般不具备过载能力，而伺服电动机的过载能力较强。

四、伺服电动机、驱动器和 PLC 的接线以及参数设置

1）伺服电动机有三种工作模式：位置控制模式、转矩控制模式和速度控制模式，本设备选用位置控制模式。

2）位置控制模式下伺服电动机与驱动器的接线如图 4-10 所示。

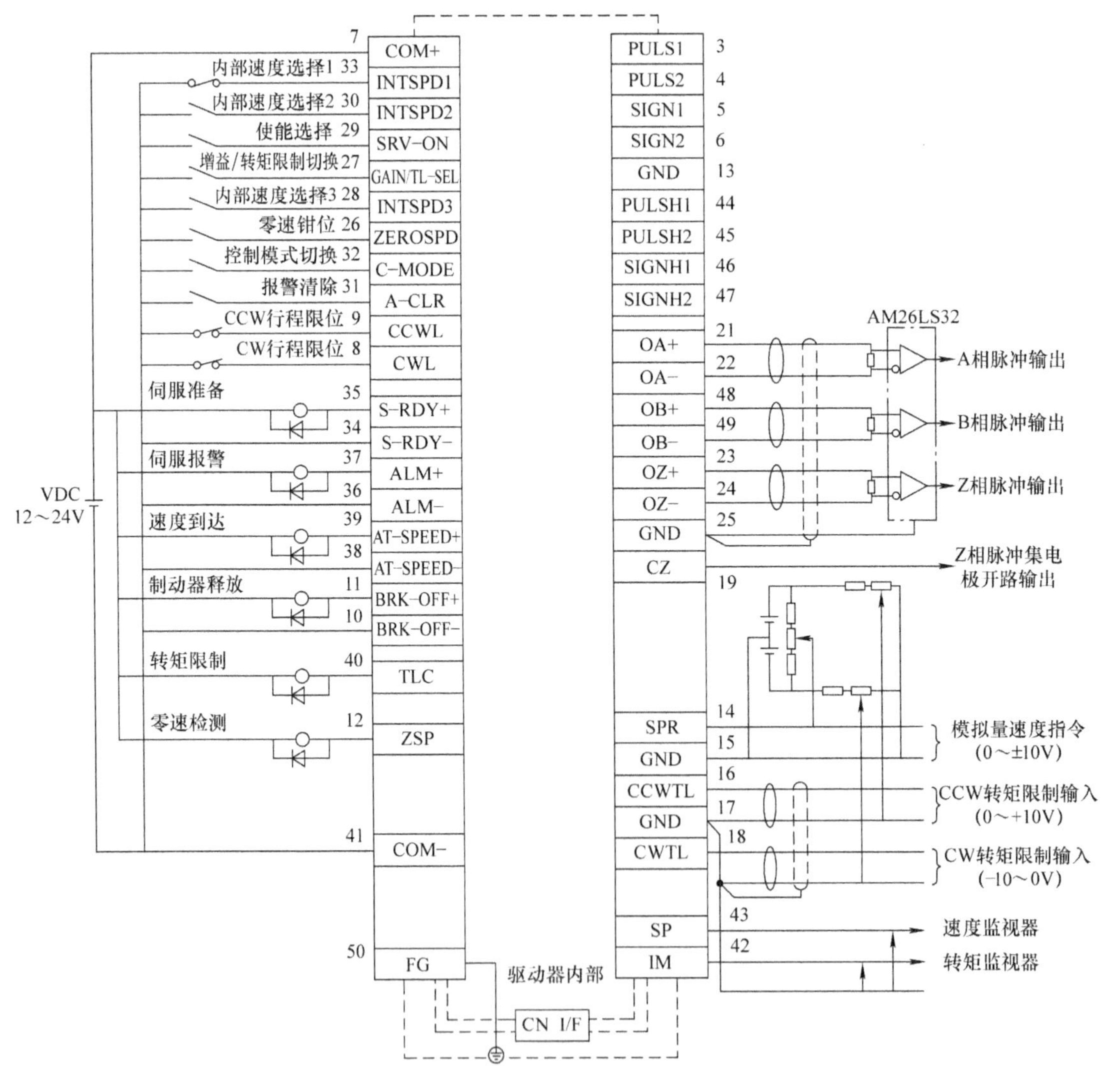

图 4-10　位置控制模式下伺服电动机与驱动器的接线

3）参数设置。

① 伺服放大器显示面板如图 4-11 所示。

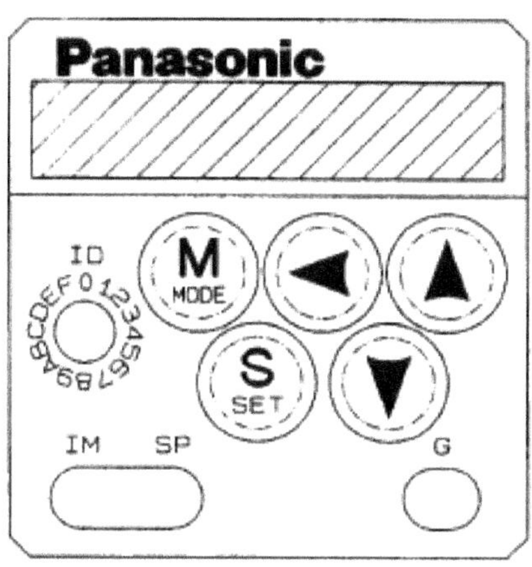

图 4-11　伺服放大器显示面板

② 按钮功能说明见表 4-9。

表 4-9　按钮功能说明

按　钮	激活条件	功　能
MODE	在模式显示时有效	在以下 5 种模式之间切换 1）监视器模式 2）参数设置模式 3）EEPROM 写入模式 4）自动调整模式 5）辅助功能模式
SET	一直有效	用来在模式显示和执行显示之间切换
▲　▼	仅对有闪烁小数点的那一位数据有效	改变各模式里的显示内容、更改参数、选择参数或执行选中的操作
◀		把可移动的小数点移动到更高位数

本机主要参数设置如下：

Pr01 = 1

Pr02 = 0

Pr05 = 1

Pr20 = 400

Pr21 = 0

Pr42 = 3

Pr4B = 1000

详细参数设置请参阅《松下伺服 A4 系列手册第四版》。

学习检测

进行学习检测，并填写表 4-10。

表 4-10　学习检测表

检测项目	检测要求	配分	评分细则	评分记录
伺服电动机和驱动器的识读	1. 按图样找出步进电动机和驱动器	20 分	每次错误扣 10 分	
	2. 写清名称、型号		每次错误扣 5 分	
	3. 写清符号		每次错误扣 5 分	
伺服电动机和驱动器的装配	1. 不损坏零部件或塑料外壳	40 分	错误扣 10 分	
	2. 装配步骤、方法正确		错误扣 10 分	
	3. 能正确使用测量仪器		错误扣 10 分	
	4. 装配过程中未发现丢失固定螺钉等细小配件		每次错误扣 5 分	
伺服电动机和驱动器的接线、参数设置	1. 能按说明书进行接线	20 分	错误扣 10 分	
	2. 能按说明书进行参数设置		错误扣 5 分	
	3. 经教师指导后，会操作		错误扣 5 分	
安全文明生产	凡在操作过程中发现重大安全事故隐患时，立即制止，并中止考核	20 分	错误扣 20 分	

任务三　加工站控制电路的安装与调试

技能目标

能够完成加工站各元器件的控制接线。

知识目标

1. 能说出接线的步骤与要求。
2. 能归纳布线的方法与技巧。

任务实施

一、工作准备

1）加工站安装所需图样。

2）按规范书及有关资料领取所有电器元器件，其规格型号应符合图样要求。

3）按规范书与相关图样准备好各种联接螺栓、螺母垫圈、弹簧垫圈，并检查防腐蚀层，符合技术要求后才能进行安装。

4）绝缘支撑件及其他辅助材料（如母线夹、绝缘子和接地线等）。

5）领取设备和工具，填写领料单，见表4-11。

表4-11 领料单

领 料 单					
活动名称			日 期		
物料、工具	规 格	数 量	备 注	归还时间	归还情况
姓名 组号					

二、工作步骤

1. 安装前检查

进行安装前检查，并填写表4-12。

表4-12 安装前检查记录

准备项目	准备情况（是否完好，齐全）	备注（如有缺损）
图样		
工、量具		
元器件		
零部件		
场地		
其他		

2. 加工站触摸屏控制面板的安装

如图4-12所示，根据面板依次安装按钮、开关和触摸屏。

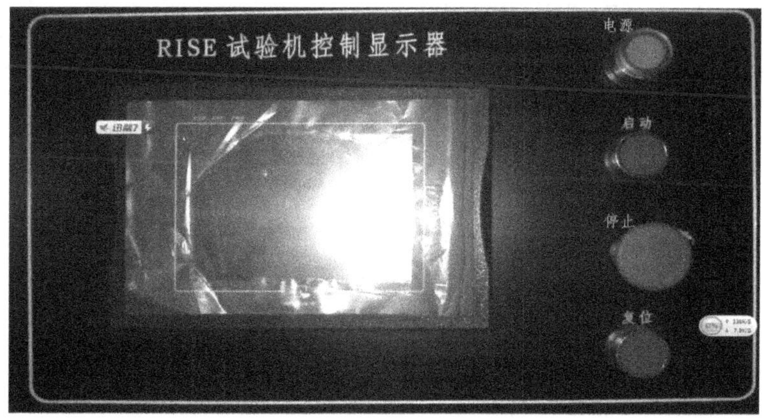

图4-12 加工站触摸屏控制面板

1）元器件安装必须完全符合图样的要求，如需代用时必须办理代用手续才能进行安装。

2）安装元器件前，必须认真进行检查，核对元器件的型号、规格，且须使用有生产许可证及试验报告的合格产品。如不符合要求立即更换，以免造成返工，并将所有合格证与使用说明书统一整理，及时递交质检部门。

3）元器件的安装必须横平竖直，垂直度和倾斜度应符合要求，柜内所有元器件的布置应整齐美观，符合设计图样要求。安装元件的支架（安装板、梁和安装框架等）应保证元件接触面的平整，不使元件紧固后发生变形，造成损坏或影响其性能。

4）安装塑料、瓷质元件时应加橡皮垫或纸垫。

3. 控制柜箱体内元器件的安装

1）安装电源，如图 4-13 所示。

图 4-13　加工站的电源

2）安装伺服电动机及其驱动器，如图 4-14 所示。

图 4-14　加工站的伺服电动机及其驱动器

3）安装可编程序控制器。

4）安装开关、继电器和接线端子排。

4. 线路安装、布线、接线

加工站控制柜内的走线图如图 4-15 所示。

5. 安装后检查

根据安装情况填写表 4-13。

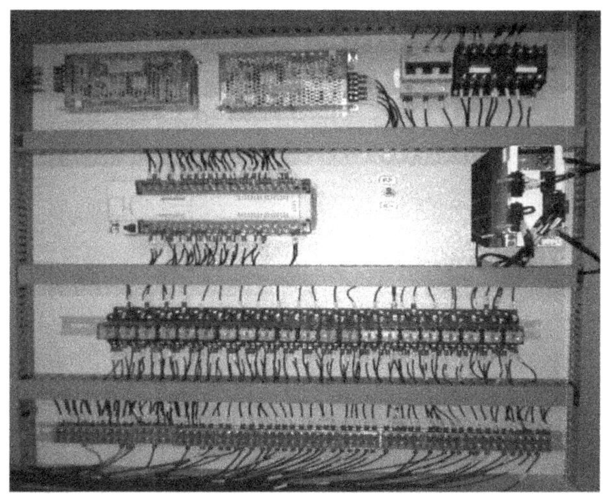

图 4-15　加工站控制柜内的走线图

表 4-13　安装后检查记录

安 装 项 目	元　器　件	零　部　件
是否完好		
安装是否正确		
操作是否灵活		
其他备注（如有缺损）		

学习检测

进行学习检测，并填写表 4-14。

表 4-14　学习检测表

检 测 项 目	检 测 要 求	配分	评 分 细 则	评 分 记 录
工、量具的选择	1. 按要求选择合适的工、量具	20 分	每次错误扣 10 分	
	2. 写清名称、型号		每次错误扣 5 分	
	3. 写清符号		每次错误扣 5 分	
加工站控制柜元器件的装配	1. 不损坏其他零部件或塑料外壳	20 分	错误扣 10 分	
	2. 装配步骤、方法正确		错误扣 10 分	
	3. 能正确使用测量仪器		错误扣 10 分	
	4. 装配过程中未发现丢失螺钉等细小配件		每次错误扣 5 分	
加工站线路接线	1. 走线正确	20 分	错误扣 10 分	
	2. 线号正确		错误扣 10 分	
	3. 线路连接正确		错误扣 10 分	
校验	1. 校验方法正确	20 分	错误扣 10 分	
	2. 校验后合格		错误扣 10 分	
安全文明生产	凡在操作过程中发现重大安全事故隐患时，立即制止，并中止考核	20 分	错误扣 20 分	

任务四　加工站PLC控制程序的编制

技能目标

1. 能够编写加工站的相关程序。
2. 能够对加工站程序进行调试。

知识目标

1. 能归纳步进指令的使用方法。
2. 能总结顺序功能图的编写方法。

任务实施

一、工作准备

加工站的控制主要是编写机械手的控制程序，因此首先需要清楚机械手的动作顺序，再通过编写顺序功能图，实现对加工站的控制。

二、工作步骤

1）观察加工站的工作。

2）分析加工站的工作过程，并做记录。

3）识别加工站输入输出信号，并填写I/O分配表，见表4-15。

表4-15　加工站I/O分配表

输入软元件名	注　　释	输出软元件名	注　　释
X000	来自Z向伺服电动机的ALM+信号	Y000	脉冲输入
X001	手动/自动	Y001	
X002	X向手动前移	Y002	
	X向手动后退	Y003	
	Z向手动上升	Y004	
	手动Z向下降	Y005	
	手动电动机右转	Y006	
	手动电动机左转	Y007	
	通信		气缸2伸出（防护气缸）
	手动气缸伸出	Y011	
X012	手动气缸抓紧	Y012	
X013	手动门/液压夹具开	Y013	
X014	手动伺服送电	Y014	
X015	自动启动/停止	Y015	
X016	数控机床联机/独立信号		
X017	数控机床加工完成信号	Y017	

（续）

输入软元件名	注　释	输出软元件名	注　释
X020		Y020	
X021	循环线信号	Y021	
X022	旋转右位限位	Y022	
X023	旋转左位限位	Y023	
X024	X 向后退极限	Y024	
X025	X 向前伸极限	Y025	
X026	上升限位	Y026	
X027	下降限位	Y027	
X030			
X031			
X032			
X033			
X034	循环线工位二托板到		
X035	循环线工位二托板上有工件		
X036			
X037			
X040			
X041			
X042			
X043	手动液压松开		

4）根据分解动作，绘制状态转移图。

5）上机操作，编写梯形图程序。

6）输入程序，并进行调试。

三、注意事项

1）设备使用结束后将断路器断开，确保离开时安全可靠。断路器如图 4-16 所示。在通电时将其向上推，断电时向下拉即可。

图 4-16　断路器（白色）

2）本实验中设有一定的故障点，在完成手动调试时需将拨位开关均推上，如图 4-17 所示。

图 4-17　控制箱故障点拨位开关设置

相关要点

加工站的动作过程“分步”

加工站的动作过程分步，如图 4-18，其流程如图 4-19 所示。

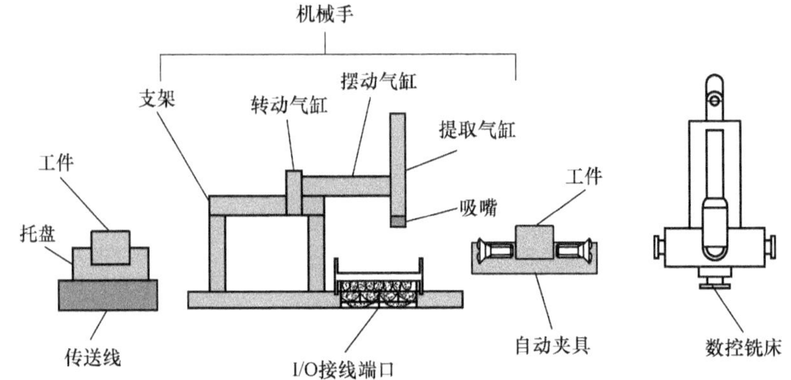

图 4-18　加工站的动作过程分步

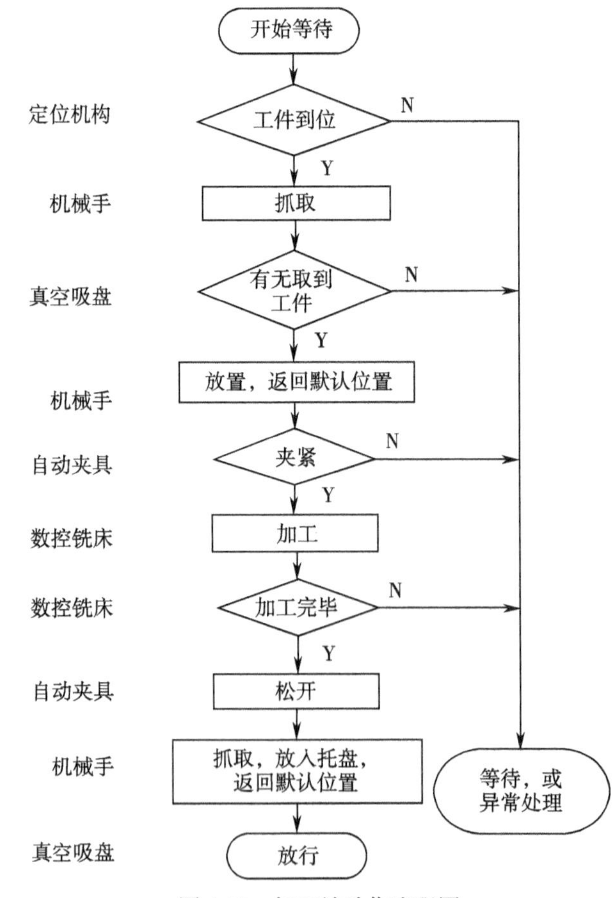

图 4-19　加工站动作流程图

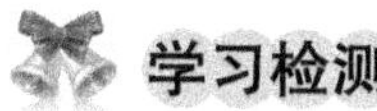

学习检测

进行学习检测，并填写表4-16。

表4-16　学习检测表

检测项目	检测要求	配分	评分细则	评分记录
梯形图与指令程序设计的逻辑控制功能	1. 逻辑控制功能完好	20分	错误扣15分	
	2. 功能不全或逻辑控制功能尚存较明显缺陷的		错误扣10分	
	3. 逻辑功能的要求基本实现，但尚存小缺陷的		错误扣5分	
梯形图（流程图）指令语句设计工艺	1. 指令程序虽能实现逻辑功能要求，但其设计方案不是最佳，思路不简易，指令语句冗杂	40分	错误扣15分	
	2. 影响功能的图形语句、指令		错误扣5分	
	3. 指令语句冗杂、多余，但未影响功能		错误扣5分	
	4. 梯形图（流程图）尚需改正，简化但不影响功能		每次错误扣2分	
调试、排除故障	1. 空载调试成功	20分	错误扣5分	
	2. 负载调试成功		每次错误扣5分	
	3. 经教师指导后，调试成功		每次错误扣5分	
安全文明生产	凡在操作过程中发现重大安全事故隐患时，立即制止，并中止考核	20分	错误扣20分	

任务五　传感器的安装与调试

技能目标

1. 会安装、连接电感传感器。
2. 会调节电感传感器的灵敏度。
3. 能调整电感传感器的安装位置，排除干扰。

知识目标

1. 能描述电感传感器的工作原理和使用场合。
2. 能说出电感传感器的使用注意事项。
3. 能归纳总结电感传感器的检查和调整方法。

任务实施

一、工作准备

根据工艺要求合理选择工、量具，填写表4-17。

表4-17　领料单

领　料　单					
活动名称			日　期		
物料、工具	规　格	数　量	备　注	归还时间	归还情况

姓名

组号

二、工作步骤

1）安装前检查传感器型号、数量和好坏。

2）电感式传感器的安装。

① 在加工站机械手的相应位置上安装传感器。

② 调整传感器与接近物之间的距离。

③ 将传感器输出线接入 PLC 加工站组件的接入口。

3）传感器安装后的检查与试运行。

① 手动调整加工站机械手接近电感式传感器，检查传感器灯是否亮，调整传感器与接近物之间的距离和传感器灵敏度。

② 检查接线部位是否接触良好，是否有灰尘粘附等。

③ 完成加工站装配后试运行时，再检查传感器的工作状态是否正常。

相关要点

一、加工站上的传感器

加工站上的传感器如图4-20所示。

二、电感式传感器的工作原理

电感式传感器利用电涡流效应，检测对象是会发生涡电流的电导体，越接近磁性体产生的涡电流越大、灵敏度越高，其工作原理如图4-21所示。

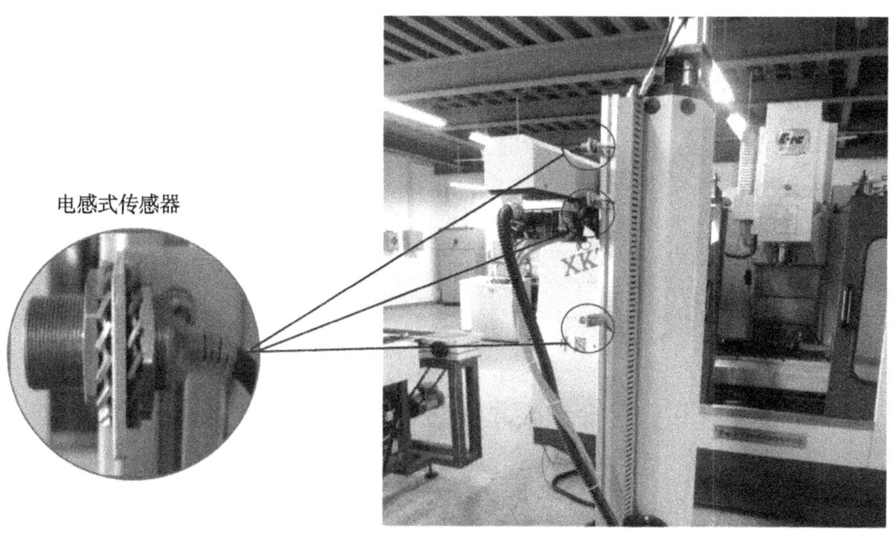

图 4-20　加工站上的电感式传感器

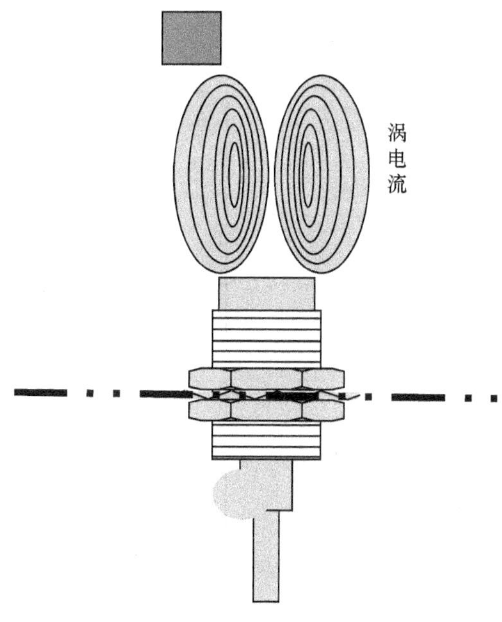

图 4-21　电感式传感器的工作原理

三、电感式传感器的作用

加工站采用电感式传感器感知机械手臂的运动位置，如图 4-22 所示。

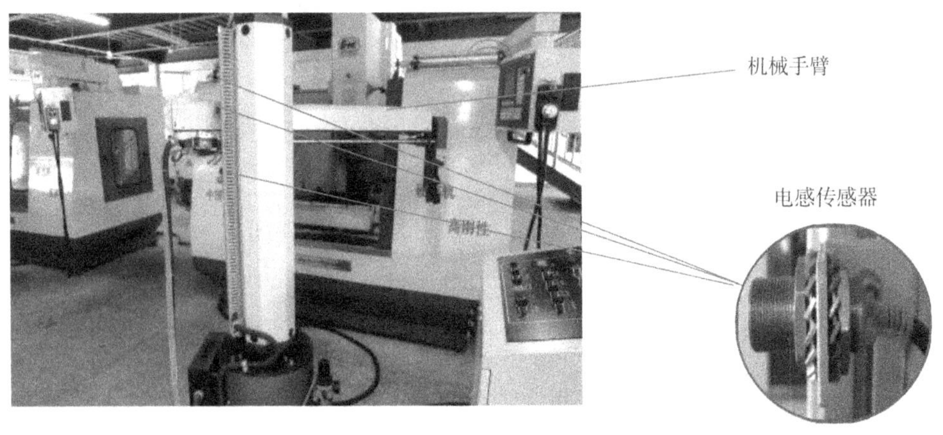

图 4-22　电感式传感器的作用

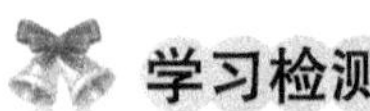

学习检测

进行学习检测，并填写表 4-18。

表 4-18　学习检测表

检测项目	检测要求	配分	评分细则	评分记录
传感器的选择	1. 按图样选择正确的传感器	20 分	每次错误扣 10 分	
	2. 写清名称、型号		每次错误扣 5 分	
	3. 写清符号		每次错误扣 5 分	
传感器的装配	1. 不损坏零部件或塑料外壳	40 分	错误扣 10 分	
	2. 装配步骤、方法正确		错误扣 10 分	
	3. 能正确使用测量仪器		错误扣 10 分	
	4. 装配过程中未发现丢失固定螺钉等细小配件		每次错误扣 5 分	
传感器的校验	1. 能按说明书进行校验	20 分	错误扣 10 分	
	2. 校验后合格		错误扣 10 分	
安全文明生产	凡在操作过程中发现重大安全事故隐患时，立即制止，并中止考核	20 分	错误扣 20 分	

拓展巩固

电感式传感器在其他场合的使用

1）电感式传感器在易拉罐饮料生产线上的应用如图 4-23 所示。

2）用电感式传感器检测是否有瓶盖，如图 4-24 所示。

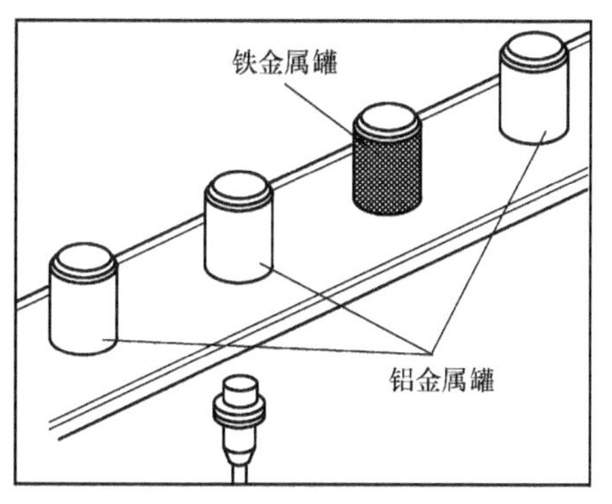

图 4-23　电感式传感器在易拉罐饮料生产线上的应用

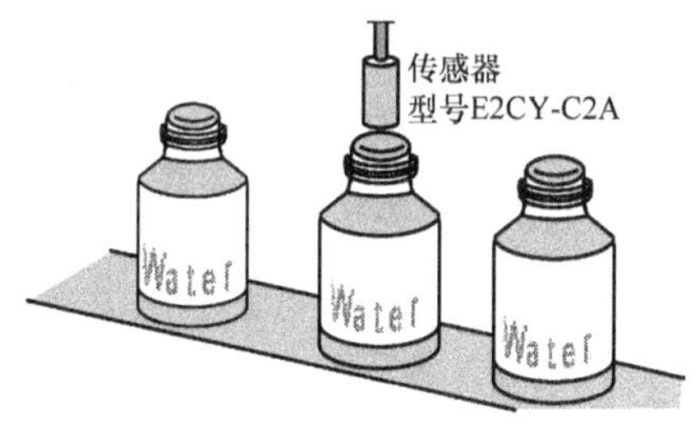

图 4-24　用电感式传感器检测瓶盖

思考与练习

1. 描述加工站电气控制过程。
2. 完善加工站电气装配工作计划。
3. 简述伺服电动机及其驱动器的工作原理、作用。
4. 简述伺服电动机及其驱动器的接线注意事项。
5. 简述伺服电动机及其驱动器参数的设定。
6. 简述加工站的控制电路安装接线工艺。
7. 简述加工站电气系统接线注意事项。
8. 画出加工站状态转移图。
9. 编制加工站 PLC 控制梯形图。
10. 简述电感式传感器的基本工作原理。
11. 列举电感式传感器安装调整中的注意事项。
12. 简述电感式传感器的灵敏度调试方法。

项目三　液压、气动系统的安装与调试

任务描述

加工站承担着将输送线运达的待加工物料放置在数控机床的工作台的任务，并自动启动数控机床进行切削加工，加工完成后，将已加工件放置回物料托盘上。加工站的液气压系统完成的工作较多，包括数控机床门的启闭、物料的搬运和物料在工作台上的夹紧。

本项目主要完成加工站液气压系统的安装与调试，包括数控机床门启闭控制的气动系统、物料搬运的气动系统和物料在工作台上夹紧的液压系统的安装与调试。

任务一　加工站液压、气动原理图的识读

技能目标

1. 能识别液压、气动元件。
2. 能根据液压、气动控制原理图选择正确的液压、气动元件。
3. 能编写液压、气动系统工艺流程。
4. 能调节气动执行元件的运动速度。

知识目标

1. 能说出加工站液压、气动系统的功能。
2. 能说出液压系统的工作方式。
3. 能阐述液压、气动回路工作原理。

任务实施

一、工作准备

领取加工站气动系统原理图（见图4-25）和液压系统原理图（见图4-26）。

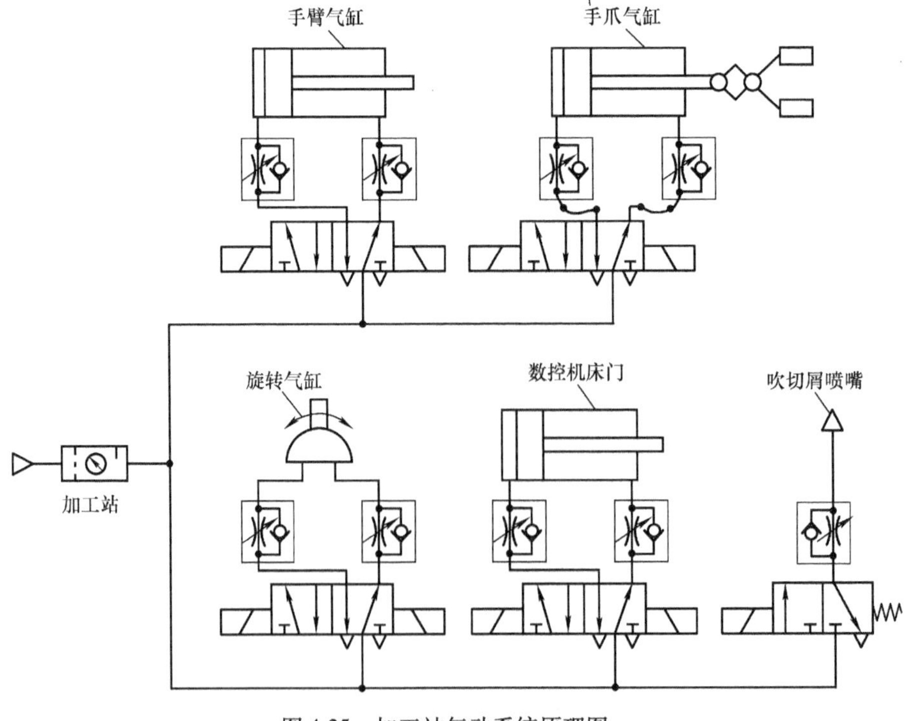

图4-25　加工站气动系统原理图

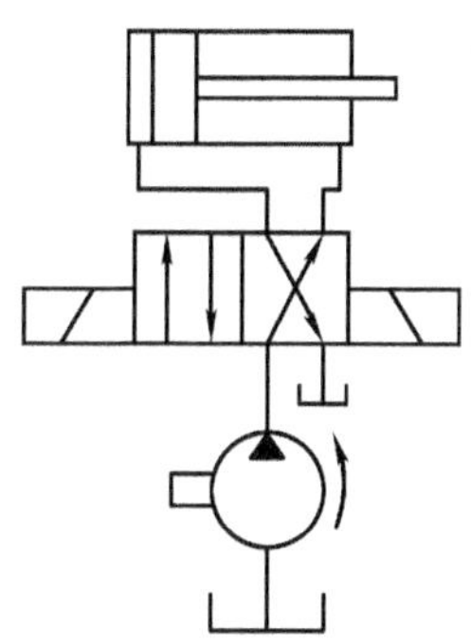

图 4-26　加工站液压系统原理图

二、工作步骤

1）观察加工站气动系统工作情况。

2）辨识加工站气动元件。根据气动原理图分析所用气动元件，将元件的名称、职能符号和作用填入表 4-19。

表 4-19　加工站气动元件清单

职能符号	元件名称	作　用

3）分析气动回路原理图。识读气动原理图，分析换向阀切换状况及气流情况，并将分析结果填入表 4-20。

表 4-20　加工站气动回路分析结果

动作顺序	换向阀	气流情况
手臂伸出		进气：
		出气：
手臂缩回		进气：
		出气：
手爪抓紧		进气：
		出气：
手爪松开		进气：
		出气：
机械手转向数控机床		进气：
		出气：

（续）

动作顺序	换向阀	气流情况
机械手转向输送线		进气：
		出气：
数控机床门开启		进气：
		出气：
数控机床门关闭		进气：
		出气：

4）观察加工站液压系统的工作情况。

① 加工站液压系统的主要功能：夹紧工件。

② 加工站中的液压元件：液压泵站、换向阀和液压缸。

5）分析加工站液压元件。

① 根据液压原理图分析所用液压元件：液压泵站、换向阀和液压缸。

② 将元件的名称、职能符号和作用填入表4-21。

表4-21　加工站液压元件清单

职能符号	元件名称	作用

6）分析液压回路原理图。识读液压回路原理图，分析换向阀切换状况及油流情况，并将分析结果填入表4-22。

表4-22　加工站液压回路分析结果

动作顺序	换向阀	油流情况
夹紧工件		进气：
		出气：
松开工件		进气：
		出气：

相关要点

一、加工站的手爪气缸

在加工站中，机械手臂最前端的手爪是由一个手爪气缸实现的，由其实现待加工物料的抓紧和松开，如图4-27所示。

手爪气缸的本质是一个双作用单杆气缸，其活塞杆端部连接了一个平面四杆机构。平面四杆机构呈菱形，两条相邻边外伸构成手爪，如图4-28所示，图中平面四杆机构上下两个对角点与机架固连，活塞杆外伸时，手爪张开，活塞杆缩回时，手爪夹紧。

图 4-27　手爪气缸的抓紧与松开

二、加工站的挠性气管

气动系统中通常使用的气管都是可以弯曲的软管，便于和其他线路一起铺设在桁架或线槽内。但是，假如需要供气的元件距离气源的距离有较大的变化（如机械手臂的伸出和缩回）时，需要使用螺旋气管，其与普通直管材质近似但更有弹性。在机械手臂缩回时，气管盘成螺旋形，节省空间；在机械手臂伸出时，气管螺旋间距拉开，能够保证较大的距离变化，如图 4-29 所示。

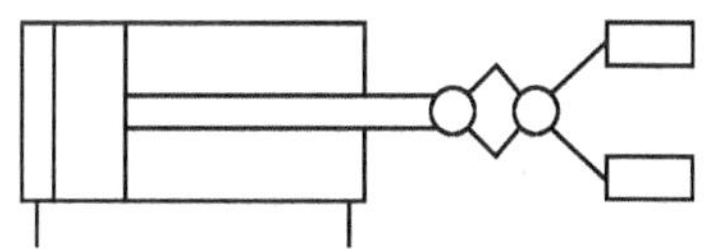

图 4-28　手爪气缸的图形符号

三、加工站的摆动气缸

为了实现使机械手臂从输送线方向旋转至数控机床方向，机电一体化综合实训装置中应用了摆动气缸，如图 4-30 所示。

图 4-29　螺旋气管

图 4-30　摆动气缸

摆动气缸的作用是将压缩空气中的气体压力转换为其自身轴往复摆动的机械能。其内部结构示意图如图 4-31 所示，与普通气缸结构类似，其内部也有被活塞分为两部分的空腔，左腔和右腔分别有管路连接。不同之处在于其活塞不是直线移动，而是围绕空腔的圆心进行摆动，从而带动轴实现不超过 360°的旋转运动。

摆动气缸左腔通入压缩空气，右腔连接大气时，活塞在两侧气体压力差的作用下向右侧摆动，带动轴顺时针旋转，实现机械手臂转向数控机床方向；右腔通入压缩空气，左腔连接大气时则相反。

摆动气缸在 GB/T 786. 1—2009 中的图形符号如图 4-32 所示。

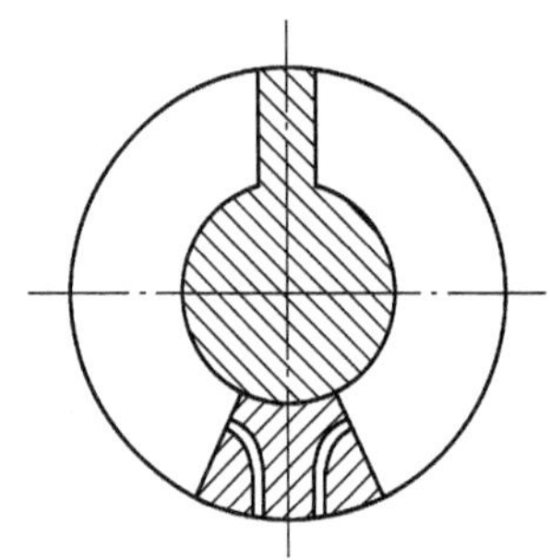

图 4-31　摆动气缸的结构示意图

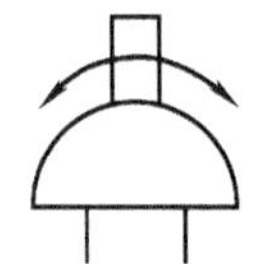

图 4-32　摆动气缸的图形符号

四、加工站的液压系统

由于工件在数控机床内进行切削加工时会受到很大的切削力，此时就需要使用推力更大的液压系统来实现工件的夹紧。

液压系统的工作与气动系统十分相似，通过高压的液体传递动力和能量，但能够实现比气动系统大得多的力量。

1. 认识液压缸与液压换向阀

机电一体化综合实训装置中使用的液压缸与普通的双作用单杆气缸结构和工作原理都非常相似，其在 GB/T 786. 1—2009 中的图形符号如图 4-33 所示。

液压换向阀的工作原理和图形符号与气动完全一致。在机电一体化综合实训装置中使用双电控二位四通液压换向阀来控制工件的夹紧。

2. 加工站液压系统的原理图

加工站液压系统由一台液压泵站和一对由换向阀控制的液压缸组成，其原理图如图 4-34 所示。

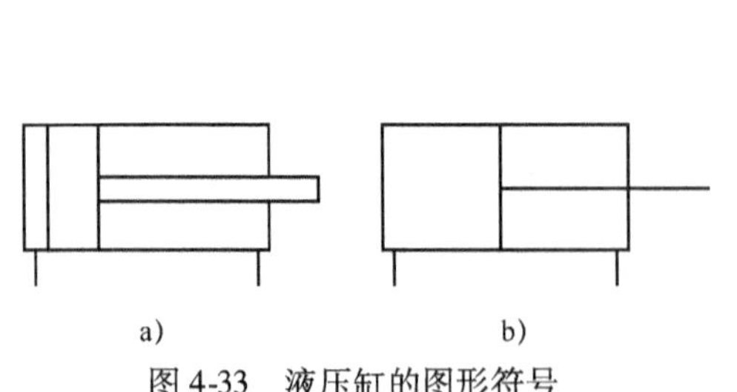

a)　　b)

图 4-33　液压缸的图形符号

a）详细符号　b）简化符号

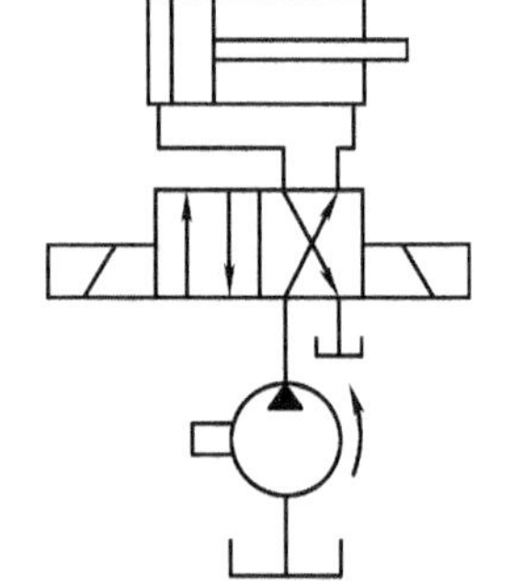

图 4-34　加工站液压系统原理图

学习检测

进行学习检测，并填写表 4-23。

表 4-23　学习检测表

检测项目	检测要求	配　分	评分参考	评分记录
观察加工站液压、气动系统工作情况，描述加工站液压、气动系统主要功能，加工站中的液压、气动元件	1. 行为规范 2. 描述正确、齐全	40 分	每错误一处扣 5 分	
液压、气动元件分析，识读回路中的元件	描述正确、齐全	20 分	每错误一处扣 5 分	
分析液压、气动原理，填写换向阀切换状况及油、气流情况表	分析正确、描述清晰	40 分	每错误一处扣 5 分	

任务二　加工站液压、气动系统回路的搭接

技能目标

1. 能根据气动系统回路图正确搭接气动系统回路。
2. 能正确调试气动系统回路，保证气动系统的正常工作。
3. 能根据液压系统回路图正确搭接液压系统回路。
4. 能正确调试液压系统回路，保证液压系统的正常工作。
5. 能和机械电气系统进行有机整合，保证加工站的正常工作。

任务实施

一、工作准备

填写加工站液压回路、气动系统回路的搭接领料单，见表 4-24。

表 4-24　领料单

领　料　单					
活动名称			日　期		
物料、工具	规　格	数　量	备　注	归还时间	归还情况
姓名 组号					

二、工作步骤

1）辨识加工站气动元件。

2）判别加工站气动元件的接口。

3）连接加工站管路。

4）根据加工站机械装配图安置气动元件。

5）根据加工站气动原理图连接气动管路。

6）复查气动回路的安装。

7）通气进行调试。

学习检测

进行学习检测，并填写表 4-25。

表 4-25　学习检测表

检测项目	检测要求	配　分	评分参考	评分记录
液压、气动元件的合理选型	选用正确、齐全	40 分	每错误一处扣 5 分	
液压、气动元件的安置	稳定可靠，便于操作	20 分	每错误一处扣 5 分	
油管、气管的连接	正确可靠	40 分	每错误一处扣 5 分	

思考与练习

与气动系统相比，液压系统有哪些不同之处？

项目四　单机系统调试

任务描述

从生产企业的角度来说，加工站是整个循环线最重要的部分，当循环线到达加工站时，加工站检测工件，机械手进行取料，送到数控机床液压夹具上，到位后液压夹具夹紧，数控门关闭，数控机床进行加工，加工好后，液压夹具松开，机械手取料放回托板。如图 4-35 所示，加工站主要包括两大部分，一是机械手，另一个是数控机床。机械手的主要执行元件有旋转气缸、前伸气缸、抓手气缸和 Z 向伺服电动机。数控机床的主要执行元件有数控门关闭、打开气缸、液压夹具以及清除杂质吹气管元件。

加工站的控制方式与送料站基本相同，主要是采用触摸屏和 PLC 控制，当然也有部分通过面板代替触摸屏进行简单的操作。触摸屏主要用于参数设置和运行状态监控。采用三菱 FX2n 晶体管型 PLC 主要实现外部输入信号的读取以及三大执行元件的动作。

本项目主要完成加工站单机系统调试，包括完成加工站的机械部分、电气部分、气动部分检查和单机通电调试工作。

图 4-35　加工站

技能目标

1. 会制订加工站单机系统调试工艺。
2. 能完成加工站机械部分检查。
3. 能完成加工站电气部分检查。
4. 能完成加工站气动部分检查。
5. 会进行加工站单机上电调试。

知识目标

1. 能说出加工站单机系统调试工艺要求。
2. 能说出加工站机械部分检查内容和要点。
3. 能说出加工站电气部分检查内容和要点。
4. 能说出加工站气动部分检查内容和要点。
5. 能说出加工站单机上电调试要求。

任务实施

一、工作准备

1）制订加工站单机系统调试工艺。

2）准备工具。选用内六角扳手、螺钉旋具等工具。

3）填写领料单。根据工艺要求合理选择工、量具，认真填写表 4-26。

表 4-26　领料单

<table>
<tr><td colspan="6">领 料 单</td></tr>
<tr><td>活动名称</td><td colspan="2"></td><td>日　期</td><td colspan="2"></td></tr>
<tr><td>物料、工具</td><td>规　格</td><td>数　量</td><td>备　注</td><td>归还时间</td><td>归还情况</td></tr>
<tr><td></td><td></td><td></td><td></td><td></td><td></td></tr>
<tr><td></td><td></td><td></td><td></td><td></td><td></td></tr>
<tr><td></td><td></td><td></td><td></td><td></td><td></td></tr>
<tr><td></td><td></td><td></td><td></td><td></td><td></td></tr>
<tr><td colspan="6">姓名
组号</td></tr>
</table>

二、工作步骤

1. 检查机械部分

机械手比较精密复杂，故不进行拆装，只检查机械手工作的稳定性，确保机械安装可靠，装配过程中无干涉；检查丝杠提升机构的润滑情况，检查升降、旋转和伸缩限位位置。

2. 检查电气部分

复查线路连接的正确性与稳定性；调整传感器的位置和灵敏度，以及电路连接正确与否，尤其是编码器连接是否可靠，电动机有无卡死。

3. 检查气动部分

复查气动部分密封的可靠性；调节气动系统的压力；气缸应伸缩自如，气路连接正确，保证各管接头无泄漏，气动三联件气压大小设置正确。调节三联件时首先拉起旋转盖，然后顺时针调节，使气压变大，通过表头可以看出气压值的大小，调节至 5MPa 左右。调节节流阀速度时需要拧转旋钮，拧松时气体流量增大，拧紧时则减小。可通过手动电磁阀使气缸动作，从而判别气缸动作正常可靠；手动电磁阀时按下蓝色小按钮，电磁阀阀芯动作，改变气路方向，气缸动作状态改变。本设计中气缸均采用双线圈控制，三个气缸如图 4-36 和图 4-37 所示。其中，抓手气缸通过节流阀调节气压时，其抓紧力必须足够满足抓住工件；旋转气缸通过节流阀调节气压时，应控制机械手旋转过程中的速度，切忌过快。

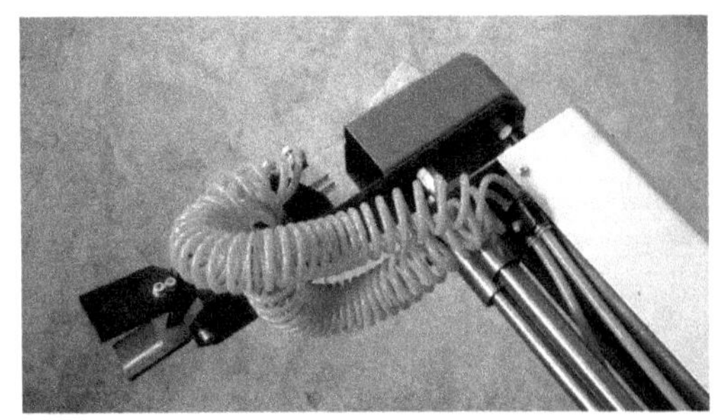

图 4-36　前伸气缸及抓手气缸

图 4-37　旋转气缸

4. 通电调试

按操作工艺要求先手动、后自动逐步进行调试，直至加工站正常运行，即完成加工站的单机调试。

1）调试前反复进行检查、测试。

2）手动单步调试时，注意伸缩气缸是否碰到前后反光板。

3）调试时，应参照说明书设置伺服驱动器参数。

4）加工站上的传感器反光板位置应与传感器对应。

三、注意事项

1）安装前编写安装、调试工艺。

2）安装前、检查时，应根据图样核对、认识所有零部件。

3）自动运行之前，应先手动单步调试，确认无误后方可自动运行。

4）手动单步调试时，运行伺服电动机，注意是否碰到前后限位传感器。

5）工作完成或操作完成后，应将控制箱断电，断路器拨位向下，拔出电源线。

6）每次操作前后，需注意设备的保养和清洁。

相关要点

电气控制部分检查

1. 接通电源，设置相关参数

接通电源后，触摸屏开始运行，电源指示灯常亮。同时，PLC 运行指示灯常亮（RUN），伺服驱动器工作指示灯也常亮，数码显示管显示相关信息。对中驱动器设置如下：Pr21、Pr42、Pr4B，这三个参数分别为惯量比设定、脉冲接受方式设定和电子齿轮比设定，其值分别设为 400、3 和 1000。触摸屏运行后首先进入主界面，主要显示当前时间，单击下一步后进入主菜单选择，包括四个方面的内容，分别是参数设置、模式选择、状态显示以及使用说明。

模式选择分为自动和手动两种方式，自动模式如图 4-38 所示，在自动模式下主要有自动运行、通信链接、数控机床和加工完成四个按钮。通信链接按钮用于选择是否参与循环线动作。当参与循环线时，自动运行按钮接通后，一旦外界循环线触发条件满足时，落料机构即开始动作。工件加工完成后，机械手送至循环线托盘后动作结束，继续等待下个周期。

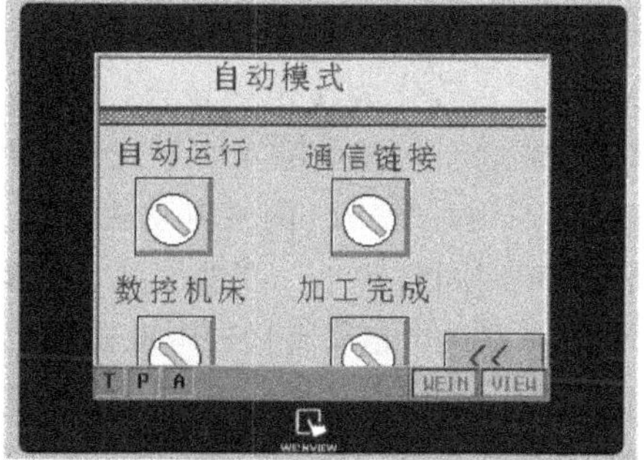

图 4-38　自动模式运行界面

2. 启动运行

在自动模式下，当机械手不参与循环线动作时，按启动按钮，落料机构开始动作；按停止按钮，所有可执行元件均停止动作；按复位按钮，进入初始状态。

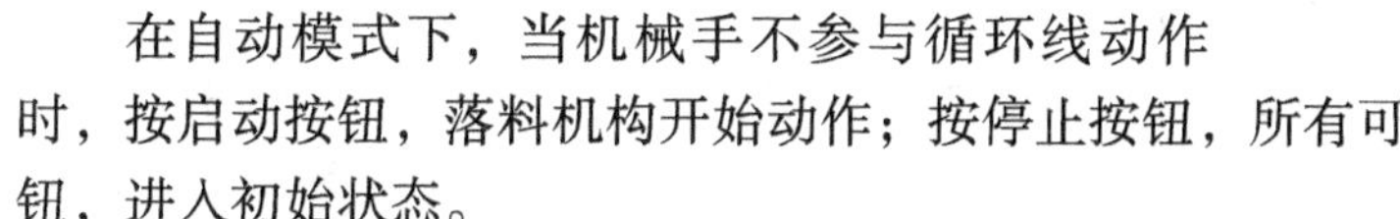

学习检测

进行学习检测，并填写表 4-27。

表 4-27 学习检测表

检测项目	检测要求	配分	评分细则	评分记录
调试工艺的编制	1. 工序（步）完整	40 分	每次错误扣 10 分	
	2. 工序正确		每次错误扣 5 分	
	3. 技术要求明确		每次错误扣 5 分	
工、量具的选择	1. 能按要求选择合适的工、量具	10 分	每次错误扣 10 分	
	2. 写清名称、型号		每次错误扣 5 分	
	3. 写清符号		每次错误扣 5 分	
调试操作	1. 校验方法正确	30 分	每次错误扣 5 分	
	2. 调试操作校验后合格		错误扣 20 分	
	3. 调试校验操作正确		错误扣 30 分	
工作态度	1. 工作态度积极	20 分	每次错误扣 5 分	
	2. 团队协作		每次错误扣 5 分	
	3. 有意影响整体工作，立即制止，并中止考核		错误扣 20 分	
安全文明生产	凡在操作过程中发现重大安全事故隐患时，立即制止，并中止考核		错误扣 20 分	

拓展巩固

加工站的机械手（工业机器人）的上下运动由松下 a4 系列伺服系统控制，如图 4-39 所示，包括伺服电动机和伺服驱动器。

1. 伺服电动机（servo motor）

伺服电动机是指在伺服系统中控制机械元件运转的发动机，是一种补助电动机间接变速装置。伺服电动机可使速度控制、位置精度非常准确，可以将电压信号转化为转矩和转速以驱动控制对象。伺服电动机转子转速受输入信号控制，并能快速反应。在自动控制系统中，伺服电动机用作执行元件，且具有机电时间常数小、线性度高、始动电压等特性，可把所收到的电信号转换成电动机轴上的角位移或角速度输出。伺服电动机分为直流伺服电动机和交流伺服电动机两大类，其主要特点是，当信号电压为零时无自转现象，转速随着转矩的增加而匀速下降。

图 4-39 松下 a4 系列伺服系统

伺服电动机主要靠脉冲来定位，伺服电动机接收到 1 个脉冲，就会旋转 1 个脉冲对应的角度，从而实现位移。因为伺服电动机本身具备发出脉冲的功能，所以伺服电动机每旋转一个角度，都会发出对应数量的脉冲，和伺服电动机接收的脉冲形成了呼应，或者称为闭环。如此一来，系统就会知道发了多少脉冲给伺服电动机，同时又收了多少脉冲回来，就能够很精确地控制电动机的转动，从而实现精确的定位，精度可以达到 0.001mm。

电动机正常工作的要求如下：

1）从最低速到最高速都能平稳运转，转矩波动要小，尤其在低速（如0.1r/min）或更低速时，应有平稳的速度而无爬行现象。

2）电动机应具有大的较长时间的过载能力，以满足低速大转矩的要求。一般直流伺服电动机要求在数分钟内过载4~6倍而不损坏。

3）为了满足快速响应的要求，电动机应有较小的转动惯量和大的堵转转矩，并具有尽可能小的时间常数和起动电压。

4）电动机应能承受频繁的起动、制动和反转。

2. 伺服驱动器（servo drives）

伺服驱动器又称为伺服控制器、伺服放大器，是用来控制伺服电动机的一种控制器，其作用类似于变频器作用于普通交流电动机，属于伺服系统的一部分，主要应用于高精度的定位系统。伺服驱动器一般是通过位置、速度和力矩三种方式对伺服电动机进行控制，实现高精度的传动系统定位，目前是传动技术的高端产品。

目前主流的伺服驱动器均采用数字信号处理器（DSP）作为控制核心，可以实现比较复杂的控制算法，实现数字化、网络化和智能化。功率器件普遍采用以智能功率模块（IPM）为核心设计的驱动电路，IPM内部集成了驱动电路，同时具有过电压、过电流、过热和欠电压等故障检测保护电路，在主回路中还加入了软起动电路，以减小起动过程对驱动器的冲击。功率驱动单元首先通过三相全桥整流电路对输入的三相电或者工频电进行整流，得到相应的直流电。经过整流好的三相电或工频电，再通过三相正弦PWM电压型逆变器变频来驱动三相永磁式同步交流伺服电动机。功率驱动单元的整个工作过程简单说就是AC-DC-AC的过程。整流单元（AC-DC）主要的拓扑电路是三相桥式全控整流电路。

随着伺服系统的大规模应用，伺服驱动器的使用、调试和维修都是比较重要的技术课题，越来越多工控技术服务商对伺服驱动器进行了技术的深层次研究。

伺服进给系统的要求如下：

1）调速范围宽。

2）定位精度高。

3）有足够的传动刚性和高的速度稳定性。

4）快速响应，无超调。为了保证生产率和加工质量，除了要求伺服进给系统有较高的定位精度外，还要求有良好的快速响应特性，即要求跟踪指令信号的响应要快。因为数控系统在起动、制动时，要求加、减速度足够大，以缩短进给系统的过渡过程时间，减小轮廓过渡误差。

5）低速大转矩，过载能力强。一般来说，伺服驱动器具有数分钟甚至0.5h内1.5倍以上的过载能力，在短时间内可以过载4~6倍而不损坏。

6）可靠性高。要求数控机床的进给驱动系统可靠性高、工作稳定性好，具有较强的温度、湿度、振动等环境适应能力和很强的抗干扰的能力。

思考与练习

1. 加工站调试的注意事项有哪些？
2. 简述加工站调试的主要工序。
3. 伺服电动机控制系统有哪些特点？

课题五　检测站的安装与调试　5

项目一　电气系统的安装与调试

任务描述

检测站主要是在工件加工完成后对工件的加工质量进行检测，其实物图如图5-1所示。该检测机构包括两部分：其一是控制箱面板，主要由PLC与通信模块组成；其二是上位机操作，主要是计算机上的软件操作，由显示器、主机和CCD摄像头组成。检测站采用三菱FX2n继电器型PLC，主要实现外部输入信号的读取以及检测结果的输出，并与上位机保持通信。

图5-1　检测站

本项目主要完成检测站电气控制系统的安装与调试。

任务一　检测站电气图的识读

能力目标

1. 能够编写电气装配工作计划。
2. 会根据电气装配图准备电器元件和材料。
3. 会根据电气装配图和电气装配工作计划，准备工、量具。

知识目标

1. 能识读检测站电气控制原理图。
2. 能识读检测站电气装配图。
3. 能识读检测站电气连接图。

任务实施

一、工作准备

各小组领取三份图样，包括检测站电气原理图、检测站电气装配图和检测站电气接线图。

二、工作步骤

1. 阅读检测站电气控制原理图

1）认识检测站电气执行元件，并完成表5-1。

表5-1　检测站电气执行元件清单

元件名称	作　用	数　量	符　号	其　他

2）认识检测站电气控制元件，并完成表5-2。

表5-2　检测站电气控制元件清单

元件名称	作　用	数　量	符　号	其　他

3）检测站电气控制原理图分析。

2. 阅读检测站电气装配图

1）依据电气装配图准备电器元件和材料，并完成表5-3。

表 5-3 检测站电气装配材料清单

材料名称	规格	数量	符号	其他

2）依据电气装配图准备工、量具，并完成表 5-4。

表 5-4 检测站电气装配工、量具清单

工、量具名称	规格	数量	符号	其他

3. 阅读检测站电气连接图

1）理解电气系统接线图。

2）结合电气装配图规划接线方案。

4. 编写电气装配工作计划

略。

相关要点

检测站控制箱面板的操作

检测站控制箱面板如图 5-2 所示。

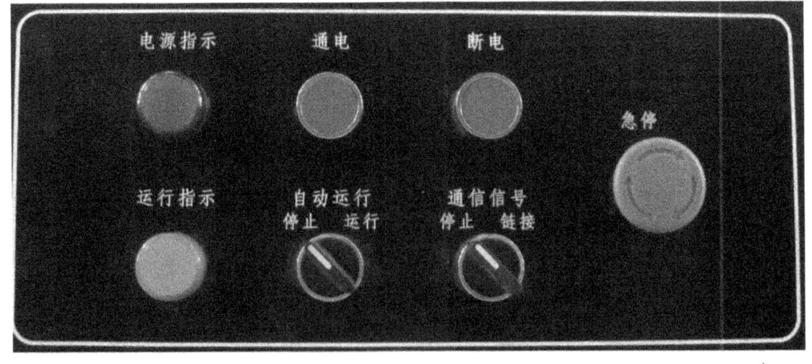

图 5-2 检测站控制箱面板

1. 通电

在按下“通电”按钮之前，先确认控制箱内断路器拨位向上，表示断路器上下接通，再按下面板上的该按钮，则控制箱接通电源，此时“电源指示”灯亮，否则应检查电源线是否插到拖线板上，断路器是否正确拨位。该按钮为硬接线，于 PLC 无输入信号。

2. 断电

按下“断电”按钮，则控制箱断电，“电源指示”灯灭。该按钮为硬接线，于 PLC 无输入信号。

3. 急停

当出现紧急情况或误动作时，按下“急停”按钮，则将外部输出全部断开，此时双节灯亮红灯。当问题解决或确认外部输出安全后，依按钮上箭头方向旋转可解除急停，此时红灯灭。或者在向 PLC 写入程序之前，按下“急停”按钮，可防止由于程序编写错误而导致外部输出误动作。该按钮通过一个继电器控制所有其他继电器线圈的 24V 输入。该按钮为硬接线，于 PLC 无输入信号。

4. 自动运行

确认 PLC 与上位机的通信连接线接好后，将“自动运行”拨位至“运行”，“通信信号”拨位至“链接”，则工位三将与循环线通信并准备对工件进行质量检测，其余操作由上位机完成。常态下，应将“自动运行”拨位至“停止”，“通信信号”拨位至“停止”。输入 PLC 信号：X4（运行），X1（链接）。

学习检测

进行学习检测，并填写表 5-5。

表 5-5　学习检测表

检测项目	检测要求	配分	评分细则	评分记录
检测站电气执行元件	1. 按要求选择合适的元件	25 分	每次错误扣 10 分	
	2. 写清名称、型号		每次错误扣 5 分	
	3. 写清符号		每次错误扣 5 分	
检测站电气控制元件	1. 按要求选择合适的元件	25 分	每次错误扣 10 分	
	2. 写清名称、型号		每次错误扣 5 分	
	3. 写清符号		每次错误扣 5 分	
检测站电气装配材料	1. 按要求选择合适的材料	25 分	每次错误扣 10 分	
	2. 写清名称、型号		每次错误扣 5 分	
	3. 写清符号		每次错误扣 5 分	
检测站电气装配工、量具	1. 按要求选择合适的工、量具	25 分	每次错误扣 10 分	
	2. 写清名称、型号		每次错误扣 5 分	
	3. 写清符号		每次错误扣 5 分	

任务二　检测站控制电路的安装与调试

技能目标

能够完成检测站各元器件的控制接线。

知识目标

1. 能分析和归纳接线的步骤与要求。
2. 能归纳总结布线的方法与技巧。

任务实施

一、工作准备

领取检测站安装部件及安装工具，填写检测站装配领料单见表5-6。

表5-6 领料单

领 料 单					
活动名称			日　期		
物料、工具	规　格	数　量	备　注	归还时间	归还情况

姓名
组号

二、工作步骤

1）进行安装前检查并完成表5-7。

表5-7 安装前检查记录

准备项目	准备情况（是否完好，齐全）	备注（如有缺损）
图样		
工、量具		
元器件		
零部件		
场地		
其他		

2）安装元器件。

3）进行线路安装、布线和接线。

4）进行安装后检查并完成表 5-8。

表 5-8　安装后检查记录

安装项目	元器件	零部件
是否完好		
安装是否正确		
操作是否灵活		
其他备注（如有缺损）		

三、注意事项

1）安装前应根据图样核对、认识所有零部件。

2）安装前编写装置机械部分的安装、调试工艺。

3）调试前反复进行检查、测试。

4）自动运行之前，应先手动单步调试，确认无误后方可自动运行。

5）调试时，应参照说明设置变频器参数。

6）检测站上的传感器反光板位置与传感器对应。

7）气动三联件上的气压不应调得过大，以延长三联件的使用寿命；也不应过小，否则气缸不能动作或动作缓慢，一般将压力调整到压力表的中间位置。

8）工作完成或操作完成后，应将控制箱断电，断路器拨位向下，拔出电源线。

9）每次操作前后，需注意设备的保养和清洁。

相关要点

一次回路布线的操作要领

1）一次配线应尽量选用矩形铜母线，当用矩形母线难以加工或电流小于等于 100A 时，可选用绝缘导线。

接地铜母排的截面积 = 电柜进线母排单相截面积/2

接地母排与接地端子如图 5-3 所示，图 5-4 所示为错误接法。

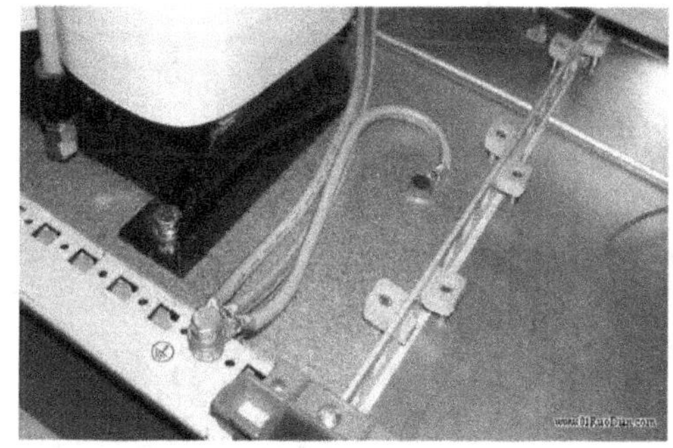

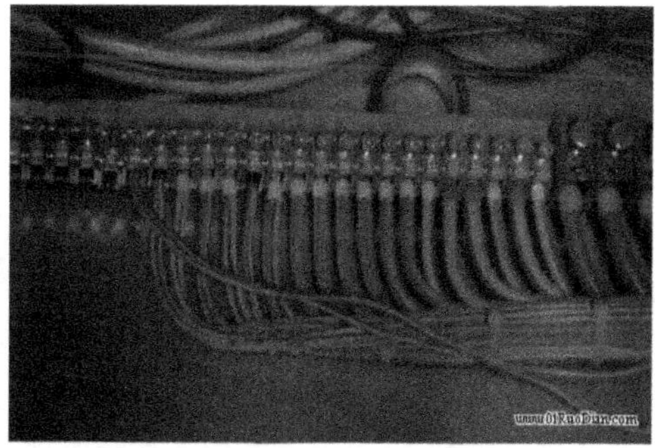

图 5-3　接地母排与接地端子

2）汇流母线应按设计要求选取，主进线柜和联络柜母线按汇流选取，分支母线的选择应以自动断路器的脱扣器额定工作电流为准，如自动断路器不带脱扣器，则以其开关的额定电流值为准。对自动断路器以下有数个分支回路的，如分支回路也装有断路器开关，仍按上述原则选择分支母线截面。如没有自动断路器，比如只有刀开关、熔断器和低压电流互感器等，则以低压电流互感器的一侧额定电流值选取分支母线截面积。如果这些都没有，还可按接触器额定电流选取，如接触器也没有，最后才按熔断器熔芯额定电流值选取。

图 5-5 所示为主回路的走线。

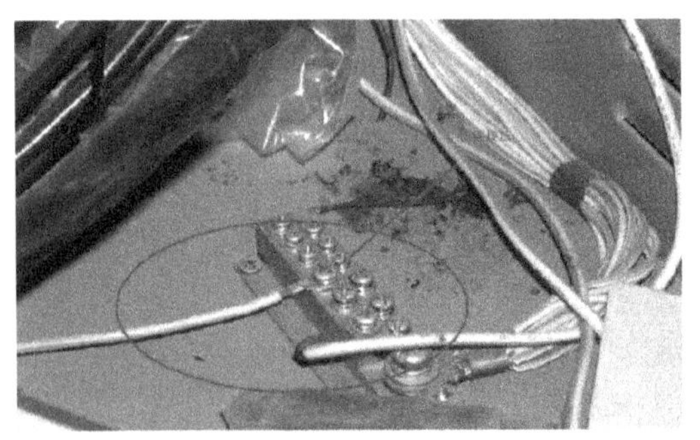

图 5-4　接地母排与接地端子的错误接法

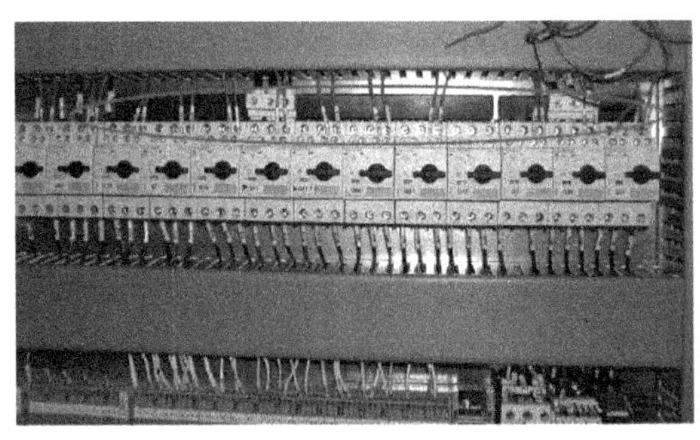

图 5-5　主回路的走线

分支回路汇流排的正确接法如图 5-6 所示。分支回路汇流排的错误接法如图 5-7 所示。

图 5-6　分支回路汇流排的正确接法

图 5-7　分支回路汇流排的错误接法

3）选择铜母线载流量需查询有关文档，聚氯乙烯绝缘导线在线槽中或导线成束状走行，防护等级较高时应适当考虑裕量，如图 5-8 所示。图 5-9 所示为其错误接法。

图 5-8　聚氯乙烯绝缘导线

图 5-9　聚氯乙烯绝缘导线的错误接法

4）母线应避开飞弧区域。

5）当交流主电路穿越形成闭合磁路的金属框架时，三相母线应在同一框孔中穿过，必须把进入线槽的大电缆外层都剥开，把所有导线压进线槽。

6）电缆与柜体金属有摩擦时，需加橡胶垫圈以保护电缆，如图 5-10 所示。图 5-11 所示为其错误接法。

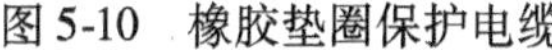
图 5-10　橡胶垫圈保护电缆

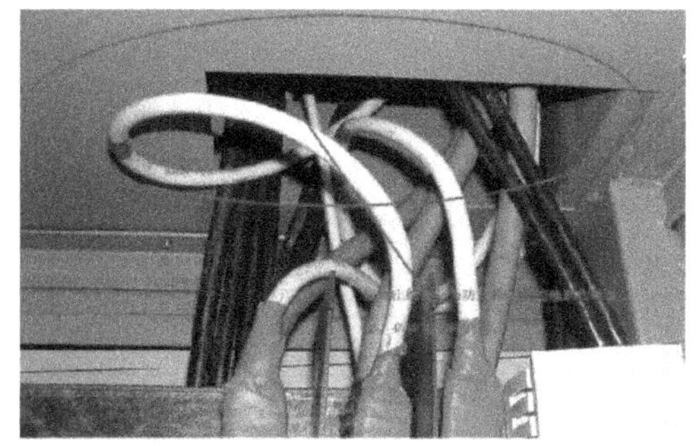

图 5-11　保护电缆的错误接法

7）电缆连接在面板和门板上时，需要加塑料管和安装线槽。为防止柜体出线部分锋利的边缘割伤绝缘层，必须加塑料护套，如图 5-12 所示。图 5-13 所示为其错误接法。

图 5-12　塑料护套

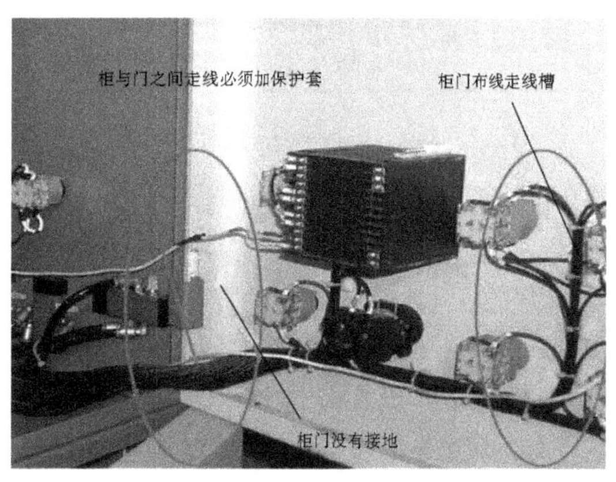

图 5-13　绝缘层的错误接法

8）柜体内任意两个金属零部件通过螺钉联接时，如有绝缘层，均应采用相应规格的接地垫圈，并注意将垫圈齿面接触零件表面，以保证保护电路的连续性。

9）当需要外部接线时，其接线端子及元件接点距结构底部的距离不得小于 200mm，且应为连接电缆提供必要的空间。

10）提高柜体屏蔽功能。如需要外部接线，出线时，需加电磁屏蔽衬垫，柜体孔缝要求为缝长或孔径小于 $\lambda/(10 \sim 100)$。如果需要在电柜内开通风窗口，交错排列的孔或高频率分布的网格比狭缝好，因为狭缝会在电柜中传导高频信号。柜体与柜门之间的走线必须加护套，否则容易损坏绝缘层。柜门走线必须加线槽。

11）螺栓紧固标识。

① 生产中紧固的螺栓应标识蓝色。

② 检测后紧固的螺栓应标识红色。

12）装配铜排时应戴手套。

学习检测

进行学习检测，并填写表 5-9。

表 5-9　学习检测表

检测项目	检测要求	配分	评分细则	评分记录
工、量具的选择	1. 按要求选择合适的工、量具	20 分	每次错误扣 10 分	
	2. 写清名称、型号		每次错误扣 5 分	
	3. 写清符号		每次错误扣 5 分	
检测站控制柜的装配	1. 不损坏其他零部件或塑料外壳	40 分	错误扣 10 分	
	2. 装配步骤、方法正确		错误扣 10 分	
	3. 正确使用测量仪器		错误扣 10 分	
	4. 装配过程中未发现丢失螺钉等细小配件		每次错误扣 5 分	
检测站控制柜的校验	1. 校验方法正确	20 分	错误扣 10 分	
	2. 校验后合格		错误扣 10 分	
安全文明生产	凡在操作过程中发现重大安全事故隐患时，立即制止，并中止考核	20 分	错误扣 20 分	

拓展巩固

检测站触摸式控制柜的安装与调试步骤如下：

1）安装 ev5000 软件（参考 MT4000 使用手册）。

2）编写人机界面。

3）设置通信接口，上传程序。

4）连接触摸屏和 PLC，根据检测站的 I/O 分配表（表 5-10）调试程序。

表 5-10　检测站的 I/O 分配表

软元件名（输入）	注　释	软元件名（输出）	注　释
X000		Y000	
X001	自动运行（1）停止	Y001	
X002	循环线工位三托板到	Y002	工位三送工件至循环线
X003	循环线工位三托板上有工件	Y003	检测系统工件合格
X004	通信连接	Y004	
X005	急停	Y005	运行指示灯
X006		Y006	

思考与练习

1. 简述拆卸检测站控制柜时的注意事项。
2. 简述装配检测站控制柜时的注意事项。
3. 简述检测站日常维护和检修的内容。

项目二　单机系统调试

任务描述

项目一主要认识了检测站的主要作用和工作过程，并完成了检测站控制柜中电气系统的安装工作，本项目将对其进行单机系统调试，包括完成检测站的电气部分上电调试、检测软件调试、摄像头调节和单机上电调试工作等。

技能目标

1. 会制订检测站单机系统调试工艺。
2. 能够复查线路连接的正确性与稳定性。
3. 能够安装和使用检测软件。
4. 能够完成工业 CCD 摄像头的调节。
5. 能够进行简单的信号输入输出检测。
6. 会 PLC 与上位机的连接。

知识目标

1. 能说出检测站单机系统调试工艺要求。
2. 能说出检测软件参数的含义。
3. 能归纳工业 CCD 摄像头的调焦方法。

任务实施

一、工作准备

1. 工具准备

选用内六角扳手、螺钉旋具等工具。

2. 填写领料单

根据工艺要求合理选择工、量具，认真填写表 5-11。

表 5-11　领料单

领　料　单					
活动名称			日　　期		
物料、工具	规　　格	数　　量	备　　注	归还时间	归还情况
姓名 组号					

二、工作步骤

1. 检查电气部分

1）对各元器件进行清扫，检查接触器、继电器等可动器件的动作是否灵活，插头是否牢固，是否有漏接、错接情况。

2）检查主电路接线，注意极性。

3）检查各种控制与保护电器，如时间继电器、热继电器等的整定值是否符合线路要求，熔断器的熔体是否合适等。

4）检查行程开关、限位开关等的触点使用是否正确，转动是否灵活，内部有无异物。

5）检查保护接地系统是否规范。接地线应牢固并保证接触良好。

6）绝缘检查。导电部位应对地绝缘，如电器的金属外壳、底座、支架或铁心等；两个不同电路间，如交流电路的各相之间、主电路与控制电路、保护显示电路之间及交、直流电路间应绝缘。各绝缘电阻应不小于 0.5MΩ。

7）检查控制电路（主电路断开，接通控制电路空载试验）及元器件的动作顺序是否正确。

8）检查联锁环节及联动装置、各保护环节等信号装置的动作是否正确。

9）检查传感器，并进行调整，使其准确。

10）检查各元器件触点接触的可靠性、动作的灵活性，应无卡住、粘住或停滞现象，且无过大的噪声及线圈过热现象。

2. 调试检测软件

1）双击计算机桌面上的“石化机器视觉检测 .exe”文件，运行程序，出现如图 5-14 所示界面，也就是整个系统的检测环境界面。

2）单击界面左上角的按钮，PC 机正在连接相机，连接好后选择检测环境界面右边的“设备型号”，如图 5-15 所示。

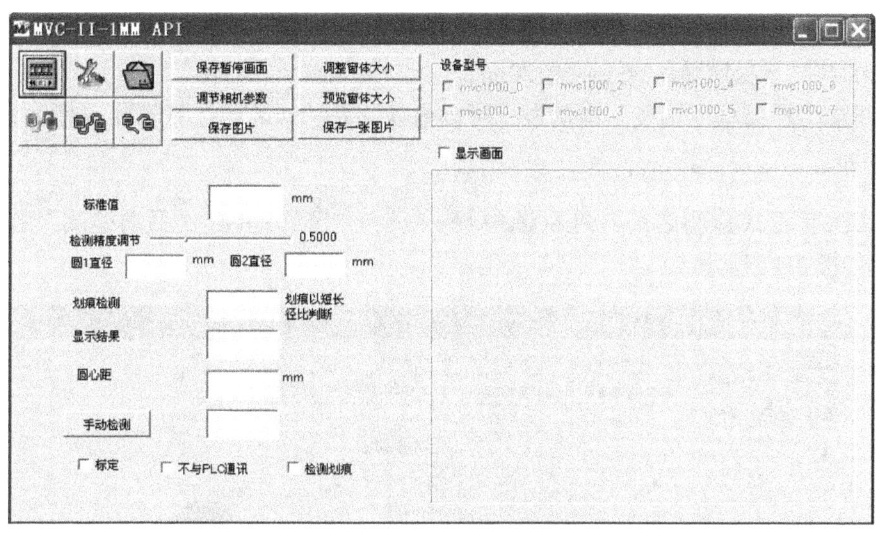

图 5-14　检测环境界面

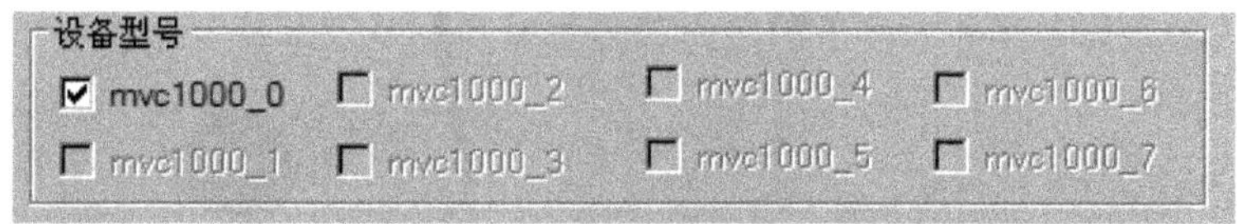

图 5-15　选择设备型号

3）选中界面右边的 ☑显示画面 按钮，单击界面左上角的按钮，出现检测画面。

4）在 C 盘根目录下新建 biaoding. txt 文件，打开并输入值“0. 0610”。

5）选中标定复选框 ☑标定 ，单击 手动检测 按钮，在旁边的编辑框中显示有标定值，如图 5-16 所示。

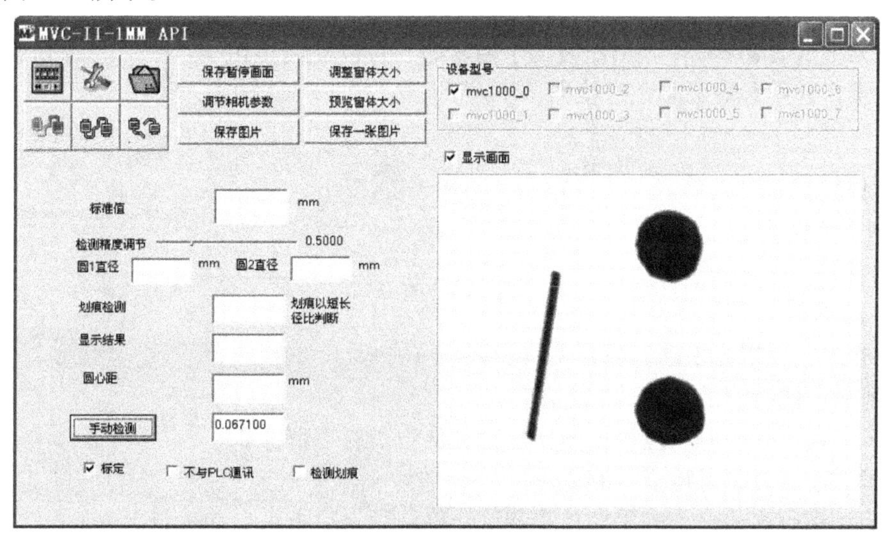

图 5-16　检测画面（标定）

6）不勾选标定复选框 标定 ，在标准值编辑框中输入一个标准值，如“20”等，在没有输入的情况下程序默认这个值是20mm。

7）调整“检测精度调节”滑动条，可以拖动到0～2mm的任意精度，程序默认的检测值是0.5mm。

8）在没有正式检测之前，可以选中 不与PLC通讯 ，单击“手动检测”按钮进行测试，显示如图5-17所示。

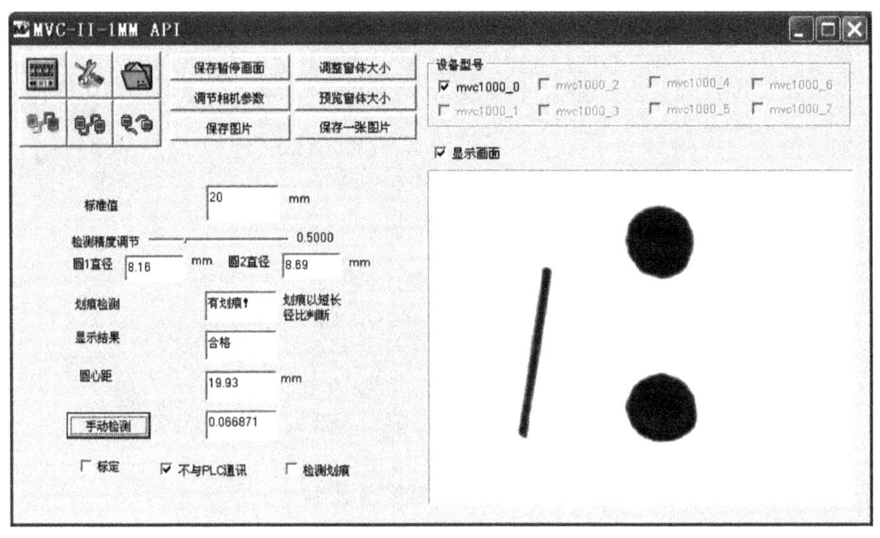

图5-17　检测画面（手动检测）

9）外部设备都准备好后就可以正常检测圆心之间的距离了，即在此单击 不与PLC通讯 按钮，去掉前面的对号。

10）倘若检测人员对工件划痕有检测要求，可以勾选 检测划痕 ，即可在检测圆心的同时也检测划痕（见图5-18）。当没有这个需求时，可以随时单击 检测划痕 按钮，结束划痕检测，此操作并不影响圆心距离检测。

11）停止检测时先单击按钮，再单击按钮。

3. 调节摄像头

方法略。

4. 上电调试

按操作工艺要求先手动，后自动逐步调试。

1）安装前编写安装、调试工艺。

2）安装前、检查时，应根据图样核对、认识所有零部件。

3）调试前反复进行检查、测试。

4）自动运行之前，应先手动单步调试，确认无误后方可自动运行。

5）调试时，应参照说明设置检测软件参数。

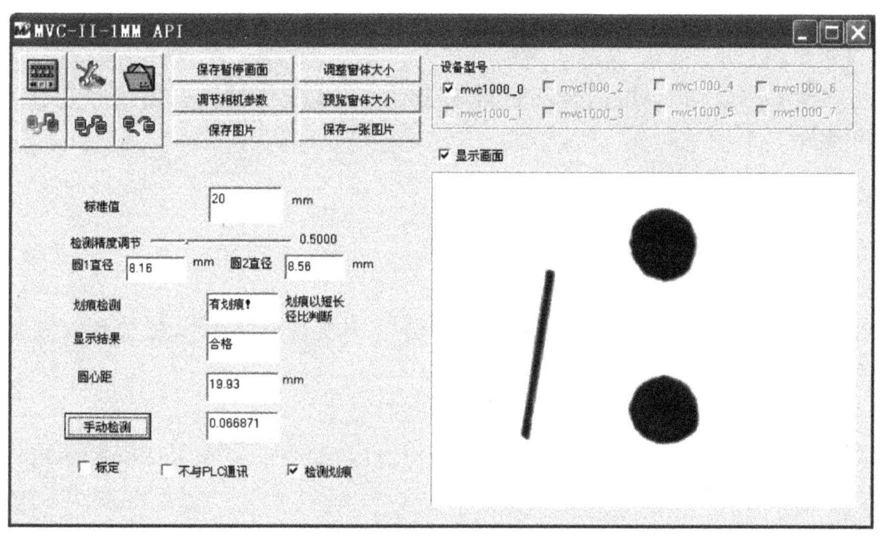

图 5-18　检测划痕

6）工作完成或操作完成后，应将控制箱断电，拔出电源线。

7）每次操作前后，需注意设备的保养和清洁。

三、注意事项

1）检测时的画面不需要调节得特别清楚，检测圆的边缘可以模糊点，如同下面的对照母板。

① 检测圆心距离的母板如图 5-19 所示。

② 检测圆心距离和划痕的母板如图 5-20 所示。

图 5-19　圆心距离检测的母板　　　　图 5-20　圆心距离和划痕检测的母板

2）进行正式检测前的测试时，一定要选择 不与PLC通讯 按钮，测试完毕之后，应关闭程序，单击界面上的按钮，再单击按钮。

3）在检测状态没有工件时，不要单击 手动检测 按钮。

4）错误处理。

出现错误对话框有如下提示时，可按相应步骤处理。

①“图像区域没有要检测工件，请调整图像”。说明工件不在检测区域，请在工件到位后再检测。

②“hough 调用不成功”。说明呈现的图像过于清楚或过于模糊，请按照母板调整相机镜头的光圈和焦距。

③“划痕检测不成功”。说明呈现的图像过于清楚或过于模糊，请按照母板调整相机镜头的光圈和焦距。

相关要点

一、检测前安装说明

1. VC 的安装

因为摄像机的整个开发过程是在 VC 编程语言中实现的，所以在重新安装计算机系统后，应该在本地机上重新安装 VC。

安装方法：光盘驱动安装、虚拟机 + VC6. ISO 安装。

现考虑长期使用和备份的需要，特准备了一份虚拟机 + VC6. ISO 安装源程序，安装步骤为：

1）安装虚拟机。双击 HA-daemon4301. exe 文件，安装时默认“下一步”即可。

2）VC 在虚拟机中的安装。在启动的虚拟机的“设备”菜单栏中添加装载映像 VC6. ISO。

3）安装 VC6，单击“下一步”，默认即可，序列号码是 000 000000。

2. 相机驱动的安装

1）本地 PC 机连接相机，如果 PC 机没有安装相机的驱动，会自动跳出一个对话框。可选择“从列表或指定位置安装（高级）”，单击“下一步”按钮，如图 5-21 所示。

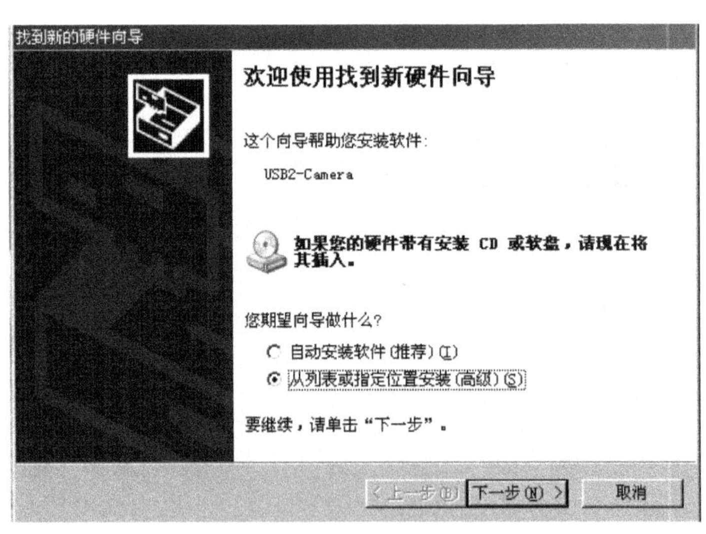

图 5-21　安装相机的驱动

2）选中“在搜索中包括这个位置”，在“浏览”中选择驱动程序存储的位置，单击“下一步”按钮，如图 5-22 所示。

3）出现如图 5-23 和图 5-24 所示界面，单击“完成”按钮，整个相机驱动程序就安装完毕，连接相机即可。

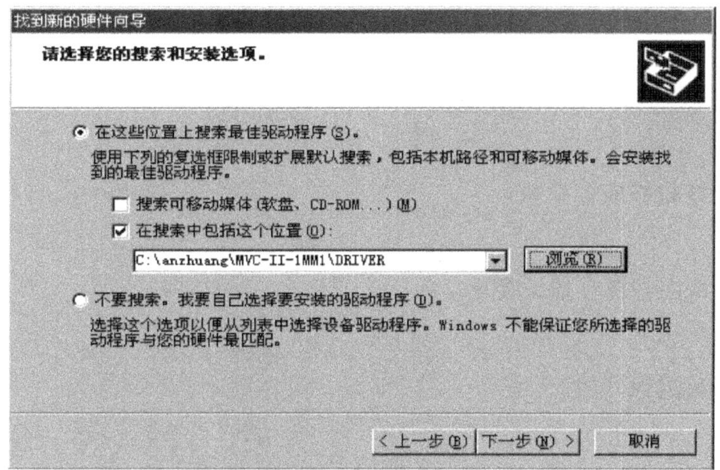

图 5-22　驱动程序的存储

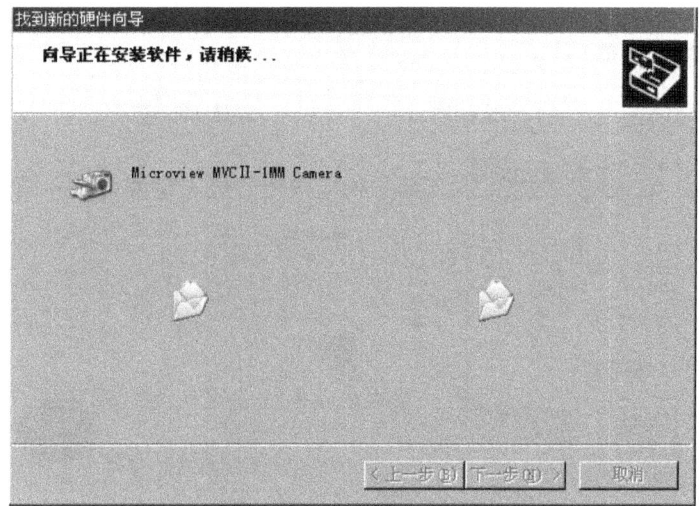

图 5-23　驱动安装界面

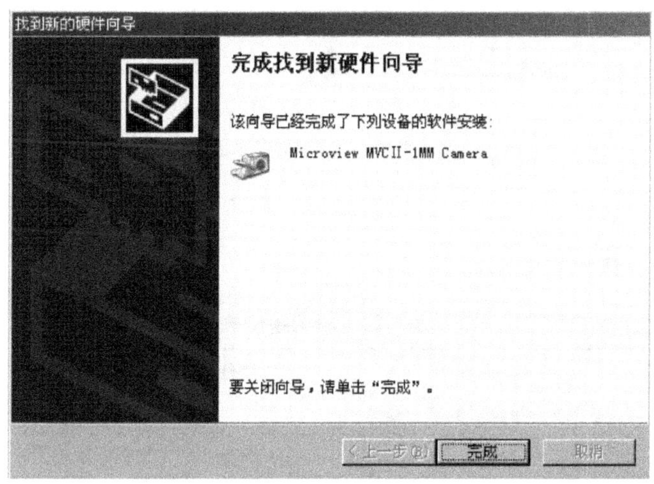

图 5-24　驱动安装完成界面

二、检测界面菜单按钮说明

：PC 机连接外部相机设备。

：调整相机成像参数。

：截取图像保存地址变更。

：相机成像开始。

：相机成像暂停。

：相机成像停止。

保存暂停画面、调整窗体大小、调节相机参数、预览窗体大小、保存图片、保存一张图片都具备相应按钮功能。检测合格界面如图 5-25 所示。

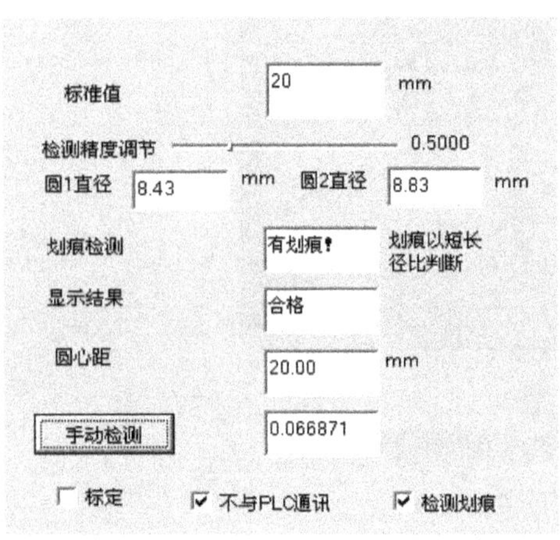

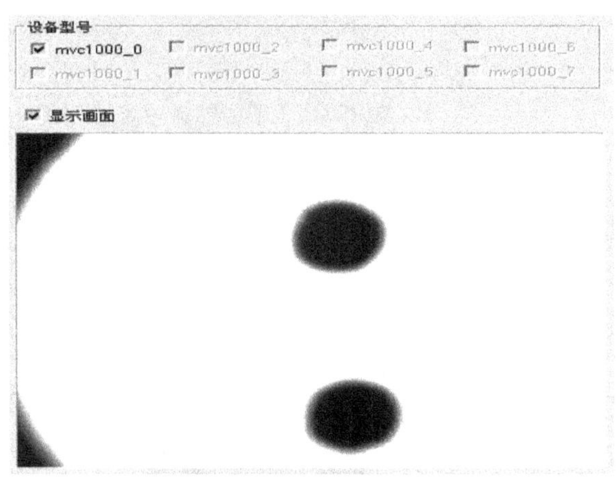

图 5-25　检测合格界面

学习检测

进行学习检测，并填写表 5-12。

表 5-12　学习检测表

检 测 项 目	检 测 要 求	配分	评 分 细 则	评 分 记 录
工、量具的选择	1. 按要求选择合适的工、量具	20 分	每次错误扣 10 分	
	2. 写清名称、型号		每次错误扣 5 分	
	3. 写清符号		每次错误扣 5 分	

（续）

检测项目	检测要求	配分	评分细则	评分记录
电气部分的检查	1. 检查线路的步骤和方法正确	15 分	每次错误扣 10 分	
	2. 检查后合格		每次错误扣 5 分	
检测软件的使用	1. 能正确使用检测软件	30 分	每次错误扣 20 分	
	2. 会调节和设置参数		每次错误扣 10 分	
摄像头的调节	1. 懂调节方法	15 分	每次错误扣 10 分	
	2. 调节后合格		每次错误扣 5 分	
安全文明生产	凡在操作过程中发现重大安全事故隐患时，立即制止，并中止考核	20 分	每次错误扣 20 分	

思考与练习

1. 相机检测系统需要安装哪些软件？
2. 相机检测的精度是多少？
3. 单机上电调试的注意事项是什么？

课题六　分拣站的安装与调试

6

项目一　机械系统的安装与调试

任务描述

分拣站处在整个循环线的最末端，用于将加工好并检测过的零件按合格与不合格进行分选，其实物如图 6-1 所示。分拣站主要由底架、移动组件和分拣组件三大组成部分，机械装配的主要零部件有型材底架、丝杠机构、机械手、带传动组件、气缸、电动机和滑槽等。

本项目主要完成底架、移动台和分拣台的安装。

图 6-1　分拣站

任务一　分拣站装配图的识读

技能目标

1. 能识读分拣站装配图，了解零件装配关系及装配尺寸。
2. 能根据装配图编制分拣站装配工作计划。
3. 能正确选择常用工、量具。

知识目标

1. 能说出识读机械装配图的步骤与内容。
2. 能概述机械装配工作计划的编写步骤。

任务实施

一、工作准备

领取分拣站装配示意图。

二、工作步骤

1）识别分拣站装配体零部件，并记录。

2）分析装配体的工作原理和各零件之间的装配关系。

3）分析主要零件及主要尺寸。

4）分析装配体的拆卸及装配顺序，制订机械装配工作计划。

5）根据装配计划准备工、量具。

任务二　分拣站的装配

技能目标

1. 能按要求搭接分拣站底架部分。
2. 能正确安装丝杠导轨并达到运行要求。
3. 能正确安装挠性联轴器，使之正常工作。
4. 能正确安装分拣带并保证运行正常平稳。
5. 能掌握联轴器的安装及对中方法。

知识目标

1. 能概述联轴器的安装方法与技巧。
2. 能解释带输送装置的安装与张紧方法。

3. 能说出导轨的种类及特点。
4. 能复述丝杠导轨的安装和调整方法。

任务实施

一、工作准备

填写分拣站安装的领料单，见表 6-1。

表 6-1　领料单

领　料　单					
活动名称			日　期		
物料、工具	规　格	数　量	备　注	归还时间	归还情况
姓名					
组号					

二、工作步骤

分拣站安装总体分为三个部分：底架、分拣台和移动台。

1. 安装分拣台底架

分拣站各部分简图如图 6-2 所示。

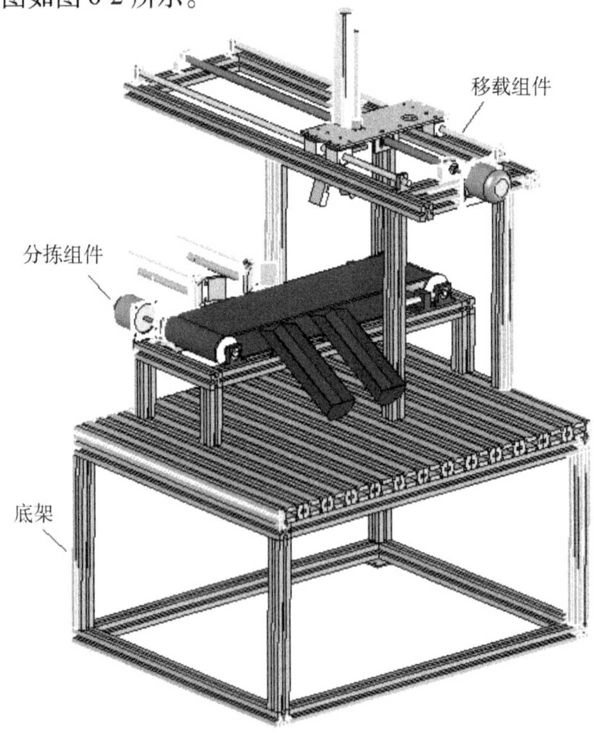

图 6-2　分拣站各部分简图

（1）安装台面（见图6-3）　将角铁用M6的内六角圆柱头螺栓固定在型材的一侧，使角铁的边与型材的一侧面平齐，用内六角扳手将螺栓逐一旋紧，再将此型材与排列整齐的面板型材连接起来，然后用内六角扳手将螺栓逐一旋紧，即完成台面的安装。

（2）安装支撑台面框架（见图6-4）　将型材和三角接头及连接铁板用M6的内六角圆柱头螺栓搭接成矩形框架，用直角尺测量四周的垂直度，达到要求后再用内六角扳手将螺栓逐一旋紧。将四根竖条用M6的内六角圆柱头螺栓联接到安装好的矩形框架上，达到竖条与矩形框架的垂直度要求，再用内六角扳手将螺栓逐一旋紧。

图6-3　安装台面

图6-4　安装支撑台面框架

（3）连接台面及框架（见图6-5）　将安装好的矩形框架用M6的内六角圆柱头螺栓联接到台面上，四根竖条保持与台面侧面平齐，然后用内六角扳手将螺栓逐一旋紧。

（4）安装地脚螺栓　将四个地脚螺栓旋紧在连接铁板上（见图6-6），分拣台底架的安装即告完成，如图6-7所示。

（5）调节分拣台底架水平　将水平尺放到安装好的分拣台底架的台面上，测量其平面度，用扳手微调地脚联接螺栓，达到纵向和横向的平面度要求。

2. 安装分拣台

（1）安装分拣台框架（见图6-8）

1）将短型材和三角接头用M6的内六角圆柱头螺栓分别搭接成两个C形框架，用直角尺测量四周的垂直度，达到要求后再用内六角扳手将螺栓逐一旋紧，再将两根长的型材和三角接头用M6的内六角圆柱头螺栓联接到C形框架上，达到垂直度要求后再用内六角扳手将螺栓逐一旋紧，分拣台框架的安装即告完成。

图6-5　连接台面及框架

2）将完成后的分拣台框架用三角接头和M6的内六角圆柱头螺栓固定到底架台面的相应位置。

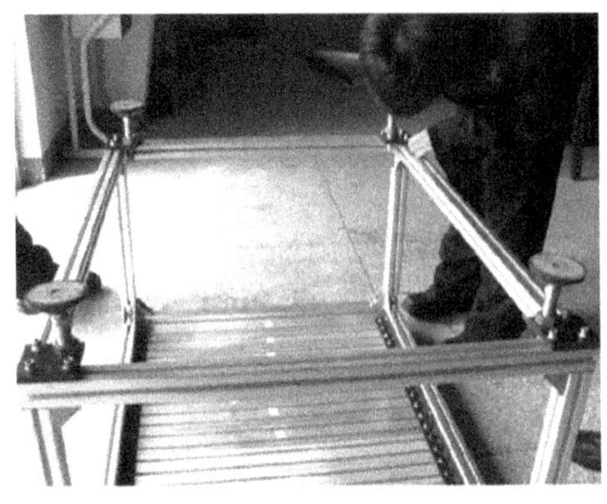

图 6-6　安装地脚螺栓

图 6-7　分拣台底架完成

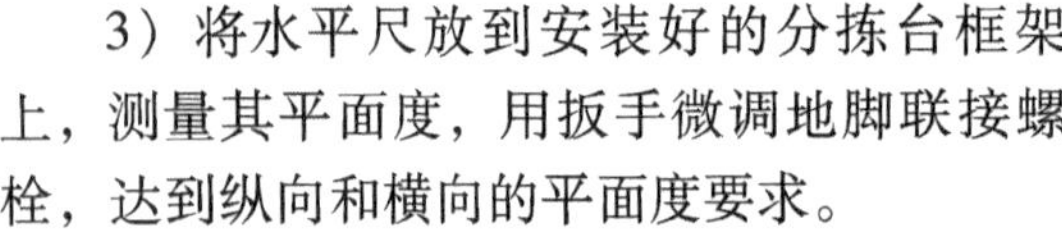

3）将水平尺放到安装好的分拣台框架上，测量其平面度，用扳手微调地脚联接螺栓，达到纵向和横向的平面度要求。

（2）安装分拣带　涉及的零件有：从动带轮、分拣带、主动带轮、带支撑板、带轮座、张紧螺栓和张紧座。

1）首先用 M6 的内六角圆柱头螺栓将四个带轮座固定在型材上，如图 6-9 所示。

2）其次调整好分拣带、带轮与衬板之间的相对位置，如图 6-10a 所示，将两个带轮用 M6 的内六角圆柱头螺栓固定在带轮座上，如图 6-10b 所示。

图 6-8　安装分拣台框架

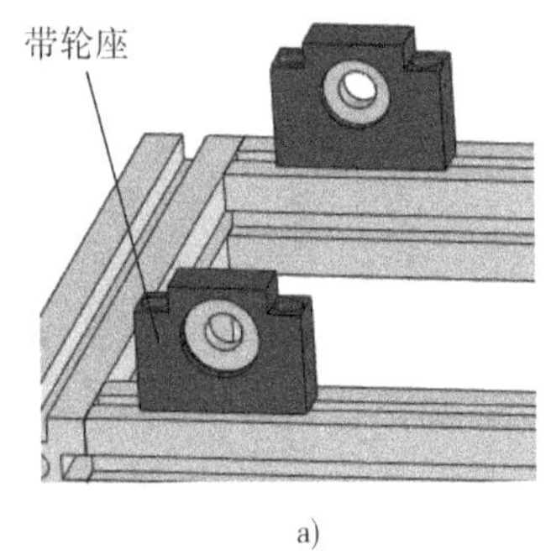

a)

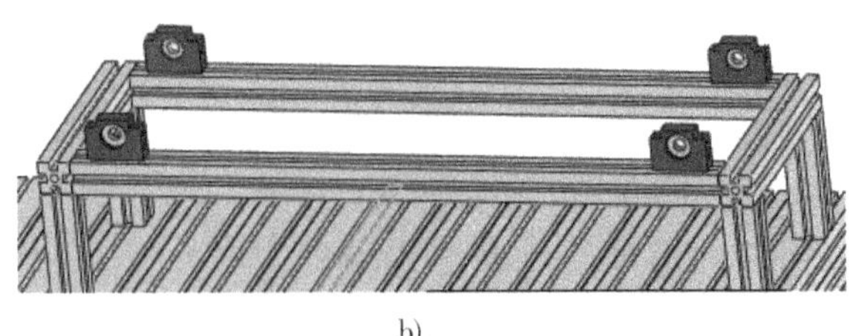

b)

图 6-9　固定带轮座

3）然后用 M6 的内六角圆柱头螺栓将张紧座及张紧螺栓固定在型材上，图 6-11 所示。

4）最后对分拣带进行张紧，张紧程度为松边能够压下 15cm 左右，调整分拣带位置，防止分拣带跑偏。

（3）安装传送带电动机　涉及的零件有：直流步进电动机、传送电动机架、联轴器。

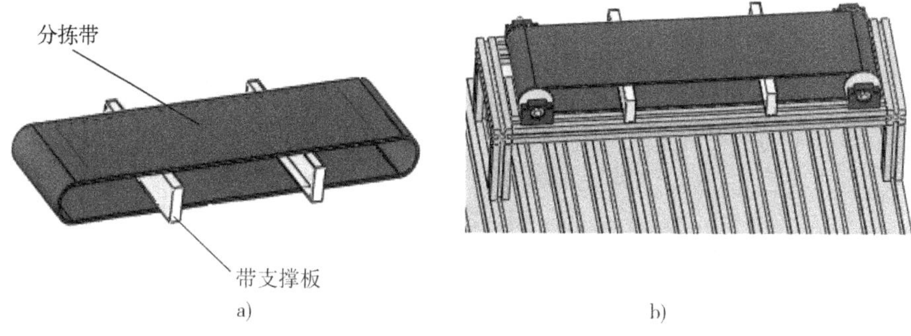

图 6-10　安装分拣带

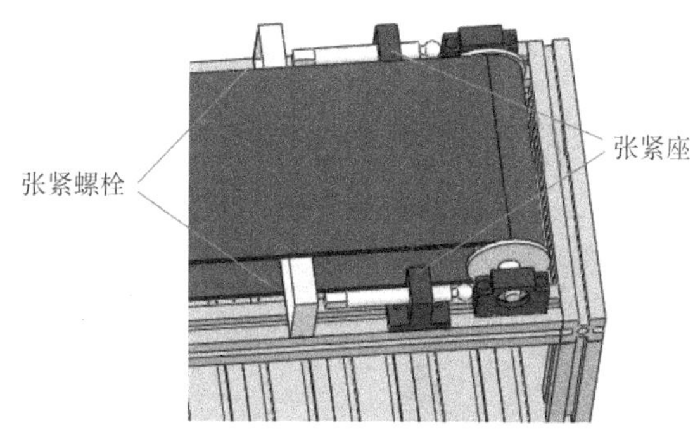

图 6-11　安装张紧座

1）首先用两个 M6 的内六角圆柱头螺栓将电动机架固定在型材上，安装位置如图 6-12 所示。

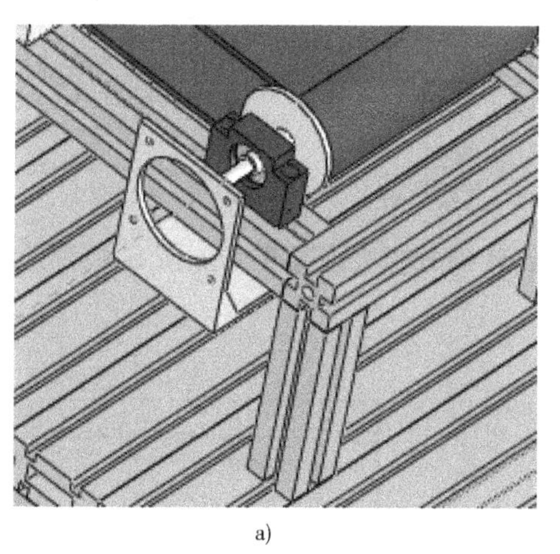
a)

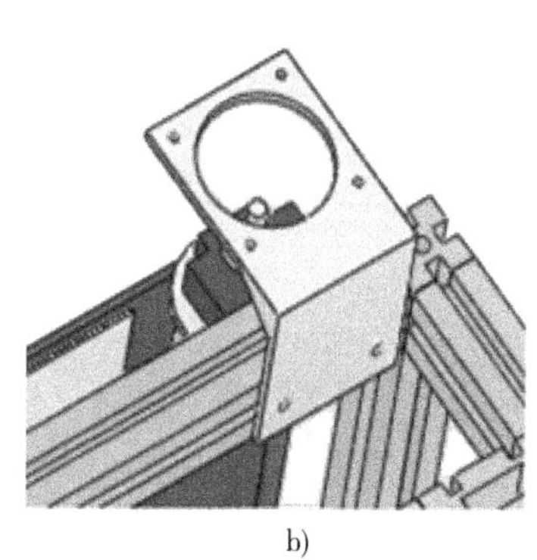
b)

图 6-12　电动机架安装
a）传送电动机架　b）螺旋安装口

2）其次用联轴器连接电动机与主动轴，并用 M5 的内六角圆柱头螺栓固定，如图 6-13 所示。

（4）安装气缸　涉及的零件有：V 形推块、导向轴、气缸架、带法兰的直线轴承 ϕ16mm 和气缸（MS 20×200 FA）。

1）用 M6 的内六角圆柱头螺栓＋双垫片，将分拣气缸架固定在型材上，如图 6-14a 所示。

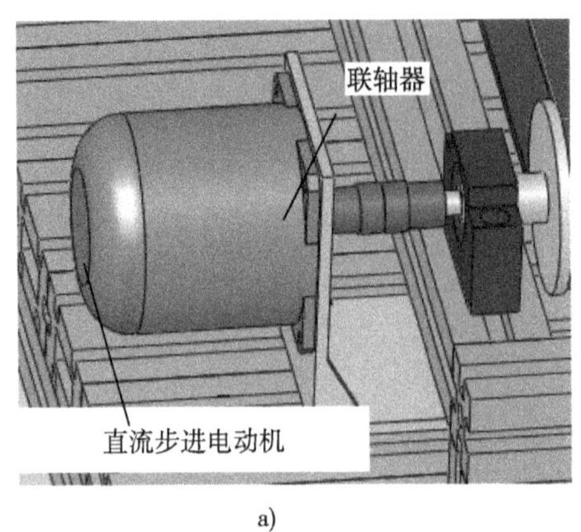

a)

b)

图 6-13　安装步进电动机

2）将气缸和线性衬套放入支架，并用 M4 的内六角圆柱头螺栓固定线性衬套，如图 6-14b所示。

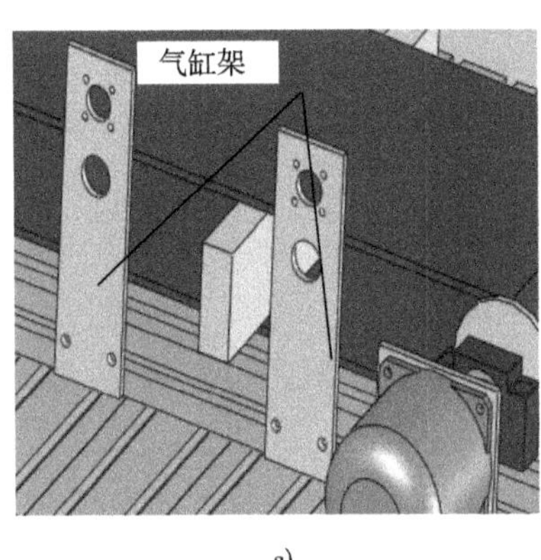

a)

b)

图 6-14　安装气缸

（5）安装分拣台　将安装好的分拣台安装到分拣台底架上，如图 6-15 所示，安装尺寸如图 6-16 所示。

图 6-15　安装分拣台

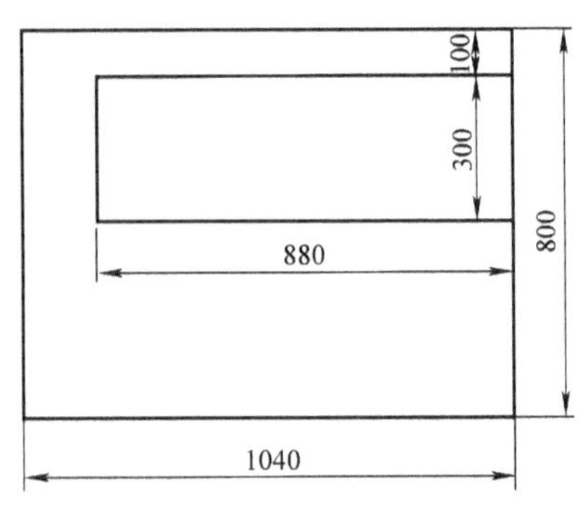

图 6-16　分拣台安装尺寸

（6）安装滑槽　调整滑槽位置，使其在 V 形推块的运动路线上，然后用螺栓将滑槽固定，如图 6-17 所示。

a)

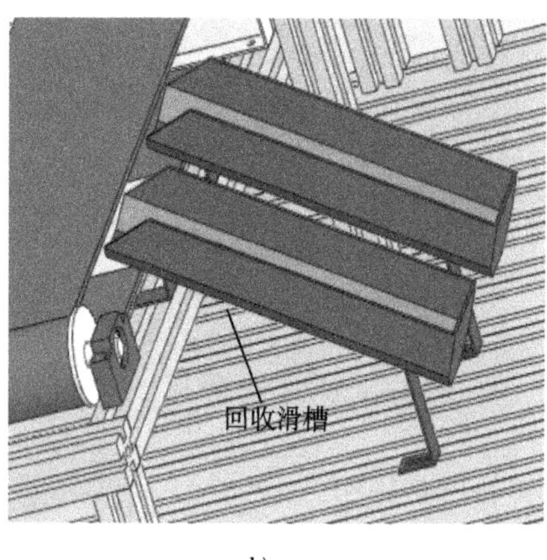

b)

图 6-17　安装滑槽

3. 安装移动台

（1）安装移动台框架（见图 6-18）　将型材和三角接头用 M6 的内六角圆柱头螺栓搭接成一个矩形框架，用直角尺测量四周的垂直度，达到要求后用内六角扳手将螺栓逐一旋紧，再将四根型材和三角接头用 M6 的内六角圆柱头螺栓联接到矩形框架上，达到垂直度要求后用内六角扳手将螺栓逐一旋紧，移动台框架的安装即告完成。

图 6-18　安装移动台框架

（2）安装四个支座及导杆（见图 6-19）　用 M6 的螺栓 + 垫片 + 后装螺母将导杆支座固定在型材上，其余三个支座用相同方法安装。用 M5 的内六角圆柱头螺栓联接垫块和直线轴承，然后将其套在导杆上，并用 M4 的螺栓将导杆固定在支座上。

（3）安装丝杠及其支座　涉及的零件有：丝杠支撑座、丝杠、丝杠固定座、丝杠螺母、丝杠螺母套、丝杠连接件。

用四个 M6 的内六角圆柱头螺栓 + 双垫片 + 螺母联接丝杠螺母套和丝杠连接件，然后将其套在丝杠上（见图 6-20b）。用 M6 的内六角圆柱头螺栓将丝杠固定座及丝杠支撑座安装在型材上（见图 6-20a），而后将丝杠放入并固定（见图 6-20c），要求丝杠与两根导杆相互平行（见图 6-20d）。

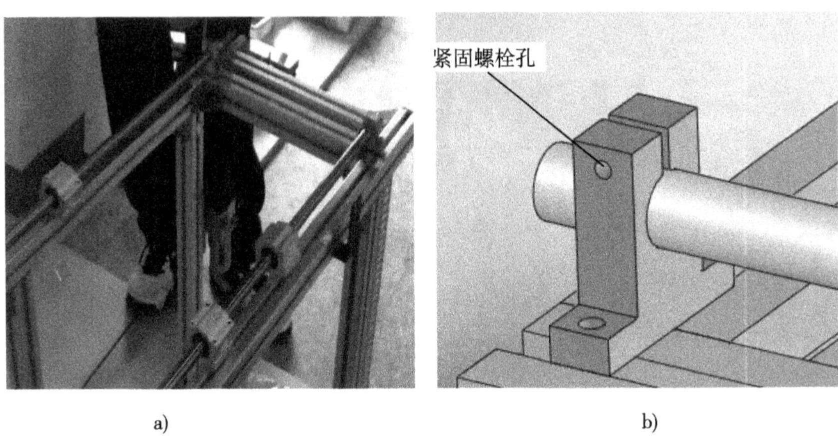

a)　　b)

图 6-19　安装移动台支座及导杆

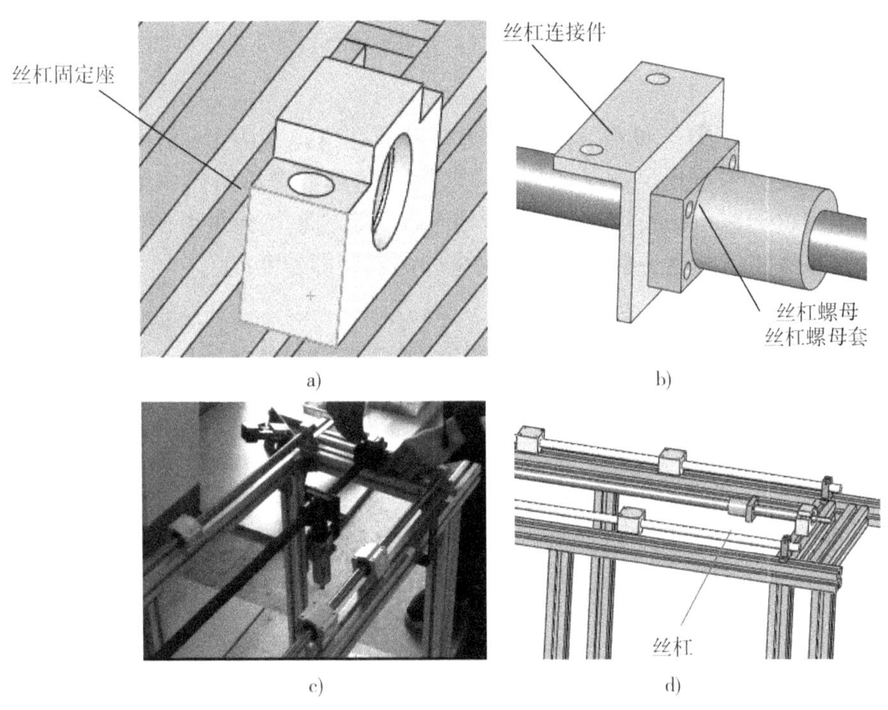

a)　　b)　　c)　　d)

图 6-20　安装移动台丝杠

（4）安装移动台机械手　涉及的零件有：气爪、气爪连接件、移动气缸导向轴、移动台、气缸和带法兰的直线轴承 ϕ20mm。

1）将气缸安装在移动台上，用四个 M6 × 15 的内六角圆柱头螺栓 + 双垫片固定，如图 6-21a 所示。

2）将直线轴承安装在移动台上，用四个 M4 × 8 的内六角圆柱头螺栓固定。

3）利用气缸杆端部的螺纹与气爪连接件的螺纹相联接，如图 6-21b 所示。

4）用 M8 的内六角圆柱头螺栓将导杆与气爪连接件相联接，如图 6-21c 所示。

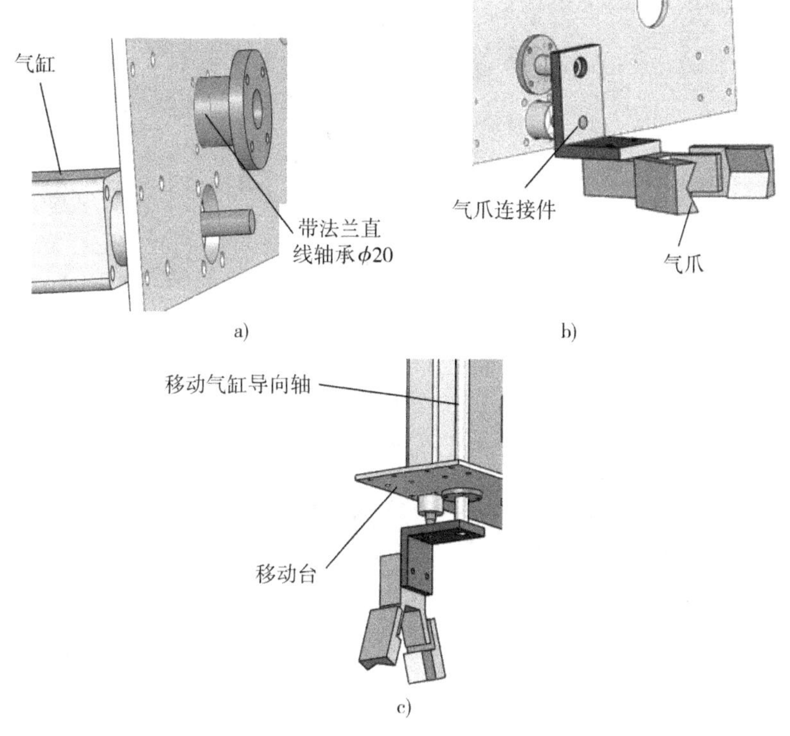

图 6-21 安装移动台机械手

5）将丝杠和导杆安装在移动台上。首先调整移动台相对于四个直线轴承和丝杠连接件之间的位置，如图 6-22a 所示，其次用两个 M8 的内六角圆柱头螺栓联接移动台与丝杠连接件，如图 6-22c 所示，然后用四个 M5 的内六角圆柱头螺栓 + 双垫片联接移动台与直线轴承，最后用同样的方法将其余三个直线轴承与移动台连接起来，如图 6-22b 所示。

4. 安装电动机及联轴器

1）安装丝杠电动机及联轴器，涉及的零件有：联轴器罩壳、分拣电动机架、直流步进电动机和联轴器。

首先用两个 M6 的内六角圆柱头螺栓 + 双垫片将步进电动机架固定在型材上，如图 6-23a 所示，其次用联轴器连接丝杠和步进电动机，如图 6-23b 所示，然后用四个 M4 的螺栓 + 双垫片 + 螺母将电动机固定在电动机架上，如图 6-23c 所示，最后用 M6 的内六角圆柱头螺栓将联轴器罩壳固定在型材上，如图 6-23d 所示。

2）安装移动台到底座，安装尺寸如图 6-24 所示，包含机械手。

3）移动台支架与分拣台支架的固定连接如图 6-25a 所示，采用 M8 的内六角圆柱头螺栓 + 双垫片进行联接，如图 6-25b 所示，涉及的零件为框架连接板。

4）安装传感器支架，用 M6 的内六角圆柱头螺栓 + 双垫片 + 后装螺母联接，如图 6-26所示，涉及的零件有：限位传感器支架 4 个；分拣传感器支架两个；工件落下传感器 1 个。

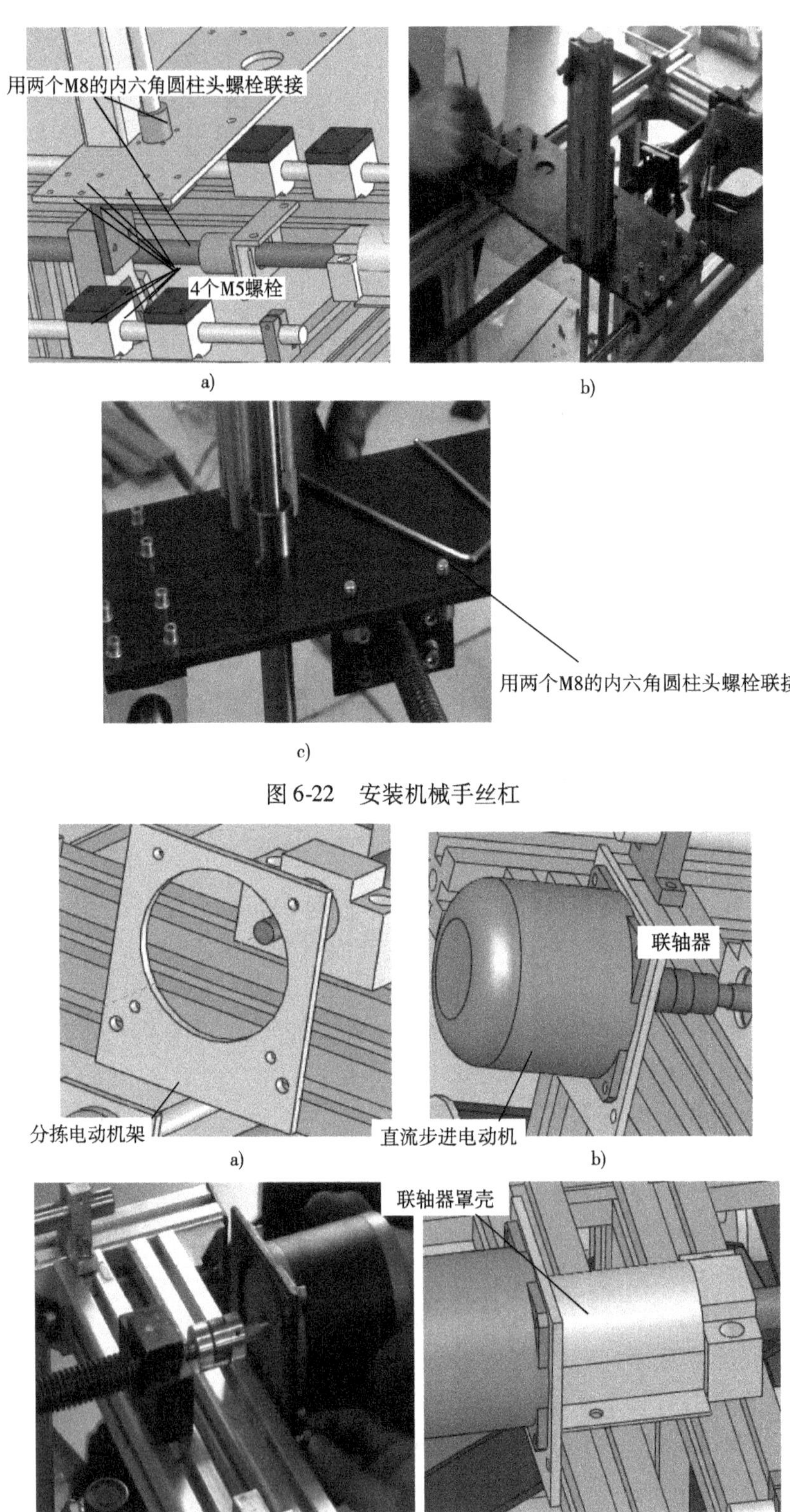

图 6-22　安装机械手丝杠

图 6-23　安装电动机丝杠及联轴器

a)

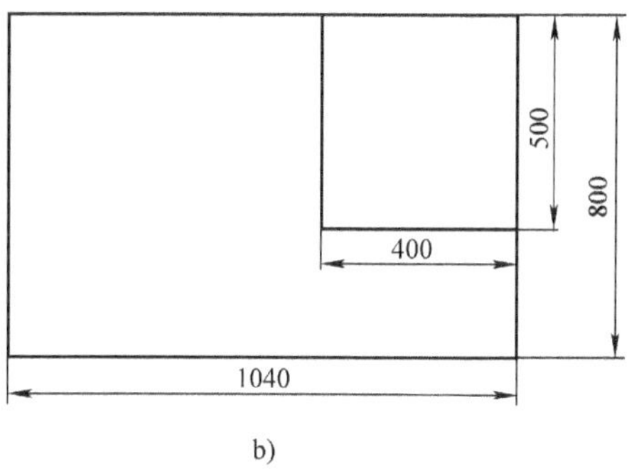

b)

图 6-24　移动台的安装及尺寸

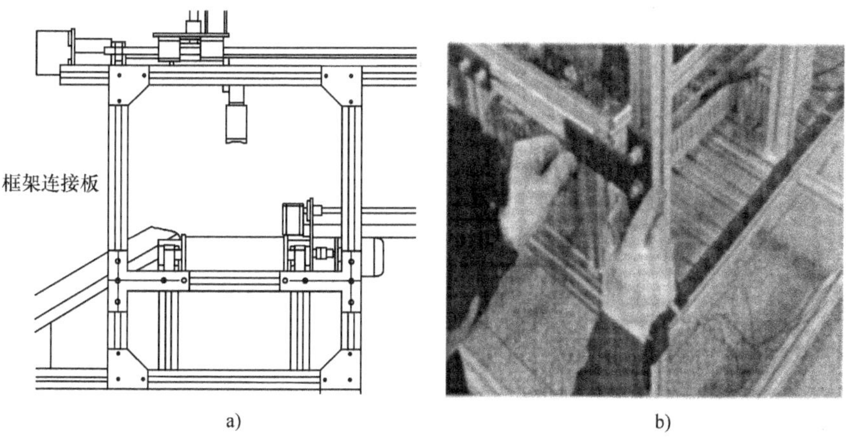

a)　　b)

图 6-25　安装框架连接板

图 6-26　安装传感器支架

学习检测

进行学习检测，并填写表6-2。

表6-2 学习检测表

检测项目	检测要求	配分	评分参考	评分记录
分拣台底架连接的垂直度	垂直度误差≤0.10mm	20分	每错误一处扣5分	
分拣台底架的平面度	平面度误差≤0.05mm	8分	每错误一处扣4分	
分拣台框架连接的垂直度	垂直度误差≤0.10mm	16分	每错误一处扣4分	
分拣台框架的平面度	平面度误差≤0.05mm	8分	每错误一处扣4分	
分拣台分拣带的松紧程度	紧边压下15cm	8分	每错误一处扣4分	
分拣台联轴器的同轴度	同轴度误差≤0.05mm	6分	每错误一处扣3分	
移动台底架连接的垂直度	垂直度误差≤0.10mm	16分	每错误一处扣4分	
移动台丝杠运行的灵活程度	运行自如，无阻塞现象	8分	每错误一处扣4分	
安全文明生产	无不文明现象	10分	每错误一处扣2分	

拓展知识

一、认识导轨副的结构和功能

当运动件沿着支撑导轨件作直线运动时，支撑导轨件上的导轨起支承和导向的作用，即支承运动件和保证运动件在外力（外载荷及构件本身的重力）的作用下，沿给定的方向进行直线运动。一般对导轨有以下要求。

1）一定的导向精度。导向精度是指运动件沿导轨移动的直线性，以及它与有关基面间相互位置的准确性。

2）运动轻便平稳，工作时应轻便省力，速度均匀。

3）良好的耐磨性。导轨的耐磨性是指导轨长期使用后，能保持一定的使用精度。导轨在使用过程中要磨损，但应使磨损量小，且磨损后能自动补偿或便于调整。

4）足够的刚度。运动件所受的外力是由导轨面承受的，故导轨应有足够的接触刚度。为此，常加大导轨面宽度，以降低导轨面比压；设置辅助导轨，以承受外载。

5）受温度变化影响小。应保证导轨在工作温度变化的条件下仍能正常工作。

6）结构工艺性好。在保证导轨其他要求的前提下，应使导轨结构简单，便于加工、测量、装配和调整，降低成本。必须指出，以上6点要求是相互影响的。

二、认识导轨副的类型和结构特点

1. 导轨的分类

按导轨的运动形式分为直线导轨和环形导轨；按摩擦性质分为滑动导轨、滚动导轨、静压导轨和气浮导轨；按导轨材料分为铸铁导轨、钢导轨和塑料导轨；按工作性质分为主运动导轨、进给运动导轨和调整运动导轨；按受力情况分为开式导轨和闭式导轨。

滑动导轨是机床导轨中使用最广泛的类型，也是其他类型导轨的基础。如图6-27所示为几种滑动导轨。

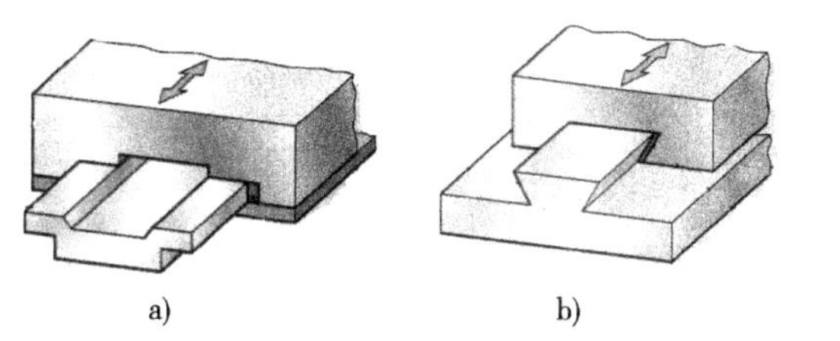

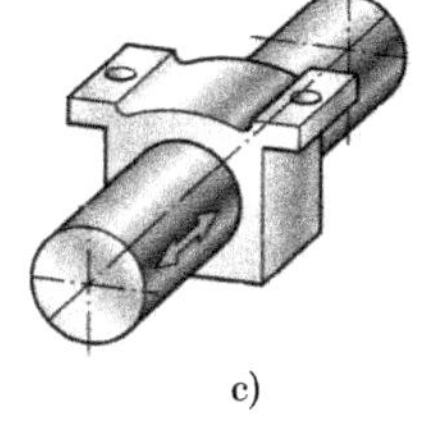

a)　　b)　　c)

图 6-27　滑动导轨

a）矩形导轨（平面导轨）　b）燕尾形导轨（楔形导轨）　c）圆形导轨

2. 滑动导轨的结构（表 6-3）

表 6-3　滑动导轨的结构

	对称三角形	不对称三角形	矩　形	燕　尾　形	圆　形
凸形	45° 45°	90° 15°～30°		55°　55°	
凹形	90°～120°	52° 90°		55° 55°	

其中，圆形导轨制造方便，外圆采用磨削，内孔珩磨可达精密的配合，但磨损后不能调整间隙。为防止转动，可在圆柱表面开键槽或加工出平面，但不能承受大的转矩，宜用于承受轴向载荷的场合，如拉床、钻床的主轴和导向套组成的导轨副。

思考与练习

1. 简述装配分拣站时的注意事项。
2. 简述装配分拣台带传动组件时的常见问题及解决方法。
3. 简述联轴器同轴度误差的检测方法。
4. 编写移动台的装配工艺。

项目二　电气系统的安装与调试

任务描述

分拣站的主要功能是将加工好并经过检测的工件依照检测结果进行分选，把合格工件推入合格料槽，把不合格工件推入不合格料槽。

本项目主要完成分拣站电气系统的安装与调试，包括步进电动机、变频器、交流电动机、上下气缸、手爪气缸和分选气缸各执行元件，以及前后两个限位接近开关、三个光电传感器和四个电磁阀的安装与调试。从控制模式上讲，主要采用触摸屏 + PLC 控制，当然也有部分通过面板代替触摸屏进行简单的操作。触摸屏主要用于参数设置和运行状态监控。

任务一　分拣站电气图的识读

技能目标

1. 能够编写分拣站电气装配工作计划。
2. 会根据分拣站电气装配图准备电器元件和材料。
3. 会根据分拣站电气装配图和电气装配工作计划准备工、量具。

知识目标

1. 能识读分拣站电气控制原理图。
2. 能识读分拣站电气装配图。
3. 能识读分拣站电气连接图。

任务实施

一、工作准备

各小组领取三份图样，包括分拣站电气原理图、分拣站电气装配图和分拣站电气接线图。

二、工作步骤

1. 阅读分拣站电气控制原理图

1）辨识分拣站电气执行元件，并完成表6-4。

表6-4　分拣站电气执行元件清单

元件名称	作　用	数　量	符　号	其　他

2）辨识分拣站电气控制元件，并完成表6-5。

表6-5 分拣站电气控制元件清单

元件名称	作用	数量	符号	其他

3）分析分拣站电气控制原理图。

2. 阅读分拣站电气装配图

1）依据电气装配图准备电器元件和材料，并完成表6-6。

表6-6 分拣站电气装配材料清单

材料名称	规格	数量	符号	其他

2）依据电气装配图准备工、量具，并完成表6-7。

表6-7 分拣站电气装配工、量具清单

工、量具名称	规格	数量	符号	其他

3. 阅读分拣站电气连接图

1）理解电气系统接线图。

2）结合电气装配图规划接线方案。

4. 编写电气装配工作计划

略。

学习检测

进行学习检测，并填写表6-8。

表6-8　学习检测表

检测项目	检测要求	配分	评分细则	评分记录
分拣站电气执行元件	1. 按要求选择合适的元件	25分	每次错误扣10分	
	2. 写清名称、型号		每次错误扣5分	
	3. 写清符号		每次错误扣5分	
分拣站控制元件	1. 按要求选择合适的元件	25分	每次错误扣10分	
	2. 写清名称、型号		每次错误扣5分	
	3. 写清符号		每次错误扣5分	
分拣站电气装配材料	1. 按要求选择合适的材料	25分	每次错误扣10分	
	2. 写清名称、型号		每次错误扣5分	
	3. 写清符号		每次错误扣5分	
分拣站电气装配工、量具	1. 按要求选择合适的工、量具	25分	每次错误扣10分	
	2. 写清名称、型号		每次错误扣5分	
	3. 写清符号		每次错误扣5分	

任务二　分拣站控制电路的接线

技能目标

能够完成分拣站各元器件的控制接线。

知识目标

1. 能说出接线的步骤与要求。
2. 能归纳总结布线的方法与技巧。

任务实施

一、工作准备

1）分拣站安装所需图样。

2）按规范书及有关资料领取设备和工具，包括所有电器元器件，各种联接螺栓、螺母、垫圈、弹簧垫圈、绝缘支撑件及其他辅助材料（如母线夹、绝缘子、接地线等），填写领料单，见表6-9。

表 6-9　领料单

<table>
<tr><td colspan="6">领　料　单</td></tr>
<tr><td>活 动 名 称</td><td colspan="2"></td><td>日　　期</td><td colspan="2"></td></tr>
<tr><td>物料、工具</td><td>规　　格</td><td>数　　量</td><td>备　　注</td><td>归 还 时 间</td><td>归 还 情 况</td></tr>
<tr><td></td><td></td><td></td><td></td><td></td><td></td></tr>
<tr><td></td><td></td><td></td><td></td><td></td><td></td></tr>
<tr><td></td><td></td><td></td><td></td><td></td><td></td></tr>
<tr><td></td><td></td><td></td><td></td><td></td><td></td></tr>
<tr><td colspan="6">姓名
组号</td></tr>
</table>

二、工作步骤

1. 安装前检查

进行安装前检查，并填写表 6-10。

表 6-10　安装前检查记录

准 备 项 目	准备情况（是否完好，齐全）	备注（如有缺损）
图样		
工、量具		
元器件		
零部件		
场地		
其他		

2. 控制面板的安装

如图 6-28 所示，根据面板依次安装按钮和开关。

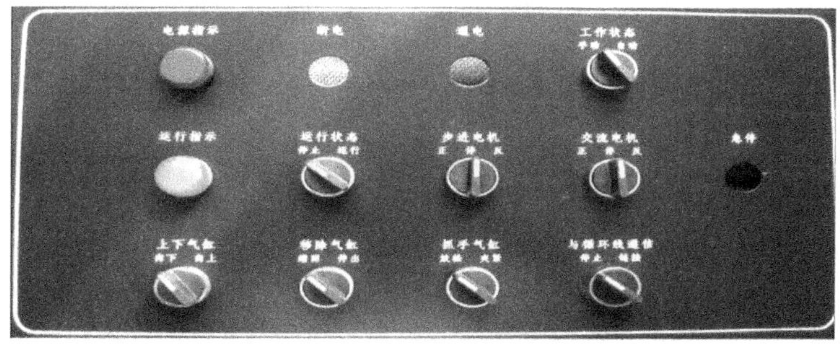

图 6-28　分拣站按钮控制操作面板

1）安装元器件必须完全符合图样的要求，如需代用时必须办理代用手续才能进行安装。

2）安装元器件前，必须进行认真的检查，核对元器件的型号、规格，且使用有生产许可证及试验报告的合格产品，如不符合要求立即更换，以免造成返工，并将所有合格证与使用说明书统一整理，及时递交质检部门。

3）元器件的安装必须横平竖直，垂直度和倾斜度符合要求，柜内所有元器件的布置应整齐美观，符合设计图样要求。安装元件的支架（安装板、梁和框架等），应保证元件接触面平整，不使元件紧固后发生变形，造成损坏或影响其性能。

4）安装塑料、瓷质元件时应加橡皮垫或纸垫。

3. 控制柜箱体内元器件的安装

1）安装电源，如图6-29所示。

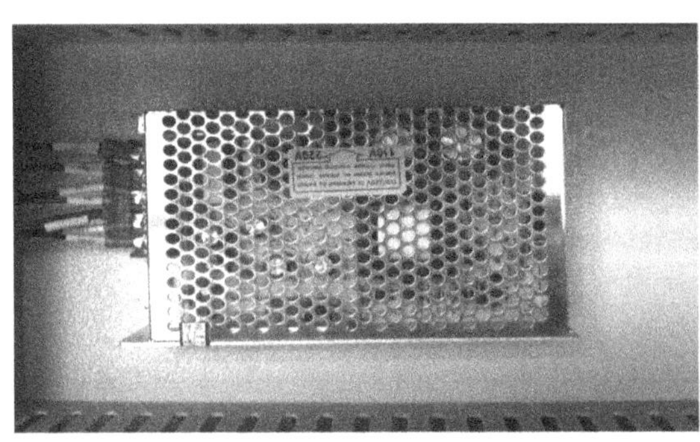

图6-29　分拣站的电源

2）安装步进电动机驱动器，如图6-30所示。

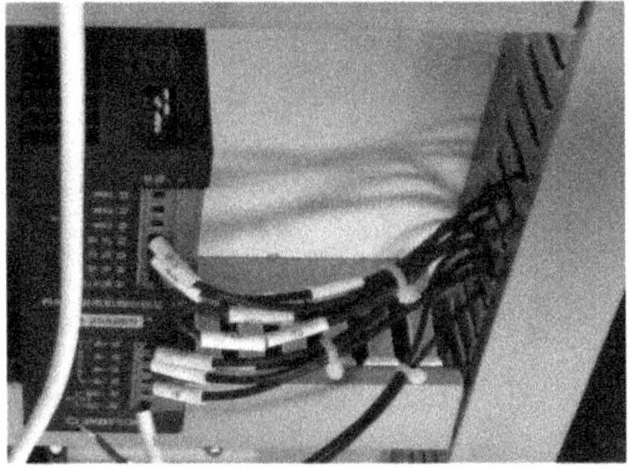

图6-30　分拣站的步进电动机及其驱动器（型号：86BYG250BN和SH-20806N）

3）安装三相交流异步电动机的变频器。

4）安装可编程序控制器。

5）安装开关、继电器和接线端子排。

其安装方法和注意事项可参照前面输送线控制线路的相关介绍。

4. 线路安装、布线和接线。

线路安装、布线和接线如图6-31和图6-32所示。

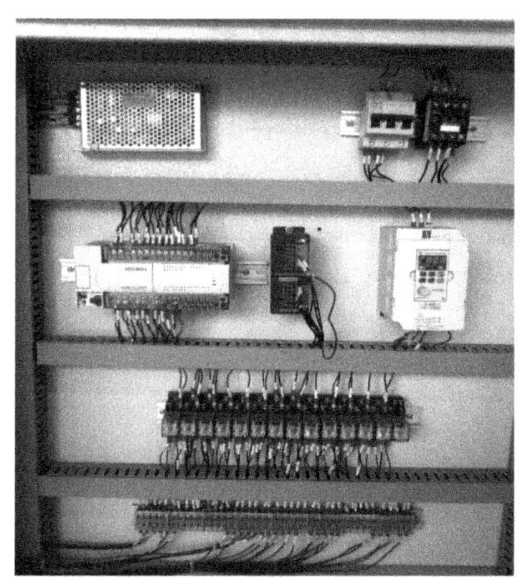

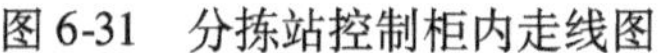

图 6-31　分拣站控制柜内走线图

图 6-32　分拣站移动台走线图

5. 安装后检查

根据安装情况填写表 6-11。

表 6-11　安装后检查记录

安装项目	元器件	零部件
是否完好		
安装是否正确		
操作是否灵活		
其他备注（如有缺损）		

三、注意事项

安装变频器需注意以下问题。

1）环境温度：一般适用在 -10 ~ 40℃、湿度低于 90% 的环境中工作。若环境温度高于 40℃，每升高 1℃，变频器应降额 5% 使用。

2）安装现场的要求。

① 无腐蚀，无易燃、易爆气体或液体。

② 无灰尘、漂浮性的纤维及金属颗粒。

③ 所安装场所的基础、墙壁应坚固无损伤、无振动。

④ 要避免阳光直射。

⑤ 无电磁干扰。

3）变频器的安装空间及通风：变频器内部装有冷却风扇以强制风冷，为了使冷却循环效果良好，必须将变频器垂直安装。将多台变频器安装在同一装置或控制箱内时，为减少相互热影响，建议横向并列安装。

4）变频器盖板的拆卸：在安装中，需要对变频器进行测试、检查和接线等，这就需要对其盖板进行拆卸。要注意不同变频器的特点，根据其特点来进行安装。

5）变频器的接线。

① 接线是否有误

② 电线的线屑，尤其是金属屑、短断头及其螺杆、螺母是否掉落在变频器内部。

③ 螺杆是否拧紧，电线是否有松动。

④ 端子接线的裸露部分是否与别的端子带电部分相碰，是否触及了变频器外壳。

6）控制回路接线的注意事项。

① 控制回路与主回路的接线，以及与其他动力线、电力线应分开走线，并保持一定距离。

② 变频器控制回路中的继电器触点端子引线与其他控制回路端子的连线要分开走线，以免触点闭合或断开时造成干扰信号。

③ 为了防止噪声等信号引起的干扰，使变频器产生误动作，控制回路采用屏蔽线。

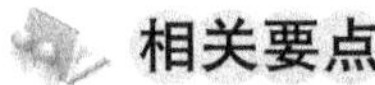

相关要点

分拣站中步进电动机参数的设置

常态下步进电动机按照默认值进行动作，当需要改变步进电动机参数设置时，可按如下步骤操作。

1）按下窗口右下方的快选按钮“VIEW”，弹出快选窗口，如图6-33所示，再次按下快选按钮，则快选窗口隐藏。按下“参数设置”按钮，进入步进电动机参数设置界面。

2）对步进电动机参数进行设置，如图6-34所示。频率设置范围为1000～4200Hz；脉冲总数设置范围为60000～70000Plus；加/减速时间设置范围为100～500ms。

3）按下“默认值”按钮，则以默认值进行参数设置，步进电动机也以默认值运行。设置完成后返回到模式选择界面，进入下一步操作。

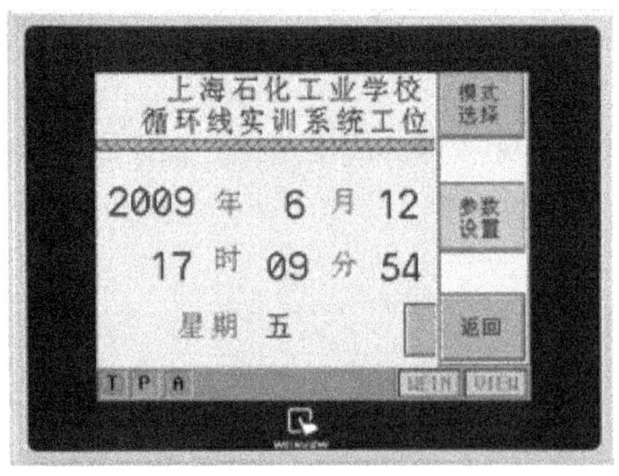

图6-33　快选窗口

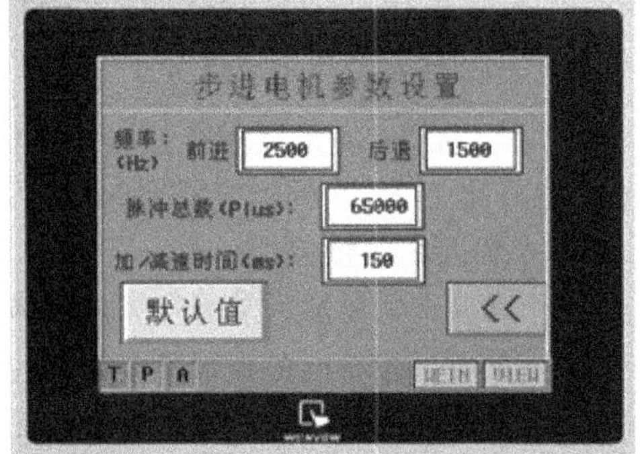

图6-34　步进电动机参数设置

学习检测

进行学习检测，并填写表6-12。

表 6-12　学习检测表

检测项目	检测要求	配分	评分细则	评分记录
工、量具的选择	1. 按要求选择合适的工、量具	20 分	每次错误扣 10 分	
	2. 写清名称、型号		每次错误扣 5 分	
	3. 写清符号		每次错误扣 5 分	
分拣站控制柜元器件的装配	1. 不损坏其他零部件或塑料外壳	20 分	错误扣 10 分	
	2. 装配步骤、方法正确		错误扣 10 分	
	3. 正确使用测量仪器		错误扣 10 分	
	4. 装配过程中未发现丢失螺钉等细小配件		每次错误扣 5 分	
分拣站线路接线	1. 走线正确	20 分	错误扣 10 分	
	2. 线号正确		错误扣 10 分	
	3. 线路连接正确		错误扣 10 分	
校验	1. 校验方法正确	20 分	错误扣 10 分	
	2. 校验后合格		错误扣 10 分	
安全文明生产	凡在操作过程中发现重大安全事故隐患时，立即制止，并中止考核	20 分	错误扣 20 分	

任务三　分拣站 PLC 控制程序的编制

技能目标

1. 会编写分拣站的相关程序。
2. 会对分拣站的程序进行调试。

知识目标

1. 能归纳总结调试程序的方法与技巧。
2. 能描述分拣站的工作过程。

任务实施

一、工作准备

识别分拣站 PLC 系列，分析分拣站控制要求。

二、工作步骤

1）观察分拣站的工作。

2）分析分拣站的工作过程，并做记录。

3）识别分拣站输入输出信号，并填写 I/O 分配表，见表 6-13。

表 6-13　分拣站 I/O 分配表

输入软元件名	注释	输出软元件名	注释
X000		Y000	
X001		Y001	
X002		Y002	
X003		Y003	上、下气缸向下/向上
X004		Y004	手爪气缸抓紧/松开
X005	步进电动机反转		完成信号
X006	上、下气缸向上/向下		
X007	手爪气缸向上/向下		直流电动机正转
X010	循环线工位四托板到		合格工件移除气缸伸出/缩回
X011	循环线工位四拖板上有工件		不合格工件移除气缸伸出/缩回
X012			
X013		Y013	
X014		Y014	
X015		Y015	
X016		Y016	
X017		Y017	
X020		Y020	运行指示灯
X021		Y021	
X022	上、下气缸上位磁性开关	Y022	
X023	上、下气缸下位磁性开关	Y023	
X024		Y024	
X025		Y025	
X026		Y026	
X027		Y027	
X030			
X031	通信连接		

4）根据状态转移图（见图 6-35）绘制顺序功能图。

5）上机操作，编写梯形图程序。

6）输入程序，并进行调试。

学习检测

进行学习检测，并填写表 6-14。

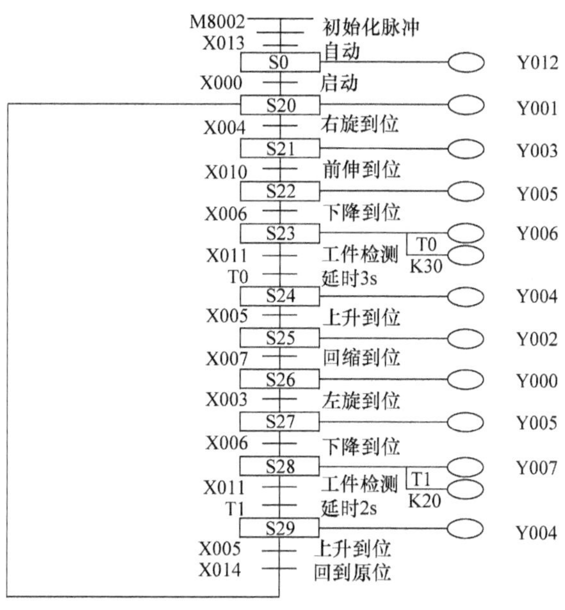

图 6-35　分拣站的状态转移图

表 6-14　学习检测表

检 测 项 目	检 测 要 求	配分	评 分 细 则	评 分 记 录
梯形图与指令程序设计的逻辑控制功能	1. 逻辑控制功能存在严重缺陷	20 分	错误扣 15 分	
	2. 功能不全或逻辑控制功能尚存较明显缺陷的		错误扣 10 分	
	3. 逻辑功能的要求基本实现，但尚存小缺陷的		错误扣 5 分	
梯形图（流程图）指令语句设计工艺	1. 指令程序虽能实现逻辑功能要求，但其设计方案不是最佳，思路不简易，指令语句冗杂	40 分	错误扣 15 分	
	2. 影响功能的图形语句、指令		错误扣 5 分	
	3. 指令语句冗杂、多余，但未影响功能		错误扣 5 分	
	4. 梯形图（流程图）尚需改正，简化但不影响功能		每次错误扣 2 分	
调试，排除故障	1. 空载调试成功	20 分	错误扣 5 分	
	2. 负载调试成功		每次错误扣 5 分	
	3. 经教师指导后，调试成功		每次错误扣 5 分	
安全文明生产	凡在操作过程中发现重大安全事故隐患时，立即制止，并中止考核	20 分	错误扣 20 分	

任务四　分拣站传感器的安装与调试

技能目标

1. 会安装、连接光电式和电感式传感器。
2. 会调节光电式和电感式传感器的灵敏度。
3. 能调整传感器安装位置并排除干扰。

知识目标

1. 能说出光电式和电感式传感器的特点和作用。
2. 能叙述光电式和电感式传感器的使用注意事项。
3. 能归纳光电式和电感式传感器的检查和调整方法。

任务实施

一、工作准备

根据图样，确定安装所需物料和工具，完成表6-15。

表6-15　领料表

领　料　单					
活动名称			日　期		
物料、工具	规　格	数　量	备　注	归还时间	归还情况

姓名

组号

二、工作步骤

1）安装前检查传感器型号、数量和好坏。

2）电感式传感器的安装。

① 在分拣站移载组件的相应位置上安装传感器。

② 调整传感器与接近物之间的距离。

③ 传感器输出线接入PLC输送线组件的接入口。

3）反射式光电传感器的安装。

① 在分拣站传输带上安装传感器。

② 在分拣站传输带相应位置上安装传感器反光板。

③ 调整传感器与反光板之间的相对位置。

④ 传感器输出线接入 PLC 输送线组件的接入口。

4）传感器安装后的检查与试运行。

① 手动移动分拣站的机械手接近电感式传感器，检查传感器灯是否亮，调整传感器与接近物之间的距离和传感器灵敏度。

② 手动将加工工件放入反射式光电传感器前方或下方，检查传感器灯是否亮，同时检查 PLC 上是否有信号输入，否则应调整传感器反光板位置与传感器对应位置或传感器灵敏度。

③ 检查接线部位是否接触良好，是否有灰尘粘附等。

④ 分拣站装配完成后试运行时，再检查传感器的工作状态是否正常。

三、注意事项

1）检测距离应在额定范围内（电感式传感器：感应距离 4mm；光电传感器：检测距离 5 ~ 40cm）。

2）紧固螺母时用力应均匀。

3）电感式传感器表面与被测物体平行。

4）根据现场的光线、检测距离等状态调整传感器灵敏度。

5）传感器输出线与 PLC 输入端断电连接。

相关要点

分拣站上的传感器

分拣站上的传感器的安装位置如图 6-36 所示。

图 6-36 分拣站上的传感器

1）采用电感式传感器感知分拣站移载组件极限位置，起限位作用，如图 6-37 所示。

图 6-37　移动台上的传感器

2）用于感知工件已放至传送带上的是光电式传感器，如图 6-38 所示。

图 6-38　分拣站传输带上的传感器

3）光电式传感器还可用于分拣输送带上不同材质或不同类型的工件，如图 6-39 所示。

图 6-39　分拣站的分拣传感器

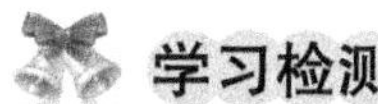

学习检测

进行学习检测，并填写表 6-16。

表 6-16 学习检测表

检测项目	检测要求	配分	评分细则	评分记录
传感器的选择	1. 按图样选择正确的传感器	20 分	每次错误扣 10 分	
	2. 写清名称、型号		每次错误扣 5 分	
	3. 写清符号		每次错误扣 5 分	
传感器的装配	1. 不损坏零部件或塑料外壳	40 分	错误扣 10 分	
	2. 装配步骤、方法正确		错误扣 10 分	
	3. 能正确使用测量仪器		错误扣 10 分	
	4. 装配过程中未发现丢失固定螺钉等细小配件		每次错误扣 5 分	
传感器的校验	1. 按说明书进行校验	20 分	错误扣 10 分	
	2. 校验后合格		错误扣 10 分	
安全文明生产	凡在操作过程中发现重大安全事故隐患时，立即制止，并中止考核	20 分	错误扣 20 分	

拓展巩固

一、高速计数器

1. 高速计数器的定义和类型

高速计数器是 32 位停电保持型增/减计数器，通过对特定的输入端子（X0 ~ X7）的 OFF/ON 动作进行计数，与扫描周期无关，最高响应频率为 60kHz，地址编号为C235 ~ C255。

根据不同增/减计数切换及控制的方法，高速计数器分为单相单计数输入、单相双计数输入以及双相双计数输入三种类型。

2. FX2n 系列 PLC 高速计数器（C235 ~ C245）的应用

在 X012 为 ON 时，利用计数输入 X000，通过中断，C235 按 X010 设定的方式增计数或减计数。

计数器的当前值由 -6→-5 增加时，输出触点被置位，由 -5→-6 减少时，输出触点被复位；如果复位输入 X011 为 ON，则执行 RST 指令，计数器当前值变为 0，输出触点也复位，如图 6-40 所示。

二、分拣站的触摸屏面板

分拣站的触摸屏面板如图 6-41 所示。

1）“带灯电源”按钮：在按下该按钮之前，先确认控制箱内断路器拨位向上，表示断路器上下接通，再按下该按钮，则控制箱接通电源，此时该按钮亮绿灯，否则检查电源线是否插到拖线板上，断路器是否正确拨位。该按钮为硬接线，于 PLC 无输入信号。

2）“启动”按钮：在触摸屏内手动操作，确认各单步运行无误后，进行自动操作，进

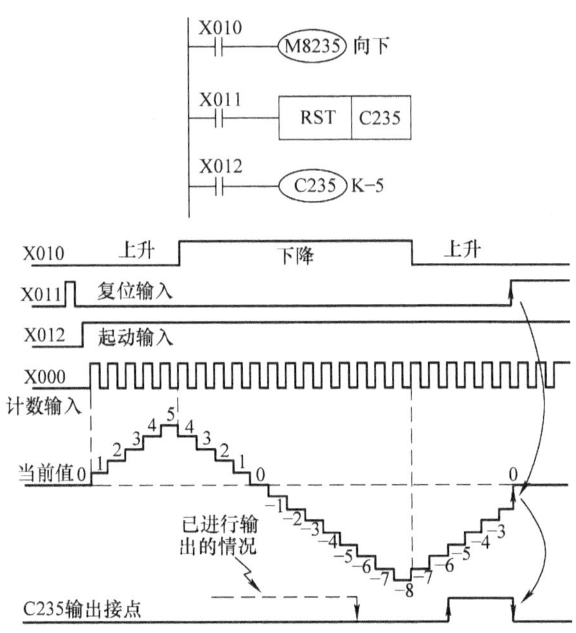

图 6-40　高速计数器

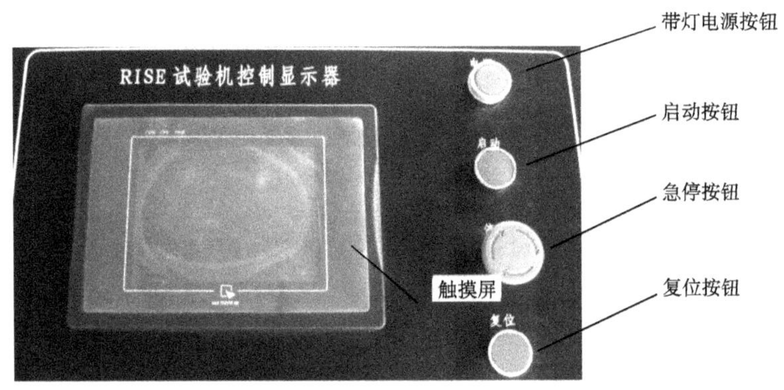

图 6-41　分拣站的触摸屏面板

入“自动模式”，拨位“运行”，选择“链接”或不“链接”，最后按下该“启动”按钮，则该工位四进入自动运行，此时双节灯亮绿灯。输入 PLC 信号：X3（启动）。

3）“急停”按钮：当出现紧急情况或误动作时，按下该按钮，则将外部输出全部断开，此时双节灯亮红灯。当问题解决或确认外部输出安全后，依按钮上箭头方向旋转可解除急停，此时红灯灭。或者在向 PLC 写入程序之前按下“急停”按钮，可防止由于程序编写错误而导致外部输出误动作。该按钮通过一个继电器控制所有其他继电器线圈的 24V 输入。该按钮为硬接线，于 PLC 无输入信号。

4）“复位”按钮：当工位四误动作或出现紧急情况或参数重新输入后，按下该按钮，则工位四恢复初始状态，即步进电动机停止，交流电动机停止，上、下气缸缩回，手爪气缸松开，分选气缸缩回，PLC 程序内部使用的中间继电器全部复位。输入 PLC 信号：

X6（复位）。

5）触摸屏：当“带灯电源”按钮按下后，触摸屏点亮，则可依照操作步骤进行下一步操作，若触摸屏不亮，检查触摸屏背部接线端子是否松脱。

思考与练习

1. 描述分拣站电气控制过程。
2. 完善分拣站电气装配工作计划。
3. 简述分拣站的控制电路安装接线工艺。
4. 简述分拣站电气系统接线注意事项。
5. 画出分拣站状态转移图。
6. 编制分拣站 PLC 控制梯形图。
7. 调试分拣站 PLC 控制梯形图。
8. 简述移载组件固定导杆上的传感器安装方法。
9. 简述导杆上两个限位电感式传感器的安装注意事项。
10. 简述传感器失效故障的原因分析及排除方法。

项目三　气动系统的安装与调试

任务描述

分拣站负责根据检测站提供的工件检测结果，对合格工件和不合格工件进行分拣。分拣站气动系统主要完成两个任务：将检测完毕的工件从输送线搬运到分拣带上；根据检测结果将工件推入相应的滑槽中。

本项目主要完成分拣站气动系统的安装与调试，包括完成手臂气缸、手爪气缸和两个移除气缸的安装、换向阀的安装以及气动系统的调试工作。

任务一　分拣站气动原理图的识读

技能目标

1. 能识别气动元件。
2. 能根据气动控制原理图选择正确的气动元件。
3. 能编写气动系统工艺流程。
4. 能调节气动执行元件的运动速度。

知识目标

1. 能说出分拣站气动系统功能。
2. 能说出双作用气缸的工作方式。
3. 能阐述气动回路的工作原理。

任务实施

一、工作准备

领取分拣站气动原理图，如图 6-42 所示。

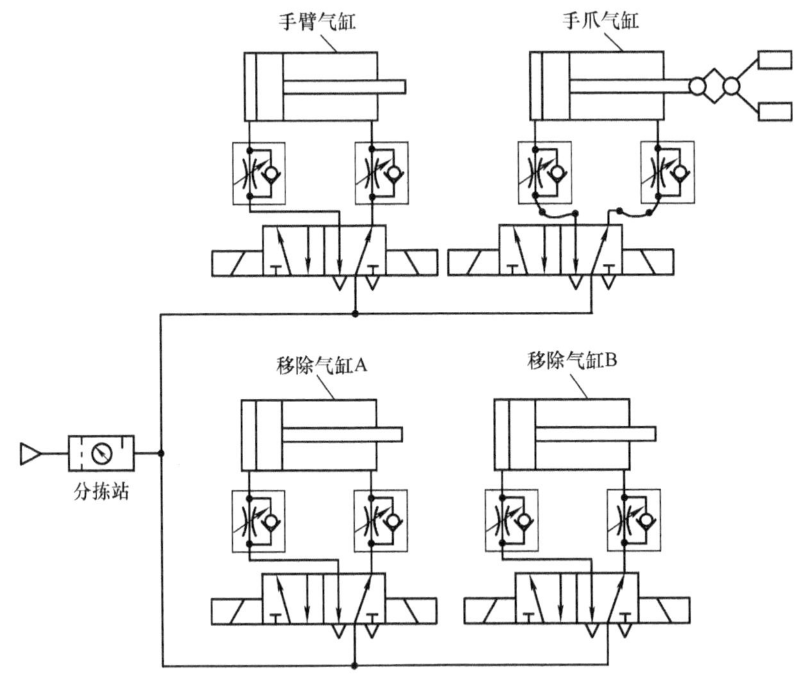

图 6-42　分拣站气动系统原理图

二、工作步骤

1）观察分拣站气动系统工作情况。

2）分析气动元件，将元件的名称、职能符号和作用填入表 6-17。

表 6-17　分拣站气动回路元件清单

职能符号	元件名称	作　用

3）分析气动回路原理图。识读气动原理图，分析换向阀切换状况及气流情况，并将分析结果填入表 6-18。

表 6-18　分拣站气动回路分析结果

动作顺序	换向阀	气流情况
手臂气缸活塞杆伸出		进气：
		出气：
手臂气缸活塞杆缩回		进气：
		出气：
手爪气缸抓紧		进气：
		出气：
手爪气缸松开		进气：
		出气：
移除气缸伸出		进气：
		出气：
移除气缸缩回		进气：
		出气：

相关要点

分拣站气动系统工作原理

分拣站是机电一体化综合实训装置的最后一站，其气动系统主要由两部分组成。

1. 物料搬运

工件经过检测站检测，随输送线来到分拣站，首先在手臂到位的情况下，手臂气缸向下伸出，手爪气缸抓紧工件后手臂气缸缩回，完成工件的抓取。

随后，手臂在丝杠的带动下携带工件来到分拣带上方，手臂气缸向下伸出，手爪气缸松开工件后手臂气缸缩回，完成工件的释放。

2. 物料分拣

工件放置在分拣带上后，分拣带开始工作，带动工件来到分拣移除气缸前方，被相应的分拣气缸推入滑槽中。

学习检测

进行学习检测，并填写表 6-19。

表 6-19　学习检测表

检测项目	检测要求	配分	评分参考	评分记录
观察分拣站气动系统工作情况，描述送料站气动系统主要功能，分拣站中的气动元件	1. 行为规范 2. 描述正确、齐全	40 分	每错误一处扣 5 分	

（续）

检测项目	检测要求	配　　分	评分参考	评分记录
气动元件分析，识读回路中的元件	描述正确、齐全	20分	每错误一处扣5分	
分析气动原理，填写换向阀切换状况及气流情况表	分析正确，描述清晰	40分	每错误一处扣5分	

任务二　分拣站气动系统回路的搭接

技能目标

1. 能根据气动系统回路图正确搭接气动系统回路。
2. 能正确调试气动系统回路，保证气动系统的正常工作。
3. 能和机械电气系统进行有机整合，保证分拣站的正常工作。

任务实施

一、工作准备

按规范书及有关资料领取设备和工具，所有气动元件和各种气管等，填写分拣站气动系统搭接领料单，见表6-20。

表6-20　领料单

领　料　单					
活动名称			日　　期		
物料、工具	规　　格	数　　量	备　　注	归还时间	归还情况

姓名

组号

二、工作步骤

1）辨识分拣站气动元器件。

2）判别分拣站气动元器件的接口。

3）连接分拣站管路。

4）根据机械装配图安置分拣站气动元器件。

5）根据气动原理图连接分拣站气动管路。

6）复查分拣站气动回路。

7）进行通气调试。

相关要点

分拣站气动系统的调试

分拣站的气动系统执行元件较多，与分拣站机械、电气系统联系紧密。其调试过程需要注意的问题较多。其调试流程图如图 6-43 所示。

在气动系统的调试过程中，应该遵循“先检查、后调试，先气路、后电路”的原则。

“先检查、后调试”是进行调试的基础，只有在复查所有工作，确定元器件安装牢固、气管连接稳固正确的前提下，相关气—电调试工作才能进一步展开。

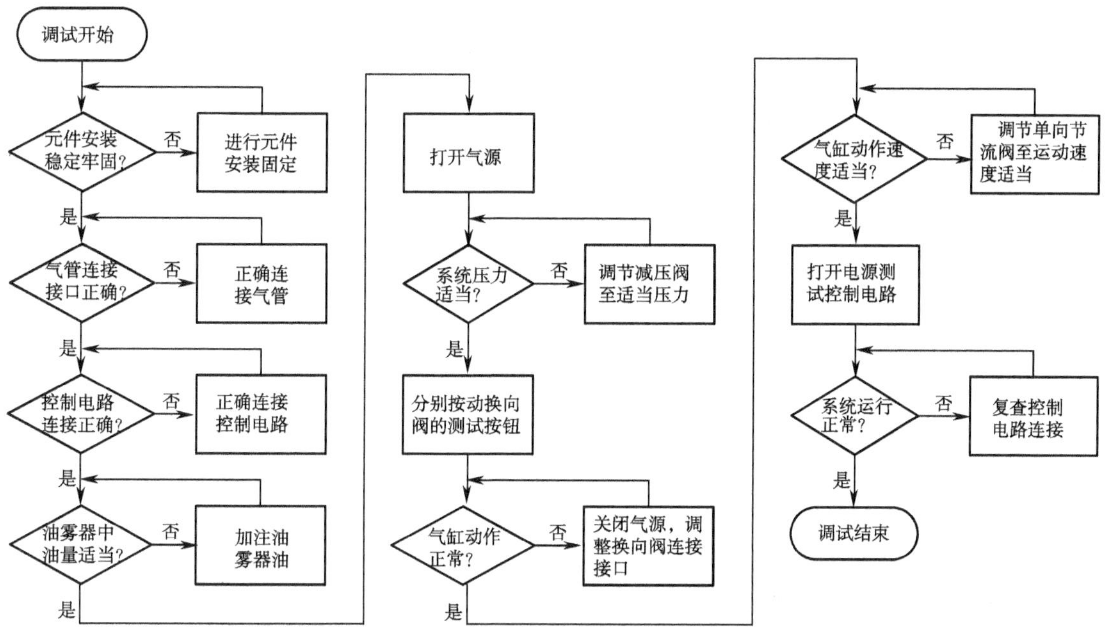

图 6-43　分拣站气动系统调试流程图

“先气路、后电路”是气动系统调试的一般顺序。在没有控制电路干扰的情况下，率先将气动回路中可能出现的问题和故障排除，之后再进行控制电路的调试，以免出现无法辨识是气动回路错误还是控制电路问题的尴尬情况。

学习检测

进行学习检测，并填写表 6-21。

表 6-21　学习检测表

检测项目	检测要求	配　分	评分参考	评分记录
气动元件的合理选型	选用正确、齐全	40 分	每错误一处扣 5 分	
气动元件的安置	稳定可靠，便于操作	20 分	每错误一处扣 5 分	
气管的连接	正确可靠	40 分	每错误一处扣 5 分	

思考与练习

1. 搭接气动控制回路时，有哪些注意事项？
2. 气动系统的调试有哪些原则？

项目四　单机系统调试

任务描述

分拣站主要包括步进电动机、交流电动机、上下气缸、手爪气缸、分选气缸各执行元件，以及前后两个限位接近开关、三个光电式传感器。控制柜的控制方式有两种：一种采用控制面板上的旋钮操作；另一种采用触摸屏控制。由三菱 FX2n 晶体管型 PLC 实现分拣站状态、位置等输入信号的采样读取以及各执行元件的驱动。

本项目主要完成分拣站的单机系统调试，包括完成分拣站的机械部分、电气部分、气动检查和单机上电调试工作。

技能目标

1. 会制订分拣站单机系统调试工艺。
2. 能完成分拣站机械部分检查。
3. 能完成分拣站电气部分检查。
4. 能完成分拣站气动部分检查。
5. 会制订分拣站单机系统调试工艺。
6. 会进行分拣站单机上电调试。

知识目标

1. 能说出分拣站单机系统调试工艺要求。
2. 能归纳出分拣站机械部分检查内容和要点。
3. 能归纳出分拣站电气部分检查内容和要点。
4. 能记住分拣站气动部分检查内容和要点。
5. 能说出分拣站单机系统调试工艺要求。
6. 能说出分拣站单机上电调试要求。

任务实施

一、工作准备

1）制订分拣站单机系统调试工艺。

2）准备工具。选用内六角扳手、螺钉旋具等工具。

3）填写领料单。根据工艺要求合理选择工、量具，填写表6-22。

表6-22　领料单

领　料　单					
活动名称			日　　期		
物料、工具	规　　格	数　　量	备　　注	归还时间	归还情况
姓名 组号					

二、工作步骤

1. 检查机械部分

1）工作台、铝合金构架位置调整：手动将步进电动机运行到前限位，伸出上下气缸，检查气缸手爪能否抓到循环线上的工件，否则应前、后、左、右移动工作台；检查气缸手爪能否抓到工件上端，否则应调整工作台调程脚的高低。

2）步进电动机、丝杠连接调试：手动运行步进电动机，使其正转、反转，如果有异常大的转动声音或丝杠不动，则应检查电动机、联轴器和丝杠安装是否对中；若使用触摸屏面板，还需检查步进电动机参数设置中，前进、后退的频率是否过大。

3）交流电动机、传送带调试：手动运行交流电动机，使其正转、反转，如果传送带不动，则应调整带轮间距，使传送带张紧。

2. 检查电气部分

1）对各元器件进行清扫，检查接触器、继电器等可动器件的动作是否灵活，接线头是否牢固，是否有漏接、错接现象。

2）检查主电路接线，注意极性。

3）检查各种控制与保护电器，如时间继电器、热继电器等的整定值是否符合线路要求，熔断器的熔体是否合适等。

4）检查行程、限位等开关的触点使用是否正确，转动是否灵活及内部有无异物。

5）检查保护接地系统是否规范。接地线应牢固并保证接触良好。

6）绝缘检查。导电部位应对地绝缘。各绝缘电阻应不小于0.5MΩ。

7）控制电路检查（主电路断开，接通控制电路进行空载试验），检查电路及元器件的动作顺序是否正确。

8）检查联锁环节及联动装置、各保护环节等信号装置的动作是否正确。

9）检查并调整传感器，使其动作在准确位置。

10）检查各元器件触点接触的可靠性、动作的灵活性，应无卡住、粘住或停滞现象，且无过大的噪声及线圈过热现象。

3. 检查气动部分

1）上下气缸调试：手动运行，拨动上下气缸旋钮，检查气缸是否上下动作。如不能正常动作，则应将气缸两端的阀口调大。如气缸上下动作正好相反，则应调换气缸的进气管与出气管。

2）手爪气缸调试：手动运行，拨动手爪气缸旋钮，检查气缸手爪是否有抓紧、松开动作。如不能正常动作，则应将气缸两端的阀口调大。如气缸抓紧、松开动作正好相反，则应调换气缸的进气管与出气管。

3）分选气缸调试：手动运行，拨动分选气缸旋钮，检查气缸是否有伸出、缩回动作。如不能正常动作，则应将气缸两端的阀口调大。如气缸伸出、缩回动作正好相反，则应调换气缸的进气管与出气管。

4. 通电调试

按操作工艺要求先手动、后自动逐步调试，直至分拣站正常运行。

1）调试前反复进行检查、测试。

2）自动运行之前，应先手动单步调试，确认无误后方可自动运行。

3）调试时应参照说明设置变频器参数。

4）手动单步调试时，运行步进电动机，注意是否碰到前后限位传感器。

5）在步进电动机前进时，注意上下气缸应向上缩回，否则将碰到循环线上的传感器反光板。

三、注意事项

1）安装前编写安装、调试工艺。

2）安装前、检查时，应根据图样核对、认识所有零部件。

3）工作完成或操作完成后，应将控制箱断电，断路器拨位向下，拔出电源线。

4）每次操作前后，需注意设备的保养和清洁。

相关要点

一、机械部分检查

1. 铝合金型材构架安装质量检查

分拣站铝合金型材构架如图 6-44 所示，包括工作台、分拣传送带支架和分拣机械手支架。安装时要保证型材搭接合理，相互连接牢固，并确保尺寸精度。

2. 分拣传送带安装质量检查

要求传送带（见图 6-45）松紧合适，确保平行度和垂直度，手动盘车正常。

3. 电动机联轴器安装质量检查

要求位置正确，保证同轴度，并用锁紧螺钉旋紧，如图 6-46 所示。

4. 丝杠、导轨安装质量检查

保证丝杠、导轨之间的平行度和尺寸精度和丝杠、导轨与气缸托板间的垂直度，如图 6-47所示。

图 6-44　分拣站铝合金构架

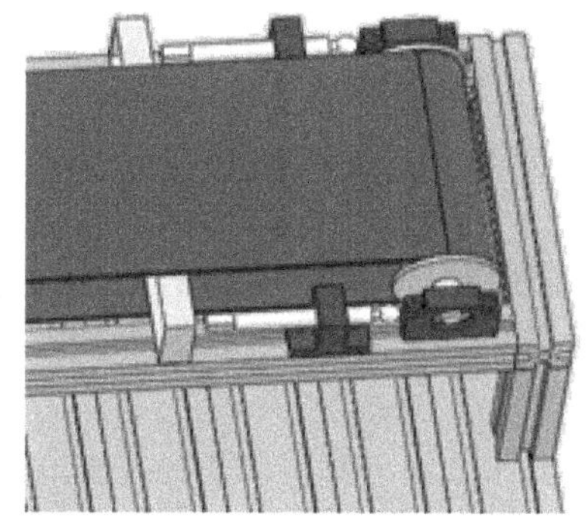

图 6-45　分拣传送带

图 6-46　电动机联轴器

二、电气部分检查

1. 上电前的常规检查

上电前的检查工作是十分必要的，通常包括以下内容。

1）短路检查。

2）断路检查。

3）对地绝缘检查。

用万用表逐根导线进行检查，虽然花费的时间最长，但是效果是最好的。

图 6-47　丝杠、导轨

2. 上电前各电源电压的检查

为了减少不必要的损失，一定要在通电前进行输入电源的电压检查，确认是否与原理图所要求的电压一致。对于 PLC、变频器等价格昂贵的电气元件一定要认真执行这一步骤，避免电源的输入输出反接，对元件造成损害。打开电源总开关之前，先进行一次电压的测量，并记录。

3. 检查 PLC 的输入、输出

认真核对 PLC 的输入、输出端口与相对应的按钮、传感器、电磁阀等是否正确连接。

4. 下载程序

下载程序，包括 PLC 程序、触摸屏程序和显示文本程序等。将写好的程序下载到相应

的系统内，并检查系统的报警。调试程序时总会出现一些系统报警，一般是因为内部参数没设定或是外部条件构成了系统报警的条件。这就要调试者根据经验进行判断，首先对配线再次进行检查，确保配线正确。如果还不能解决故障报警，就要对 PLC 等的内部程序进行详细检查。

三、气动部分检查

1）气路连接正确，保证各管接头无泄漏，如图 6-48 所示。

图 6-48　管接头

2）确保节流阀速度调节稳定以及气动三联件气压大小设置正确。调节三联件时首先拉起旋转盖，然后顺时针调节，使气压变大，通过表头可以看出气压值的大小，调节至 0.4MPa 左右。调节节流阀时需要拧转旋钮，拧松时气体流量增大，拧紧则减小。

3）通过手动电磁阀使气缸动作，判别气缸动作是否正常可靠以及管路是否正确。手动电磁阀时按下电磁阀蓝色小按钮，电磁阀阀芯动作，改变气路方向，气缸动作状态改变。

四、单机通电调试

1. 触摸屏面板控制操作

当按下“带灯电源”按钮后，触摸屏启动，可依照操作步骤进行下一步操作；若触摸屏不亮，请检查触摸屏背部接线端子是否松脱。

1）接通电源：合上控制箱内断路器，按下面板上的“带灯电源”按钮，则控制箱接通电源，此时该按钮亮（绿灯），触摸屏进入操作模式选择界面。该按钮控制箱内接触器，对于 PLC 无输入信号。图 6-49 所示为分拣站触摸屏控制面板。

2）启动：在触摸屏内选择“手动模式”操作或“自动模式”，如图 6-50 所示。“手动模式”：按触摸屏提示，手动单步操作分拣站运行。在手动模式下有四个按钮，主要用于调试步进电动机和交流电动机。按下一步按钮，进入手动模式的另一界面，包括三个按钮，伸出气缸、手爪气缸和分选气缸。手动模式如图 6-51 所示。

图 6-49　分拣站触摸屏控制面板

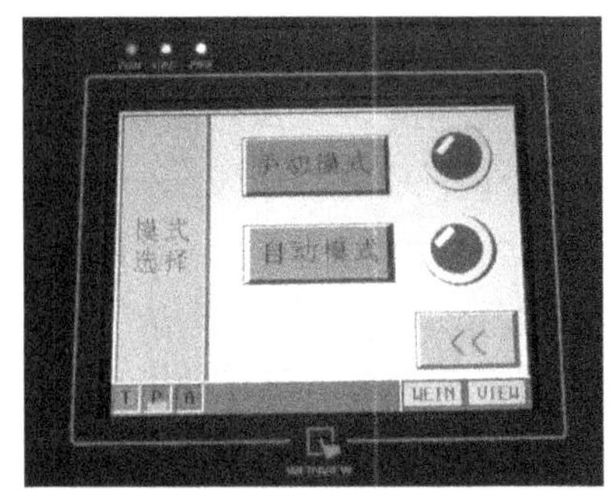

图 6-50　分拣站触摸屏控制面板模式

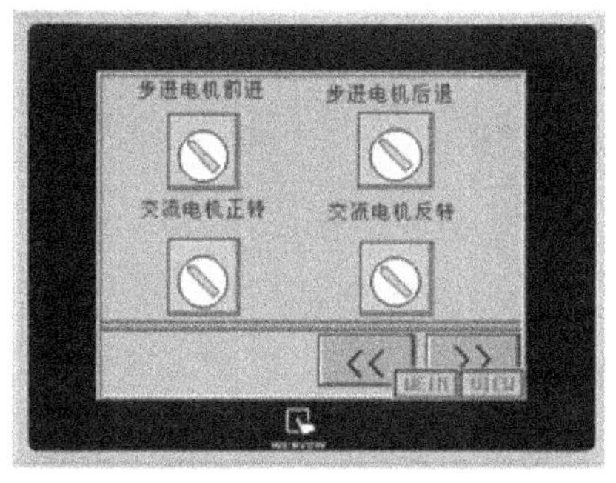

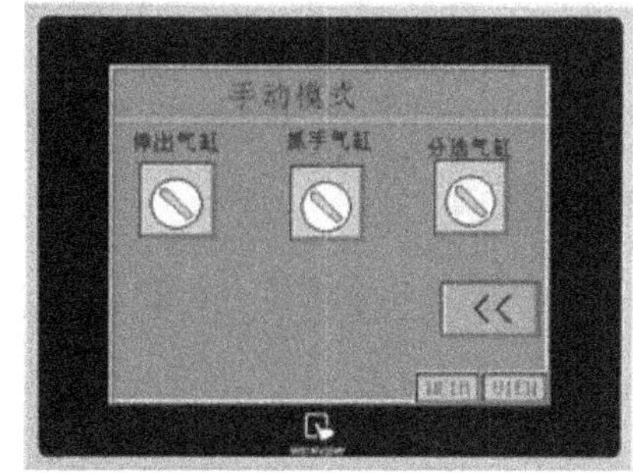

图6-51 手动模式界面

2. 按钮面板（非触摸屏）控制操作（见图6-28）

（1）工作状态选择 “工作状态”为两位开关，分为“手动”、“自动”。拨位到“手动”，则可进行单步运行，检验各执行元件运行是否准确到位；拨位到“自动”，在手动验证无误后设备将进行自动运行。常态下应拨位到“手动”，以防发生意外。输入PLC信号：X1（自动）。

（2）运行状态选择 “运行状态”分“运行”、“停止”。当拨位到“自动”、“运行”，同时选择不“链接”时，则分拣站单独自动运行，与循环线不通信；当拨位到“自动”、“运行”、“链接”时，则分拣站与循环线通信并进行自动运行，此时双节灯亮绿灯。常态下应拨位到“停止”。输入PLC信号：X15（运行）。

（3）通电操作 在按下“通电”按钮之前，先确认控制箱内断路器拨位向上，表示断路器上下接通，再按下该按钮，则控制箱接通电源，此时“电源指示”灯亮，否则检查电源线是否插到拖线板上，断路器是否正确拨位。该按钮为硬接线，于PLC无输入信号。

（4）断电操作 按下“断电”按钮，则控制箱断电，“电源指示”灯灭。该按钮为硬接线，于PLC无输入信号。

（5）步进电动机操作 “步进电动机”为三位开关，分为“正”、“停”、“反”。当“手动”运行时，拨位“正”，则步进电动机正转；拨位“反”，则步进电动机反转；拨位“停”，则步进电动机停止。常态下应拨位到“停”。输入PLC信号：X4（正转），X5（反转）；PLC输出信号：Y0（输出脉冲），Y2（方向信号），Y12（脱机/使能信号）。

（6）交流电动机操作 “交流电动机”为三位开关，分为“正”“停”“反”。当“手动”运行时，拨位“正”，则交流电动机正转；拨位“反”，则交流电动机反转；拨位“停”，则交流电动机停止。常态下应拨位到“停”。输入PLC信号：X2（正转），X3（反转）；PLC输出信号：Y6（正转），Y7（反转）。

（7）气缸升降操作 上下气缸分为“向下”、“向上”。当“手动”运行时，拨位“向下”，则气缸伸出；拨位“向上”，则气缸缩回。常态下应拨位“向上”。输入PLC信号：X6（向下）；PLC输出信号：Y3（气缸伸出）。

（8）移除气缸操作 “移除气缸”分“缩回”、“伸出”。当“手动”运行时，拨位“伸出”，则气缸伸出；拨位“缩回”，则气缸缩回。常态下应拨位到“缩回”。输入PLC信号：X14（伸出）；PLC输出信号：Y10（工件合格移除气缸），Y11（工件不合格移除气缸）。

（9）手爪气缸抓放操作　“手爪气缸”分“放松”、“夹紧”。当“手动”运行时，拨位“夹紧”，则气缸手爪夹紧；拨位“放松”，则气缸手爪松开。输入 PLC 信号：X7（夹紧）；PLC 输出信号：Y4（气缸手爪夹紧）。

学习检测

进行学习检测，并填写表 6-23。

表 6-23　学习检测表

检测项目	检测要求	配分	评分细则	评分记录
调试工艺编制	1. 工序（步）完整	40 分	每次错误扣 10 分	
	2. 工序正确		每次错误扣 5 分	
	3. 技术要求明确		每次错误扣 5 分	
工、量具的选择	1. 按要求选择合适的工、量具	10 分	每次错误扣 10 分	
	2. 写清名称、型号		每次错误扣 5 分	
	3. 写清符号		每次错误扣 5 分	
调试操作	1. 校验方法正确	30 分	每次错误扣 5 分	
	2. 调试操作校验后合格		错误扣 20 分	
	3. 调试校验操作正确		错误扣 30 分	
工作态度	1. 工作态度积极	20 分	每次错误扣 5 分	
	2. 团队协助		每次错误扣 5 分	
	3. 有意影响整体工作，立即制止，并中止考核		错误扣 20 分	
安全文明生产	凡在操作过程中发现重大安全事故隐患时，立即制止，并中止考核		错误扣 20 分	

拓展巩固

设备安装调试的安全要求

设备安装调试中的安全包括设备安装施工中的安全、设备试运行安全和设备自身的安全状况，安装施工和试运行的安全应按有关施工作业和运行操作安全要求进行，这里仅分析对设备自身安全状况的要求。设备安装好后，应逐项检查设备的安全状态及性能是否符合要求。检查的安全项目包括静态和动态两方面，静态检查项目在设备不运行的条件下进行，如设备表面安全性、安全防护距离、可动部件安全防护性能、安全防护装置的工作性能与可靠性等；动态检查项目在设备运行的条件下进行，如控制系统完全性能、设备运行中尘毒、易燃等物的产生情况等。设备安装调试的安全检查除了参照上述设备购置的各项安全要求外，还应检查下列各项安全要求。

1. 对控制系统的要求

控制装置应保证：当动力源发生异常（偶然或人为地切断或变化）时，不会造成危险，即使系统发生故障或损坏时也不致造成危害。必要时，控制装置应能自动切换到备用动力源和备用设备系统。自动或半自动控制系统应设有必要的保护装置，以防止控制指令紊乱。同时，在每台设备上还应辅以能单独操纵的手动控制装置。

对复杂的生产设备和重要的安全系统，应配置自动监控装置。重要生产设备的控制装置应安装在使操作人员能看到整个设备动作的位置上。对于某些在起动设备时看不见全貌的生产设备，应配置开车预警信号装置，预警信号装置应有足够的报警时间。调节装置应采用自动联锁装置，以防止误操作和自动调节、自动操纵线（管）路等的误通断。

控制系统内关键的元器件、控制阀等均应符合可靠性指标要求。控制装置和作为安全技术措施的离合器、制动装置和联锁装置，应具有良好的可靠性并符合其产品标准规定的可靠性指标要求。

紧急开关用于以下场合：

1）发生事故或出现设备功能紊乱时，不能迅速通过停车开关来终止危险的运行。

2）不能通过一个开关迅速中断若干个能造成危险的运动单元。

3）由于切断某个单元会导致其他危险时。

4）在操纵台处不能看到所控制部分的全貌时。

紧急开关必须有足够的数量，应在所有控制点和给料点都能迅速而无危险地触及到。紧急开关的形状应有别于一般开关，其颜色应为红色或有鲜明的红色标记。生产设备由紧急开关停车后，其残余能量可能引起危险时，必须设有与之联动的减缓运行或防逆转装置，必要时，应设有能迅速制动的安全装置。

对于在调整、检查和维修时需要察看危险区域或人体局部（手或臂）需要伸进危险区域的生产设备，必须采取防止意外起动措施。这些措施包括：在对危险区域进行防护（例如机械式防护）的同时，还应能强制切断设备的起动控制和动力源系统；在总开关柜上设有多把锁，只有开启全部锁时才能合闸；控制或联锁元件应直接位于危险区域，并只能由此处起动或停车；设备上具有多种操纵和运转方式的选择器，应能锁闭在按预定的操作方式所选择的位置上，选择器的每一位置，仅能与一种操纵方式或运转方式相对应。

生产设备因意外起动可能危及人身安全时，必须配置起强制作用的安全防护装置。必要时，应配置两种以上互为联锁的安全装置，以防止意外起动。当动力源因故偶然切断后又重新自动接通时，控制装置应能避免生产设备产生危险运转。

2. 安全防护装置的性能

安全防护装置应使操作者触及不到运转中的可动零部件，其防护距离应符合 GB 23821—2009 机械安全　防止上下肢触及危险区的安全距离的要求。在操作者接近可动零部件并有可能发生危险的紧急情况下，安全防护装置应能使设备不起动或能立即自动停机、制动。安全防护装置应符合产品标准规定的可靠性指标要求，应便于调节、检查和维修，并不得成为危险源。避免在安全防护装置和可动零部件之间产生接触危险。所有安全显示与报警装置都应灵敏、可靠。电气设备接地和防雷接地必须牢固可靠，接地电阻符合规范要求。

3. 噪声和振动情况

能产生噪声和振动的设备，必须在产品标准中明确规定噪声、振动指标限值，并采取有效防治措施。对固有强噪声、强振动设备，宜设置隔离或遥控装置。设备噪声、振动应符合标准限值规定。

4. 防火与防爆性能

生产、使用、贮存和运输易燃、易爆物质和可燃物质的生产设备，应根据其燃点、闪点、爆炸极限等不同性质采取相应的预防措施，包括实行密闭，严禁跑、冒、滴、漏；配置监测报警、防爆泄压装置及消防安全设施；避免摩擦撞击，消除接近燃点、闪点的高温因素，消除电火花和静电积聚；设置惰性气体（氮气、二氧化碳、水蒸气等）置换及保护系统，设置水封、阻火器等安全装置等。试运转时，应严格检查设备的防火措施是否达到原设计的防火要求。对于爆炸和火灾危险场所，必须审核所使用的电气设备、仪器和仪表是否符合相应的防爆等级和有关标准。对于因物料爆聚、分解反应造成超温、超压可能引起火灾、爆炸危险的生产设备，应检查其所设置的报警信号系统、自动和手动紧急泄压排放装置是否灵敏可靠。

5. 人员操作的安全性

生产设备上供人员作业的工作位置应安全可靠，其工作空间应保证操作人员的头、臂、手、腿、足在正常作业中有充分的活动余地，危险作业点应留有足够的退避空间。操作位置高度在距地面20m以上的生产设备，宜配置安全可靠的载人升降附属设备。对于噪声、振动、粉尘、毒物和热辐射危害较严重的作业场所，如果原设备没有安全可靠的操纵室，则应在合适地点设置操纵室，并应使操纵室满足下列要求。

1）保证人员操作的安全、方便和舒适，同时保证操作者在座位上能直接控制全部操作部位及操作件，并使其具有良好的视野。

2）应采用防火材料制造，其门窗透光部分应采用透明易清洗的安全材料制造，并应保证操作者在操纵室内就能擦拭。必要时，应在门窗透光部分上配置擦拭装置。

3）操纵室应具有防御外界有害作用（如噪声、振动、粉尘、毒物、热辐射和落物等）的良好性能。当操纵室工作环境温度低于－5℃或高于35℃时，应配置空调装置或安全的采暖、降温装置。

4）操纵室应保证操作人员在事故状态下能安全撤出。对于有可能发生倾覆的可行驶生产设备，除应设置保护操纵室的安全支撑外，还应设置能从里面打开的紧急安全出口。

6. 设备的照明系统

生产设备必须保证操作点和操作区域有足够的照度，但要避免各种频闪效应和眩光现象。对可移动式设备，其灯光应符合有关专业标准。生产设备内部需要经常观察的部位，应备有照明装置或符合安全电压要求的电源插座。

思考与练习

1. 调试分拣站主要有哪些步骤？
2. 调试分拣站时的注意事项有哪些？
3. 编制分拣站调试工艺。

课题七　电气系统的联机安装与调试

7

任务描述

前期的课题完成了输送线的安装与调试、送料站的安装与单机系统调试、加工站的安装与单机系统调试、检测站的安装与单机系统调试和分拣站的安装与单机系统调试。前期所做的工作已确保了系统的机械、气动安装与运作正确无误，但是要使整套系统按设计要求协调运作，还需完成电气系统联机安装与调试。

本项目主要完成电气系统联机安装与调试，实现机电一体化综合实训装置从零件物料输送、零件加工、零件成品加工质量检测、成品零件按检测结果分拣的全自动化连续生产。

技能目标

1. 会制订机电一体化综合实训装置系统调试工艺。
2. 能完成机电一体化综合实训装置电气联机及检测。
3. 会机电一体化综合实训装置系统上电调试。

知识目标

1. 能说出机电一体化综合实训装置系统调试的内容和要点。
2. 能说出机电一体化综合实训装置系统调试工艺要求。

任务实施

一、工作准备

1）制订机电一体化综合实训装置系统调试工艺。

2）准备工具。选用内六角扳手、螺钉旋具等工具。

3）填写领料单。根据工艺要求合理选择工、量具，填写领料单，见表 7-1。

表 7-1　领料单

领　料　单					
活动名称			日　期		
物料、工具	规　格	数　量	备　注	归还时间	归还情况

姓名

组号

二、工作步骤

1. 输送线自动运行

将“工作状态”开关旋到“自动”，并且将“运行状态”开关旋到“运行”，再将“与各站的通信”开关旋到“链接”，循环线就开始和四个工位联动运行。

当托板到达接近开关位置，并且接近开关有信号时，相应工位的定位气缸升起，并且延时 3s 后顶升气缸升起。对于落料工位，回归式传感器没有检测到托板上有工件时，循环线通知落料工位开始落料。当有工件落在托板上时，回归式传感器检测到有工件，此时循环线通知落料工位停止落料，并且在其他工位都完成动作的情况下，顶升和定位气缸落下，将工件送入下一个工位。

对于加工、检测和分选工位，托板被气缸顶起后，如果托板上没有工件，则循环线不通知相应的工位动作；如果有工件，则相应的工位进行动作，并且在完成动作后给循环线一个动作完成信号。当所有的工位都结束相应的动作后，循环线气缸落下，开始新一轮的循环。

在自动运行状态下，如果有一个工位出现故障而急停，则循环线得不到相应工位的完成信号，不能继续下一轮的循环。当相应工位解除故障后，循环线应该对现在的状态进行复位，具体方法是将“运行状态”旋到“停止”，然后再把“运行状态”开关旋到“运行”，重新开始一轮循环。或者是把“工作状态”开关旋到“手动”，然后再旋到“自动”，进行新一轮的循环。

2. 落料机构自动运行

在自动模式下，当落料机构不参与循环线动作时，按“启动”按钮，落料机构开始动作，按“停止”按钮，所有可执行元件均停止动作，按“复位”按钮进入初始状态。图 7-1 所示为操作面板及自动模式界面。

3. 加工站自动运行

在自动模式下，当机械手不参与循环线动作时，按“启动”按钮，落料机构开始动作，按“停止”按钮，所有可执行元件均停止动作，按“复位”按钮进入初始状态。图 7-2 所示为加工站自动模式运行界面。

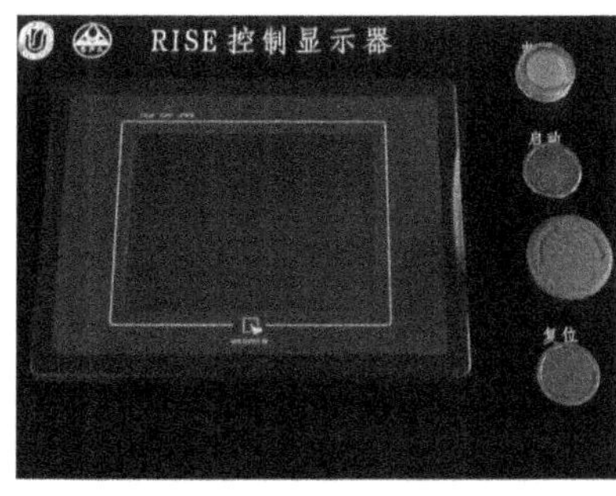

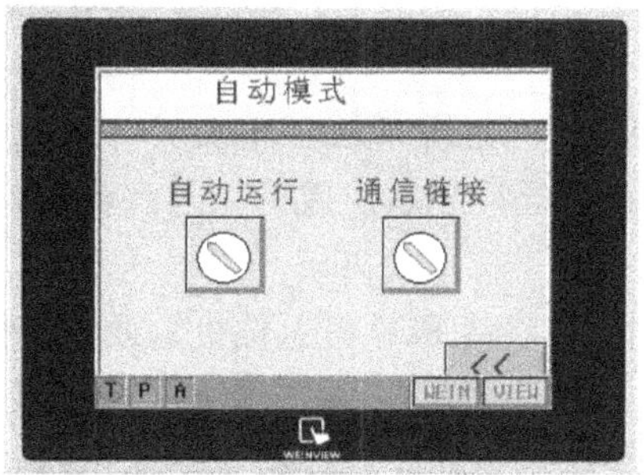

图 7-1　操作面板及自动模式界面

4. 检测站自动运行

检测机构主要是在工件加工完成后对工件的加工质量进行检测，其实物如图 7-3 所示。该检测机构包括两部分，其一是控制箱面板操作，主要由 PLC 与通信模块组成；其二是上位机操作，主要是计算机上的软件操作，由显示器、主机和 CCD 摄像头组成。检测站采用三菱 FX2n 继电器型 PLC，主要实现外部输入信号的读取以及检测结果的输出，并与上位机保持通信。

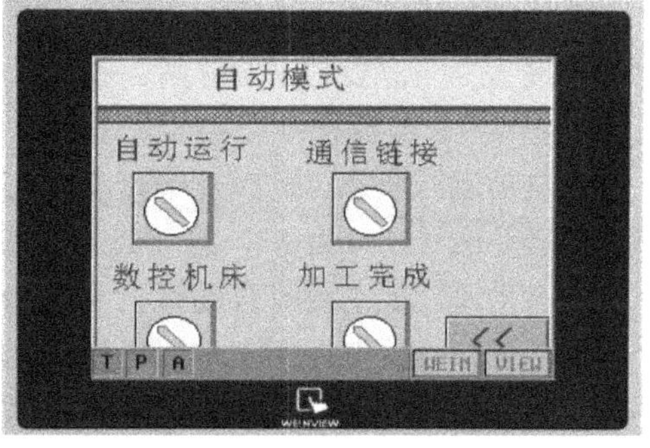

图 7-2　加工站自动模式运行界面

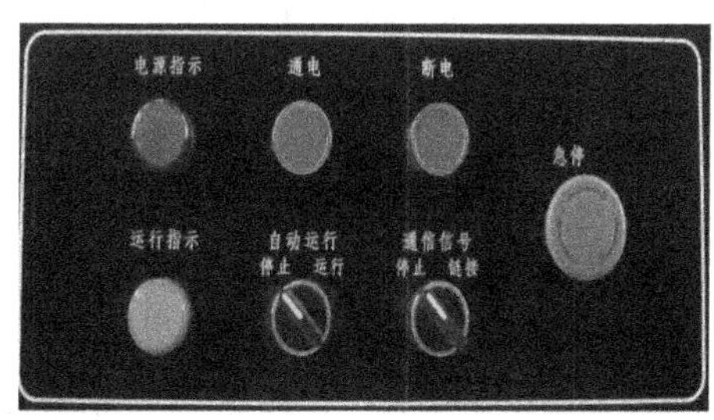

图 7-3　检测站

1）工作台水平调整。测量工作台上四角与地面等高，使工作台面水平，否则应调整工作台各调程脚的高低。

2）CCD 摄像头位置调整。检查 CCD 摄像头应位于工件正上方，否则应前后移动工作台。

3）通信模块检查。通信模块应正确牢固安装在 PLC 上，通信线两端分别牢固安装在通信模块和计算机主机上。

4）运行“通电”。在按下该按钮之前，先确认控制箱内断路器拨位向上，表示断路器上下接通，再按下该按钮，则控制箱接通电源，此时“电源指示”灯亮，否则检查电源线是否插到拖线板上，断路器是否正确拨位。该按钮为硬接线，于 PLC 无输入信号。

“断电”：按下该按钮，则控制箱断电，“电源指示”灯灭。该按钮为硬接线，于PLC无输入信号。

“急停”：当出现紧急情况或误动作时，按下该按钮，则将外部输出全部断开，此时双节灯亮红灯。当问题解决或确认外部输出安全后，依按钮上箭头方向旋转可解除急停，此时红灯灭。

“链接”：确认PLC与上位机的通信连接线接好后，将“自动运行”拨位“运行”，“通信信号”拨位“链接”，则检测站将与循环线通信并准备进行对工件的质量检测，其余操作由上位机完成。常态下，应拨位自动运行“停止”，通信信号“停止”。输入PLC信号：X4（运行），X1（链接）。

5. 分拣站自动模式

确认各单步运行无误后，进行自动操作，选择“自动模式”，拨位“运行”，选择“链接”或不“链接”，最后按下“启动”按钮，则分拣站进入自动运行状态，此时双节灯亮绿灯，输入PLC的启动信号端口为X3。自动模式如图7-4所示，在自动模式下主要有自动运行和通信链接两个按钮。通信链接按钮用于选择是否参与循环线动作。当参与循环线时，面板上的自动运行按钮接通后，一旦外界循环线触发条件满足时，伸出气缸开始动作，再根据检测站发出的检测合格与不合格信号进行工件分选。

图7-4 分拣站自动模式

“复位”按钮：当分拣站误动作或出现紧急情况或参数重新输入后，按下“复位”按钮，则分拣站恢复初始状态，即步进电动机停止，交流电动机停止，上下气缸缩回，手爪气缸松开，分选气缸缩回，PLC程序内部使用的中间继电器全部复位。输入PLC信号：X6（复位）。

6. 循环线通信链接

“与循环线通信”分为“停止”、“链接”。当“自动”运行时，拨位“运行”“链接”，则与循环线通信并自动运行。输入PLC信号：X13（通信）。

7. 紧急停止操作

当出现紧急情况或误动作时，按下相应站“急停”按钮，则将外部输出全部断开，此时双节灯亮红灯。当问题解决或确认外部输出安全后，依按钮上箭头方向旋转可解除急停，此时红灯灭。或者在向PLC写入程序之前，按下“急停”按钮，可防止由于程序的编写错误而导致外部输出误动作。该按钮通过一个继电器控制所有其他继电器线圈的24V输入，该按钮为硬接线，于PLC无输入信号。

三、注意事项

1）调试前反复进行检查、测试。

2）光纤传感器的两根光纤分别插入控制器的两个孔中，深度为至底部。另外，在控制器上有两个调节灵敏度的旋钮，通过一字螺钉旋具可对其操作，分别是粗调和精调。调整至适当位置时，可使光纤头在通电状态下感应到前面工件。

3）应定期检查槽轮机构是否存在卡死现象，可以在步进电动机不通电的情况下转动大齿轮盘检查该机构运行是否正常，并在齿轮上加润滑油。

4）应注意保护 CCD 摄像头，不要用手触摸摄像头的镜头部分，也不应用硬物敲击或碰撞摄像头。

5）安装通信线时，应将通信线上的螺钉拧紧。如果要拆下通信线，应先将螺钉拧松，再一手轻压 PLC 上的通信模块，一手缓慢将通信线拔出，否则有可能将通信模块一并拔出而遭损坏。

6）工作完成或操作完成后，应将控制箱断电，断路器拨位向下，拔出电源线。

7）每次操作前后，需注意设备的保养和清洁。

相关要点

数控铣床开机、设置

1）接通电源，开机。如不成功，等待 10s，重新送电。

2）按下 F5 按钮进行设置，然后按下 F1 按钮，选择坐标系 G54 和 G55，分别输入指定坐标。

3）按下 F10 按钮返回，按下 F1 按钮选择“OTS”程序。

4）按下 F9 按钮返回主页面。

5）按下 F1 按钮选择循环启动（默认速度 100%），数控铣床开始运行，运行界面如图 7-5 所示。

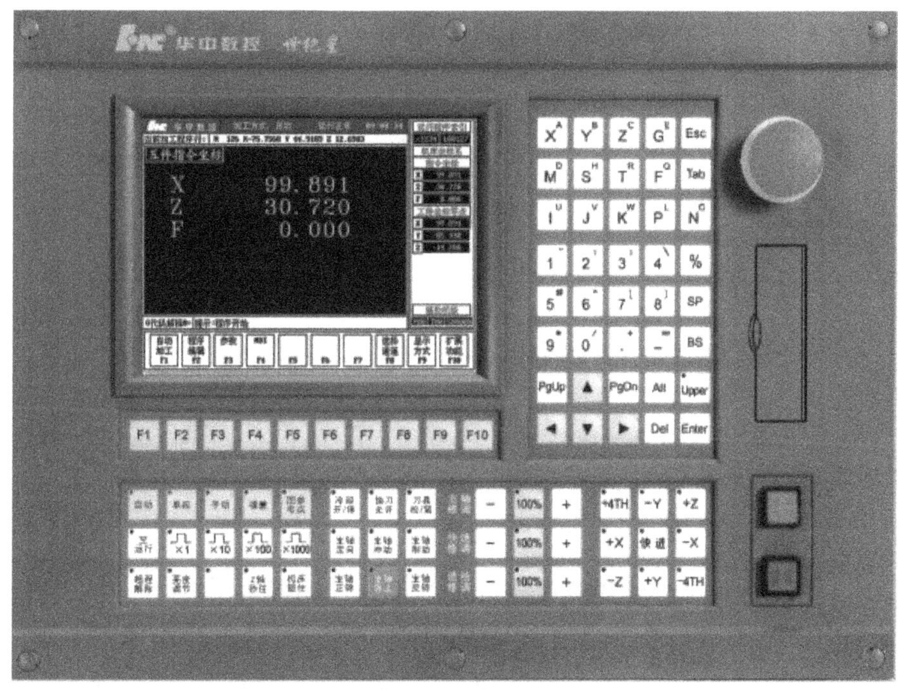

图 7-5　数控铣床运行界面

数控铣床开机、设置完成，将由流水线加工站 PLC 发出启动指令，让数控铣床自动控制加工零件。加工完成后，数控铣床 PLC 发出完成加工指令给加工站 PLC，让机械手取出成品，进入下一循环。

学习检测

进行学习检测，并填写表 7-2。

表 7-2 学习检测表

检测项目	检测要求	配分	评分细则	评分记录
调试工艺编制	1. 工序（步）完整	40 分	每次错误扣 10 分	
	2. 工序正确		每次错误扣 5 分	
	3. 技术要求明确		每次错误扣 5 分	
工、量具的选择	1. 按要求选择合适的工、量具	10 分	每次错误扣 10 分	
	2. 写清名称、型号		每次错误扣 5 分	
	3. 写清符号		每次错误扣 5 分	
调试操作	1. 校验方法正确	30 分	每次错误扣 5 分	
	2. 调试操作校验后合格		错误扣 20 分	
	3. 调试校验操作正确		错误扣 30 分	
工作态度	1. 工作态度积极	20 分	每次错误扣 5 分	
	2. 团队协作		每次错误扣 5 分	
	3. 有意影响整体工作，立即制止，并中止考核		错误扣 20 分	
安全文明生产	凡在操作过程中发现重大安全事故隐患时，立即制止，并中止考核		错误扣 20 分	

拓展巩固

一、流程图认识

流程图是表示生产过程中事物各个环节进行顺序的简图。使用图形表示的思路是一种极好的方法，因为千言万语不如一张图。

流程图是流经一个系统的信息流、观点流或部件流的图形代表。在企业中，流程图主要用来说明某一过程。这种过程既可以是生产线上的工艺流程，也可以是完成一项任务必需的管理过程。

为便于识别，绘制流程图的习惯做法是：用圆角矩形表示“开始”与“结束”；用矩形表示行动方案、普通工作环节；用菱形表示问题判断或判定（审核/审批/评审）环节；用平行四边形表示输入输出；箭头代表工作流方向。

二、流水线电气系统联机调试流程图的编制

1）送料站流程图如图7-6所示。

2）分拣站控制流程图如图7-7所示。

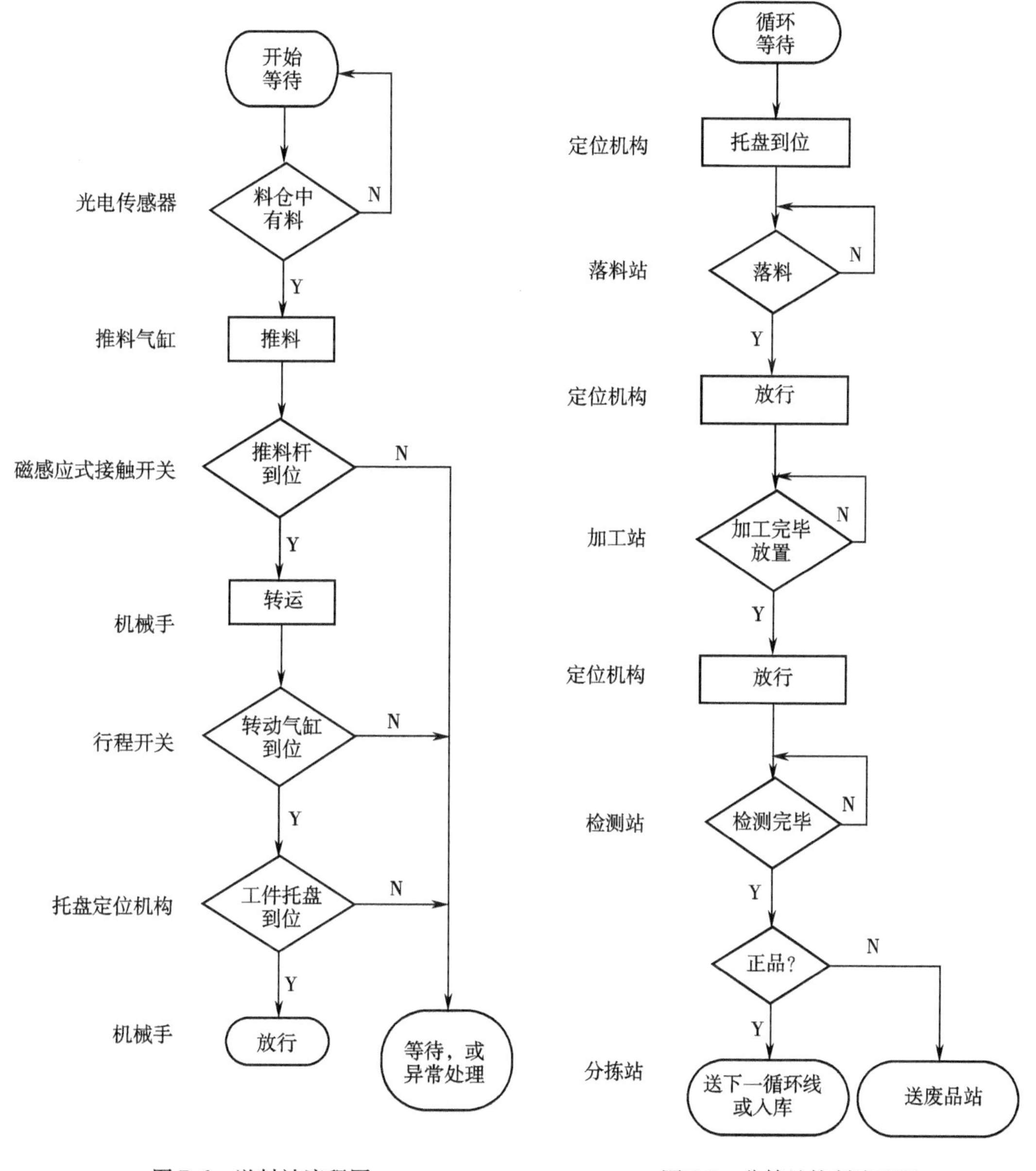

图7-6　送料站流程图

图7-7　分拣站控制流程图

3）加工站的电气控制流程图如图7-8所示 。

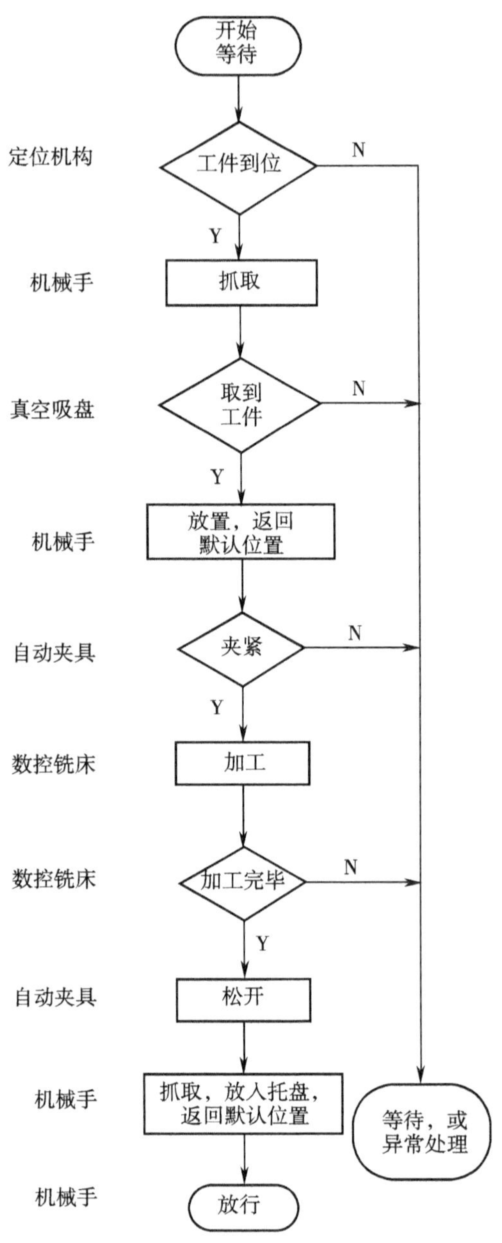

图 7-8　加工站电气控制流程图

思考与练习

1. 制订机电一体化综合实训装置系统的调试工艺。
2. 机电一体化综合实训装置系统调试的注意事项有哪些？

课题八　系统的维护和保养

8

任务描述

本课题主要完成机电一体化设备的日常维护和保养，包括对机电设备的操作、使用、保养、维护、检测、改造和更新，目的是使机电系统达到最佳的状态和实现最高的运行效率，实现最合理、最有效的整体运作能力，提升整体经济效益。

任务一　系统维护和保养原则的认知

技能目标

1. 会对设备进行清扫、吹尘和擦拭。
2. 会对各运动件和润滑点进行润滑。
3. 会检查装置指示信号、运行参数和安全装置。
4. 会消除“跑、冒、滴、漏”现象，清洁整理设备现场。

知识目标

1. 能说出设备日常维护保养的主要工作内容。
2. 能归纳电气系统的绝缘检查和修复方法。
3. 能归纳机械传动部件的润滑方法。
4. 能归纳固定连接件的预紧检查和防松方法。

任务实施

一、工作准备

1）领取系统维护保养说明书。

2）领取维护保养工具、物品，填写领料单，见表8-1。

表8-1　领料单

领料单					
活动名称			日　期		
物料、工具	规　格	数　量	备　注	归还时间	归还情况

姓名

组号

二、工作步骤

1. 进行设备清扫、吹尘和擦拭

1）擦拭支架、机体表面。

2）电气控制箱清扫、吹尘。

3）彻底清扫设备内、外部，去油污、尘垢。

4）工作环境整理、清扫。

2. 进行运动件和润滑点润滑

1）运动件润滑。

2）关键润滑点润滑。

3. 指示信号、传感器信号和安全装置正常检查

1）检查按钮位置、状态与设备动作和信号指示的一致性。

2）传感器、安全装置响应正确，检查调整可靠。

4. 消除设备“跑、冒、滴、漏”现象

1）检查、排除气动回路泄漏。

2）检查、排除液压回路泄漏。

3）电气回路（绝缘）检查。

相关要点

依据工作量大小和难易程度，设备维护保养工作分为日常保养、一级保养和二级保养，所形成的维护保养制度称为三级保养制。三级保养工作做好了，就为设备经常保持最佳技术状况提供了根本保证。三级保养的内容如下：

1. 日常保养

这类保养由操作者负责，每日班后小维护，每周班后大维护，主要内容是：认真检查设备使用运转情况，填写好交接班记录，对设备各部件进行擦洗、清洁，定时加油润滑；随时注意紧固松脱的零件，调整消除设备小缺陷；检查设备零部件是否完整，工件、附件是否放置整齐等。

2. 一级保养

一级保养是以操作工人为主，维修工人协助，按计划对设备局部进行拆卸和检查，清洗

规定的部位，疏通油路、管道，更换或清洗油线、毛毡和滤油器，调整设备各部位的配合间隙，紧固设备的各个部位。一级保养所用时间为4～8h，一级保养完成后应做记录并注明尚未清除的缺陷，车间机械员组织验收。一级保养的范围应是企业全部在用设备，对重点设备应严格执行一级保养。一级保养的主要目的是减少设备磨损，消除隐患、延长设备使用寿命，为完成到下次一级保养期间的生产任务提供设备方面的保障。

3. 二级保养

二级保养是以维修工人为主，操作工人参加来完成的。二级保养列入设备的检修计划，对设备进行部分解体检查和修理，更换或修复磨损件，清洗、换油和检查修理电气部分，使设备的技术状况全面达到规定设备完好标准的要求。二级保养所用时间为7天左右。

二级保养完成后，维修工人应详细填写检修记录，由车间机械员和操作者验收，验收单交设备动力科存档。二级保养的主要目的是使设备达到完好标准，提高和巩固设备完好率，延长大修周期。

实行三级保养制必须使操作工人对设备做到“三好”“四会”“四项要求”并遵守“五项纪律”。三级保养制突出了维护保养在设备管理与计划检修工作中的地位，把对操作工人“三好”“四会”的要求更加具体化，提高了操作工人维护设备的知识和技能。三级保养制突破了原苏联计划预修制的有关规定，改进了计划预修制中的一些缺点，更切合实际。在三级保养制的推行中还学习吸收了军队管理武器的一些做法，并强调了群管群修。三级保养制在我国企业中取得了好的效果和经验。由于三级保养制的贯彻实施，有效地提高了企业设备的完好率，降低了设备事故率，延长了设备大修周期，降低了设备大修费用，取得了较好的技术经济效果。

学习检测

进行学习检测，并填写表8-2。

表8-2　维修保养记录

序号	设备名称	设备编号	维护保养记录	保养人员	岗位负责人员	保养时间

任务二　故障的判断与排除

技能目标

1. 能判断故障属性（机械、电气和液气压）。
2. 会分析判断故障位置和性质，判断故障点。
3. 能分析常见故障并排除故障。

知识目标

1. 能描述机电一体化系统的机械结构和运行原理。
2. 能描述机电一体化系统的电气控制原理。
3. 能归纳总结机电一体化系统故障的诊断方法。

任务实施

一、工作准备

领取维护保养工具和物品，填写领料单，见表8-3。

表 8-3 领料单

领 料 单					
活动名称			日 期		
物料、工具	规 格	数 量	备 注	归还时间	归还情况

姓名

组号

二、工作步骤

1. 模拟故障的分析、判断

1）机械零件位置偏移、松动类故障。

2）电路断线类故障（故障开关通断）。

3）传感器失效类故障（故障开关通断）。

如图8-1所示为控制箱故障点拨位开关的设置。

图8-1 控制箱故障点拨位开关的设置

2. 排除故障操作

(1) 信息收集。

口问：向设备操作人员了解发生故障前后的情况。

眼看：仔细观察设备的外部状况或运行工况，查阅图样和有关资料。

耳听：细听设备运行中的噪声。

鼻闻：利用嗅觉，根据设备的气味判断故障。

手摸：用手摸设备的有关部位，根据设备的温度和振动判断故障。

（2）仪器（表）测试、分析

1）电压测量法。

2）电阻测量法。

3）绝缘电阻测量法。

4）电流测量法。

（3）原理分析，故障判断　根据收集到的信息、数据，综合设备机械结构、运行原理和电气控制原理，分析判断故障。

相关要点

由于机器设备多种多样，因而故障的形式也有所不同，必须对其进行分类研究，以确定采用何种诊断方法。故障分类的形式主要有以下几种。

1. 按故障存在的程度分类

（1）暂时性故障　这类故障带有间断性，是在一定条件下，系统所产生的功能上的故障，通过调整系统参数或运行参数，不需要更换零部件也可恢复系统的正常功能。

（2）永久性故障　这类故障是由某些零部件损坏而引起的，必须经过更换或修复后才能消除故障。这类故障还可分为完全丧失所应有功能的完全性故障及导致某些局部功能丧失的局部性故障。

2. 按故障发生、发展的进程分类

（1）突发性故障　出现故障前无明显征兆，难以靠早期试验或测试来预测。这类故障发生时间很短暂，一般带有破坏性，如转子的断裂、人员误操作引起设备的损毁等都属于这一类故障。

（2）渐发性故障　在使用过程中设备某些零部件因疲劳、腐蚀和磨损等使性能逐渐下降，最终超出所允许值而发生的故障。这类故障占有相当大的比重，具有一定的规律性，能通过早期状态监测和故障预备来预防。

以上两种类别的故障虽有区别，但彼此之间也可转化，如零部件磨损到一定程度也会导致突然断裂而引起突发性故障，这一点在设备运行中应予注意。

3. 按故障严重程度分类

（1）破坏性故障　它既是突发性又是永久性的，故障发生后往往危及设备和人身安全。

（2）非破坏性故障　一般它是渐发性的又是局部性的，故障发生后暂时不会危及设备和人身安全。

4. 按故障发生的原因分类

（1）外因故障　因操作人员操作不当或条件恶化而造成的故障，如调节系统的误动作和设备的超速运行等。

（2）内因故障　设备在运行过程中，因设计或生产方面存在的潜在隐患而造成的故障，如设备上的薄弱环节、制造时残余的局部应力和变形和材料的缺陷等都是潜在的因素。

5. 按故障相关性分类

（1）相关故障　也可称为间接故障。这种故障是由设备其他部件引起的，如滑动轴承因断油而烧瓦的故障是因油路系统故障而引起的，这一点在故障诊断中应予注意。

（2）非相关故障　也可称为直接故障。这是因零部件本身的直接因素引起的，对设备进行故障诊断时，首先应诊断这类故障。

6. 按故障发生的时期分类

（1）早期故障　这种故障的产生可能是设计加工或材料上的缺陷，在设备投入运行初期暴露出来；或者是有些零部件如齿轮及其他摩擦副需经过一段时期的磨合，使工作情况逐渐改善。这种早期故障经过暴露、处理、完善后，故障率开始下降。

（2）试用期故障　这是产品有些寿命期内发生的故障，是由载荷（即外因）、运行条件等和系统特性（即内因）、零部件故障、结构损伤等无法预知的偶然因素引起的。设备大部分的时间处于这种工作状态，这时的故障率基本上是恒定的。对这个时期的故障进行监视与诊断具有重要的意义。

（3）后期故障　也称为耗散期故障。它往往发生在设备的后期，由于设备长期使用，甚至超过设备的使用寿命后，因设备的零部件逐渐磨损、疲劳和老化等原因使系统功能退化，最后可能导致系统发生突发性的、危险性的和全局性的故障。这期间设备故障率呈上升趋势，通过监测、诊断，发现失效零部件后应及时更换，以避免发生事故。

学习检测

进行学习检测，并填写表8-4。

表8-4　维修记录表

<table>
<tr><td>设备名称</td><td></td><td rowspan="2">部门</td><td rowspan="2"></td></tr>
<tr><td>故障起止时间</td><td></td></tr>
<tr><td>等待维修时间</td><td></td><td rowspan="2">日期</td><td rowspan="2"></td></tr>
<tr><td>分析时间</td><td></td></tr>
<tr><td>等待备件时间</td><td></td><td colspan="2" rowspan="4"></td></tr>
<tr><td>维修时间</td><td></td></tr>
<tr><td>调试、起动</td><td></td></tr>
<tr><td>影响生产时间</td><td></td></tr>
<tr><td>故障现象</td><td colspan="3"></td></tr>
<tr><td>技术分析和修复措施</td><td colspan="3"></td></tr>
</table>

（续）

<table>
<tr><td rowspan="8">防范和改进措施</td><td>序号</td><td>措施</td><td>负责人</td><td>期限</td><td>完成时间</td><td>状态</td></tr>
<tr><td>1</td><td></td><td></td><td></td><td></td><td></td></tr>
<tr><td>2</td><td></td><td></td><td></td><td></td><td></td></tr>
<tr><td>3</td><td></td><td></td><td></td><td></td><td></td></tr>
<tr><td>4</td><td></td><td></td><td></td><td></td><td></td></tr>
<tr><td>5</td><td></td><td></td><td></td><td></td><td></td></tr>
<tr><td>6</td><td></td><td></td><td></td><td></td><td></td></tr>
<tr><td colspan="6">状态标识：
发现问题：　A　　已确定改进措施：　C
已进行原因分析：　B　　改进措施已落实：　D</td></tr>
</table>

思考与练习

1. 描述设备日常维护保养的主要工作。
2. 描述设备维护保养制度。
3. 描述故障分析方法。
4. 各举一例机械、电气、液压、气动系统故障，并加以分析。

参 考 文 献

[1] 何用辉. 自动化生产线安装与调试 [M]. 北京：机械工业出版社，2011.

[2] 王金娟，周建清. 机电设备组装与调试技能训练 [M]. 北京：机械工业出版社，2010.

[3] 张孝三. 电气系统安装与控制 [M]. 上海：上海科技出版社，2010.

[4] 周红，黄汉军. 机械系统拆装 [M]. 上海：上海科技出版社，2009.

[5] 常辉. 机电设备（自动线）安装与调试 [M]. 北京：高等教育出版社，2011.

[6] 人力资源和社会保障部教材办公室. 维修电工（中级）职业技能鉴定考核指导手册 [M]. 北京：中国劳动社会保障出版社，2010.

[7] 马振福. 液压与气压传动 [M]. 北京：机械工业出版社，2008.

[8] 韩慧仙. 液压系统装配与调试 [M]. 北京：北京理工大学出版社，2011.

[9] 顾学群. 传感器与检测技术 [M]. 北京：中国电力出版社，2009.

[10] 狄建雄. 机电一体化设备组装与调试 [M]. 南京：江苏教育出版社，2009.

[11] 曹志刚，钱亚生. 现代通信原理 [M]. 北京：清华大学出版社，2004.

[12] 孙肖子. 模拟电子技术基础 [M]. 西安：西安电子科技大学出版社，2001.

[13] 阎石. 数字电子技术基础 [M]. 4 版. 北京：高等教育出版社，2004.

[14] 朱凤芝，裴咏枝. 数字电子技术 [M]. 北京：北京师范大学出版社，2005.

[15] 孙津平. 数字电子技术 [M]. 2 版. 西安：西安电子科技大学出社，2005.

[16] 杨志忠. 数字电子技术 [M]. 北京：高等教育出版社，2002.

[17] 付植桐. 电子技术 [M]. 北京：高等教育出版社，2000.